储能科学与工程专业"十四五"高等教育系列教材

抽水蓄能电站计算机监控

主 编 曾 云 姜海军 肖志怀
副主编 戎 刚 叶道星 杨卫斌 潘 虹

科学出版社
北 京

内 容 简 介

本书介绍了抽水蓄能电站计算机监控系统结构、网络类型、主要设备、主要功能和性能指标,重点分析了机组控制单元的控制原理、硬件设计及软件设计,同时对电站内机组公用、开关站、厂用电、辅助设备、闸门、防水淹厂房系统等进行了详细分析,对计算机监控系统运行、维护、信息安全、高级应用(AGC/AVC)等功能做了阐述,并探讨了变速抽水蓄能电站监控、抽水蓄能区域集控、以抽水蓄能为核心的多能互补系统等未来技术发展趋势。

本书理论与实践相结合,内容全面、通俗易懂、指导性强,可作为普通高等院校储能科学与工程、能源与动力工程、电气工程及其自动化等相关专业的教材或参考书,也可供抽水蓄能电站的运行人员、维护人员、管理人员及设计单位的设计人员和设备供应人员自学与参考。

图书在版编目(CIP)数据

抽水蓄能电站计算机监控 / 曾云,姜海军,肖志怀主编. -- 北京:科学出版社,2024.12. -- (储能科学与工程专业"十四五"高等教育系列教材). -- ISBN 978-7-03-080600-0

Ⅰ. TV743

中国国家版本馆 CIP 数据核字第 2024WR1547 号

责任编辑:陈 琪 / 责任校对:王 瑞
责任印制:师艳茹 / 封面设计:马晓敏

科学出版社 出版
北京东黄城根北街 16 号
邮政编码:100717
http://www.sciencep.com

三河市骏杰印刷有限公司印刷
科学出版社发行 各地新华书店经销

*

2024 年 12 月第 一 版 开本:787×1092 1/16
2024 年 12 月第一次印刷 印张:12
字数:285 000

定价:59.00 元
(如有印装质量问题,我社负责调换)

储能科学与工程专业"十四五"高等教育系列教材编委会

主　任

王　华

副主任

束洪春　　李法社

秘书长

祝　星

委　员（按姓名拼音排序）

蔡卫江	常玉红	陈冠益	陈　来	丁家满
董　鹏	高　明	郭鹏程	韩奎华	贺　洁
胡　觉	贾宏杰	姜海军	雷顺广	李传常
李德友	李孔斋	李舟航	梁　风	廖志荣
林　岳	刘　洪	刘圣春	鲁兵安	马隆龙
穆云飞	钱　斌	饶中浩	苏岳锋	孙尔军
孙志利	王　霜	王钊宁	吴　锋	肖志怀
徐　超	徐旭辉	尤万方	曾　云	翟玉玲
张慧聪	张英杰	郑志锋	朱　焘	

《抽水蓄能电站计算机监控》
编 委 会

主 编

  曾 云 姜海军 肖志怀

副主编

  戎 刚 叶道星 杨卫斌 潘 虹

编 委

吕顺利	陈 龙	喻洋洋	张 柏	王继才
刘养涛	操俊磊	刘 佳	宋庆元	王建利
郑 阳	乐成贵	陈伏高	解 兵	张高高
刘 勇	张东晓	仓义东	李小治	王录永
何常胜	赵 勇	吕阳勇	强 杰	李 丹
郭首春	黄杨梁	陈露阳	马建宇	鲁 涛
杨 旭	刘远伟			

序

储能已成为能源系统中不可或缺的一部分，关系国计民生，是支撑新型电力系统的重要技术和基础装备。我国储能产业正处于黄金发展期，已成为全球最大的储能市场，随着应用场景的不断拓展，产业规模迅速扩大，对储能专业人才的需求日益迫切。2020年，经教育部批准，由西安交通大学何雅玲院士率先牵头组建了储能科学与工程专业，提出储能专业知识体系和课程设置方案。

储能科学与工程专业是一个多学科交叉的新工科专业，涉及动力工程及工程热物理、电气工程、水利水电工程、材料科学与工程、化学工程等多个学科，人才培养方案及课程体系建设大多仍处于探索阶段，教材建设滞后于产业发展需求，给储能人才培养带来了巨大挑战。面向储能专业应用型、创新性人才培养，昆明理工大学王华教授组织编写了"储能科学与工程专业'十四五'高等教育系列教材"。本系列教材汇聚了国内储能相关学科方向优势高校及知名能源企业的最新实践经验、教改成果、前沿科技及工程案例，强调产教融合和学科交叉，既注重理论基础，又突出产业应用，紧跟时代步伐，反映了最新的产业发展动态，为全国高校储能专业人才培养提供了重要支撑。归纳起来，本系列教材有以下四个鲜明的特点。

一、学科交叉，构建完备的储能知识体系。多学科交叉融合，建立了储能科学与工程本科专业知识图谱，覆盖了电化学储能、抽水蓄能、储热蓄冷、氢能及储能系统、电力系统及储能、储能专业实验等专业核心课、选修课，特别是多模块教材体系为多样化的储能人才培养奠定了基础。

二、产教融合，以应用案例强化基础理论。系列教材由高校教师和能源领域一流企业专家共同编写，紧跟产业发展趋势，依托各教材建设单位在储能产业化应用方面的优势，将最新工程案例、前沿科技成果等融入教材章节，理论联系实际更为密切，教材内容紧贴行业实践和产业发展。

三、实践创新，提出了储能实验教学方案。联合教育科技企业，组织编写了首部《储能科学与工程专业实验》，系统全面地设计了储能专业实践教学内容，融合了热工、流体、电化学、氢能、抽水蓄能等方面基础实验和综合实验，能够满足不同方向的储能专业人才培养需求，提高学生工程实践能力。

四、数字赋能，强化储能数字化资源建设。教材建设团队依托教育部虚拟教研室，构建了以理论基础为主、以实践环节为辅的储能专业知识图谱，提供了包括线上课程、教学视频、工程案例、虚拟仿真等在内的数字化资源，建成了以"纸质教材+数字化资源"为特征的储能系列教材，方便师生使用、反馈及互动，显著提升了教材使用效果和潜在教学成效。

储能产业属于新兴领域，储能专业属于新兴专业，本系列教材的出版十分及时。希望本系列教材的推出，能引领储能科学与工程专业的核心课程和教学团队建设，持续推动教学改革，为储能人才培养奠定基础、注入新动能，为我国储能产业的持续发展提供重要支撑。

中国工程院院士　吴锋
北京理工大学学术委员会副主任
2024 年 11 月

前　言

1882 年，抽水蓄能电站诞生于瑞士苏黎世。1968 年，河北岗南抽水蓄能电站投运，拉开了我国抽水蓄能建设的序幕。20 世纪 90 年代，我国电力系统高速发展，电网调峰需求越来越大，随着广东广蓄、北京十三陵、浙江天荒坪等大型抽水蓄能电站相继投产，抽水蓄能迈入快速发展阶段。截至 2023 年 12 月底，我国抽水蓄能装机容量达 5094 万 kW。党的二十大报告提出，"积极稳妥推进碳达峰碳中和"，这为中长期抽水蓄能的可持续高速发展指明了方向。

计算机监控系统是用计算机实现生产过程自动化控制的系统，主要由计算机系统、网络系统、控制单元、自动化测量装置和执行装置组成。计算机监控系统经历了从初级到高级，从开环调节到闭环调节，从局部控制到全厂控制的发展过程。运行人员的工作内容也发生了质的变化，从过去的日常监盘和频繁操作转变为巡视，监视测量和控制调节都由计算机系统完成，减轻了运行人员的劳动强度，人数也相应减少了，出现了"无人值班，少人值守"的抽水蓄能电站。随着计算机技术、通信技术、测控技术、信息技术等的发展，抽水蓄能电站自动化、智能化程度越来越高，多种形式的集控/远控中心已基本实现了对电站的远程监视和控制功能。

本书以抽水蓄能电站的设计、实现和运行维护为主线，采用大量的工程实例系统和设备作为对象进行介绍，保证理论教学与工程新技术、新装备的紧密联系。通过对抽水蓄能电站机组 LCU 单元以及部分子系统软硬件的详细分析，解决学习系统性和细节完备性的结合问题。配置三个抽水蓄能电站子系统的控制组态设计实践环节，加深对控制流程的理解和学习参与度。考虑到学生对抽水蓄能电站运行中的计算机监控系统不熟悉，结合出版技术的新发展，录制了与教材内容对应的抽水蓄能电站实际设备控制操作视频内容，增加理论学习的场景体验。

本书编写人员来自昆明理工大学和南京南瑞水利水电科技有限公司，曾云、姜海军、肖志怀担任主编，戎刚、叶道星、杨卫斌、潘虹担任副主编。第 1 章由姜海军、戎刚、陈龙、喻洋洋、曾云编写，第 2 章由姜海军、戎刚、喻洋洋、王继才、张柏、肖志怀、刘养涛、陈龙、郑阳编写，第 3 章由曾云、操俊磊、刘佳、宋庆元、潘虹、王录永、陈露阳、吕阳勇、强杰编写，第 4 章由肖志怀、叶道星、乐成贵、张高高、何常胜、赵勇、郭首春、黄杨梁编写，第 5 章由曾云、杨卫斌、吕顺利、解兵、陈伏高、王建利、刘勇、马建宇、鲁涛编写，第 6 章由姜海军、潘虹、张东晓、仓义东、李小治、李丹、杨旭、刘远伟编写，第 7 章由姜海军、张柏、刘养涛、操俊磊、刘佳、宋庆元、刘勇编写。

抽水蓄能电站计算机监控系统是综合性系统，涉及多门学科，技术体系比较庞大，内容较为繁复。由于系统的复杂性，书中难免有疏漏、不妥之处，敬请广大读者批评指正。

编　者

2024 年 6 月

目 录

第1章 抽水蓄能电站计算机监控概述 ··· 1
  1.1 抽水蓄能电站计算机监控的发展 ··· 1
    1.1.1 抽水蓄能电站发展历程 ··· 1
    1.1.2 抽水蓄能电站计算机监控系统发展历程 ··· 2
  1.2 抽水蓄能电站计算机监控系统基本构成 ··· 4
    1.2.1 抽水蓄能电站工作原理 ··· 4
    1.2.2 抽水蓄能电站计算机监控系统组成 ··· 7
    1.2.3 抽水蓄能电站计算机监控系统特点 ··· 9
  1.3 智能化技术和发展趋势 ··· 10
    1.3.1 抽水蓄能电站计算机监控系统智能化技术 ··· 10
    1.3.2 抽水蓄能电站计算机监控系统发展趋势 ··· 11
  探索与思考 ··· 12

第2章 抽水蓄能电站计算机监控基础 ··· 13
  2.1 抽水蓄能电站计算机监控系统结构 ··· 13
    2.1.1 星型网络 ··· 13
    2.1.2 环型网络 ··· 13
    2.1.3 星环混合型网络 ··· 14
  2.2 厂站层设备及功能 ··· 15
    2.2.1 厂站层主要设备 ··· 15
    2.2.2 厂站层功能 ··· 22
  2.3 现地层设备及功能 ··· 27
    2.3.1 现地层主要设备 ··· 28
    2.3.2 现地层分类 ··· 32
    2.3.3 现地层功能 ··· 34
  2.4 计算机监控系统性能指标 ··· 37
    2.4.1 厂站层性能指标 ··· 37
    2.4.2 现地层性能指标 ··· 40
  探索与思考 ··· 41

第3章 机组控制单元 ··· 43
  3.1 抽水蓄能机组控制原理 ··· 43
    3.1.1 机组主要控制设备 ··· 43
    3.1.2 机组工况定义 ··· 45

  3.1.3 机组工况转换控制流程 ·· 48
  3.1.4 控制安全闭锁 ·· 50
 3.2 机组 LCU 硬件设计 ··· 52
  3.2.1 机组段测点 ·· 52
  3.2.2 硬件系统搭建 ·· 55
 3.3 机组 LCU 软件设计 ··· 60
  3.3.1 编程软件 ·· 60
  3.3.2 整机控制逻辑 ·· 61
  3.3.3 停机→发电控制流程 ·· 66
  3.3.4 停机→抽水(SFC)控制流程 ·· 68
  3.3.5 抽水→发电控制流程 ·· 69
  3.3.6 机组事故停机控制流程 ·· 70
 探索与思考 ·· 74

第 4 章 其他控制单元 ·· 75

 4.1 机组公用 LCU ··· 75
  4.1.1 机组公用 LCU 的控制要求和功能配置 ·························· 75
  4.1.2 机组公用 LCU 的控制逻辑 ·· 76
 4.2 开关站 LCU ··· 82
  4.2.1 控制要求和功能配置 ·· 82
  4.2.2 开关站主要设备的控制逻辑 ·· 84
  4.2.3 开关站主要设备的操作控制流程 ···································· 85
 4.3 厂用电 LCU ··· 87
  4.3.1 控制要求和功能配置 ·· 87
  4.3.2 厂用电系统设计及配置 ·· 88
  4.3.3 厂用电备自投控制逻辑及流程 ·· 90
 4.4 辅助设备 LCU ··· 97
  4.4.1 控制要求和功能配置 ·· 97
  4.4.2 控制逻辑及 PLC 程序实现 ·· 99
 4.5 闸门 LCU ··· 107
  4.5.1 控制要求和功能配置 ·· 107
  4.5.2 控制逻辑 ·· 108
 4.6 防水淹厂房系统 ··· 110
  4.6.1 防水淹厂房系统的控制要求和功能配置 ······················ 110
  4.6.2 防水淹厂房系统的控制逻辑 ·· 112
 探索与思考 ·· 113

第 5 章 抽水蓄能电站监控系统运行维护 ·· 114

 5.1 抽水蓄能电站监控系统运行 ··· 114
 5.2 抽水蓄能电站监控系统维护 ··· 124

- 5.2.1 厂站层设备维护 ·· 124
- 5.2.2 现地层设备维护 ·· 126
- 5.2.3 常见监控系统故障处理 ·· 127
- 5.3 抽水蓄能电站监控系统信息安全 ·· 128
  - 5.3.1 信息安全总体原则 ·· 128
  - 5.3.2 安全防护体系 ··· 130
  - 5.3.3 安全分区 ·· 130
  - 5.3.4 边界防护 ·· 131
  - 5.3.5 安全区内部防护 ·· 132
  - 5.3.6 综合安全防护 ··· 132
- 探索与思考 ·· 133

第6章 抽水蓄能电站高级功能及趋势 ··· 134
- 6.1 抽水蓄能电站 AGC/AVC 控制 ·· 134
  - 6.1.1 抽水蓄能电站 AGC 控制 ·· 134
  - 6.1.2 抽水蓄能电站 AVC 控制 ·· 140
- 6.2 变速抽水蓄能电站监控技术 ·· 144
  - 6.2.1 变速抽水蓄能发展历程 ·· 145
  - 6.2.2 变速抽水蓄能机组工作原理 ··· 145
  - 6.2.3 变速抽水蓄能机组优势 ·· 147
  - 6.2.4 变速抽水蓄能机组监控技术 ··· 148
- 6.3 抽水蓄能区域集控 ·· 151
  - 6.3.1 主要功能 ·· 151
  - 6.3.2 安全分区 ·· 152
  - 6.3.3 网络结构 ·· 153
  - 6.3.4 硬件配置 ·· 154
  - 6.3.5 软件配置 ·· 154
  - 6.3.6 通信协议 ·· 155
  - 6.3.7 运行方式 ·· 155
- 6.4 以抽水蓄能为核心的多能互补系统 ·· 156
  - 6.4.1 多能互补 ·· 156
  - 6.4.2 多能互补系统的构建 ··· 158
- 探索与思考 ·· 159

第7章 抽水蓄能电站监控系统实例 ··· 160
- 7.1 监控系统结构和功能 ·· 160
  - 7.1.1 厂站层设备 ·· 160
  - 7.1.2 网络接口设备 ··· 163
  - 7.1.3 现地控制单元 ··· 164
- 7.2 监控系统界面 ··· 165

7.2.1　运行监视 ··· 165
　　7.2.2　控制监视 ··· 166
　　7.2.3　设备状态监视与分析 ··· 166
　　7.2.4　生产信息展示 ·· 167
　7.3　监控系统新技术应用 ·· 168
　　7.3.1　智能监盘 ··· 168
　　7.3.2　智能监盘建设内容 ·· 168
　　7.3.3　典型拓扑 ··· 171
　探索与思考 ·· 172
参考文献 ··· 173
附录　抽水蓄能电站监控系统控制组态设计作业 ······································· 175
　附录1　任务一 ··· 175
　附录2　任务二 ··· 177
　附录3　任务三 ··· 178

第1章 抽水蓄能电站计算机监控概述

1.1 抽水蓄能电站计算机监控的发展

抽水蓄能电站有抽水(水泵工况)和发电(发电工况)两种主要工作模式,主设备是水泵水轮机和发电电动机,其工作流程与泵站或水电站非常相似,以设备状态监测和控制为核心的计算机监控系统也是相似的。抽水蓄能电站装备及其监控技术的发展与常规水电技术的发展相伴而行。

1.1.1 抽水蓄能电站发展历程

1. 国外抽水蓄能电站发展

世界上第一座抽水蓄能电站于1882年诞生在瑞士苏黎世,至今已有一百多年的历史。国外抽水蓄能的发展主要经历了四个阶段。

第一阶段：20 世纪 50 年代,此时抽水蓄能电站发展缓慢,以蓄水为主要目的,用于调节常规水电站发电的季节不平衡性。

第二阶段：20 世纪 60~80 年代,美国、日本、欧洲等国家和地区陆续建造了大量核电站,带来了较大的调峰需求。为配合核电运行,这一时期建设了较多的抽水蓄能电站,两者的建设近似保持"同步"节奏。因此,这是抽水蓄能建设蓬勃发展的黄金时期,抽水蓄能电站主要承担调峰和事故备用功能。

第三阶段：20 世纪 90 年代至 21 世纪初,抽水蓄能电站发展进入了成熟期,增长速度开始放缓,主要原因是发达国家经济增速大大放缓,导致电力负荷增长放慢。同时,天然气管网迅速发展,液化天然气和液化石油气电站快速增加,也挤占了部分抽水蓄能电站的发展空间。

第四阶段：21 世纪初至今,随着新能源的快速发展,抽水蓄能电站因其灵活调节特性成为保障风电、太阳能等间歇性新能源发电的重要手段,抽水蓄能电站的规划建设又一次进入快速发展时期,例如,美国、德国、法国、日本等国家都正在兴建或计划兴建一批抽水蓄能电站。

2. 我国抽水蓄能电站发展

与欧美、日本等发达国家和地区相比,我国抽水蓄能电站的建设起步较晚,20 世纪 60 年代后期才开始研究抽水蓄能电站技术的开发,主要经历了四个阶段。

研究起步阶段：我国于 20 世纪 60 年代后期开始研究开发抽水蓄能,并先后建成岗南(11MW)、密云(22MW)两座小型抽水蓄能电站。

探索发展阶段：20 世纪 80 年代中后期到 21 世纪初,我国经济社会快速发展,电力供需和电网调峰矛盾突出，为配合核电、火电运行及作为重点地区的安保电源，在华北、华东、南方等地区相继建成潘家口、广蓄、十三陵、天荒坪等抽水蓄能电站。在该阶段，电站单机容量、装机规模已达到高水平，但机组设计制造依赖进口。

完善发展阶段：21世纪初至2014年，以2004年明确电网企业为主的建设管理体制为标志，我国抽水蓄能建设进入完善发展期，相继开工了惠州、宝泉、白莲河、蒲石河、响水涧、仙游、溧阳等一批抽水蓄能电站。经过10多年的发展，到2014年底，我国抽水蓄能产业规模跃居世界第三，发展规划、产业政策和技术标准基本完善，设备设计制造实现完全国产化，抽水蓄能产业呈现健康有序发展的良好局面。

蓬勃发展阶段：2015年至今，为适应新能源、特高压电网快速发展，以国家完善抽水蓄能投资体制、建设目标和"十三五"重点建设项目规划为标志，我国抽水蓄能建设进入蓬勃发展期。2015～2017年，全国新开工22座抽水蓄能电站，开工容量达3085万kW。2021年9月，国家能源局发布了《抽水蓄能中长期发展规划(2021-2035年)》。2022年1月，国家发展改革委、国家能源局印发了《"十四五"现代能源体系规划》的通知。文件明确提出加快推进抽水蓄能电站建设，优化抽水蓄能电站区域布局，实施全国新一轮抽水蓄能中长期发展规划，抽水蓄能迎来了跨越式发展阶段。

1.1.2 抽水蓄能电站计算机监控系统发展历程

1. 国外抽水蓄能电站计算机监控系统发展

抽水蓄能电站计算机监控的发展历程与常规水电站计算机监控的发展历程基本一致。计算机监控系统的监控方式经历了以常规控制装置为主计算机为辅的监控方式、计算机与常规控制装置双重监控方式、以计算机为主常规控制装置为辅的监控方式三个阶段。

20世纪70年代以前，受电子技术发展水平限制，机组的自动控制基本上都是采用电磁继电器实现，存在占地面积大、闭锁不完善、对机组设备的安全监视性能差、控制系统自身基本上没有自检功能等缺点。

随着电子技术和计算机技术的发展，在20世纪70年代中后期，计算机监控在国外一些水电厂取得了实质性的进展，出现了用计算机控制的水电厂。最初，由于计算机价格高，全厂只用一台计算机实现对主要工况的监视和操作，手动调节控制。后来，随着计算机性能的改善和价格的下降，出现了采用多台计算机实现自动控制的水电厂。

20世纪80年代之后，新建的抽水蓄能电站都采用计算机监控系统进行全面监视和控制。

国外研制抽水蓄能电站计算机监控系统的公司主要有加拿大的BAILEY公司(现ABB公司)、德国的SIEMENS公司、法国的ALSTOM公司(现美国的GE公司)、奥地利的VATECH公司(现ANDRITZ公司)、日本的MITSUBISH公司等。各公司都推出自己的系列产品，在世界各地得到了广泛的应用。

2. 我国抽水蓄能电站计算机监控系统发展

我国早期兴建的抽水蓄能电站计算机监控系统都是随主机设备一起从国外进口。广东广蓄一期、河北张河湾、湖北白莲河、河南宝泉等抽水蓄能电站采用法国 ALSTOM 公司(现美国 GE 公司)的 ALSPA P320 计算机监控系统；浙江天荒坪、北京十三陵抽水蓄能电站采用加拿大 BAILEY 公司(现 ABB 公司)的 INFI-90 计算机监控系统；安徽琅琊山、浙江桐柏村、湖南黑麋峰、福建仙游等抽水蓄能电站采用奥地利 VATECH 公司(现 ANDRITZ 公司)的 NeTVune 计算机监控系统；山西西龙池抽水蓄能电站采用日本 MITSUBISH 公司的 MELHOPE 计算机监控系统。进口计算机监控系统价格昂贵，系统长期运行后的售后服务和备品备件得不到保证，增加了电站的投资及运维成本，影响了抽水蓄能电站的发展。

20 世纪 90 年代开始，我国也开始了抽水蓄能电站计算机监控系统的研制工作，南瑞集团有限公司在河北岗南抽水蓄能电站(1×11MW)投运了自主研制的抽水蓄能电站计算机监控系统。

1998 年，南瑞集团有限公司研制的 SSJ-3000 计算机监控系统在安徽响洪甸抽水蓄能电站中投入运行。

2001 年，南瑞集团有限公司在江苏沙河抽水蓄能电站(2×50MW)投运了自主研制的抽水蓄能电站计算机监控系统。2001 年，南瑞集团有限公司完成对原由 ABB 公司提供的潘家口抽水蓄能电站(3×90MW)计算机监控系统的改造，并取得了成功。

2004 年 8 月，南瑞集团有限公司、华北电网有限公司和北京十三陵抽水蓄能电站共同开展大型抽水蓄能电站计算机监控系统国产化研究。于 2006 年 2 月自主研制开发出具有完全自主知识产权的大型抽水蓄能电站计算机监控系统，首次采用以国产可编程逻辑控制器(programmable logic controller，PLC)为核心控制平台的 SJ-600 型现地控制单元对北京十三陵抽水蓄能电站 4 号机组计算机监控系统进行了改造，完成了发电、发电调相、抽水、抽水调相、背靠背拖动运行等所有控制过程，并与原 INFI-90 计算机监控系统通信连接，实现了自动发电控制、自动电压控制等高级应用。

2008 年 2 月，南瑞集团有限公司开始了国产计算机监控系统的研制工作，于 2011 年 12 月将自主研制的 SSJ-3000 计算机监控系统成功应用于辽宁蒲石河抽水蓄能电站和安徽响水涧抽水蓄能电站。

2010 年 9 月，北京中水科水电科技开发有限公司与广东清远抽水蓄能有限公司开始了计算机监控系统的研制工作，于 2016 年 8 月将自主研制的 H9000 V4.0 计算机监控系统成功应用于广东清远抽水蓄能电站。

2018 年 5 月，国电南京自动化股份有限公司开始了福建周宁抽水蓄能电站计算机监控系统的研制工作，于 2021 年 12 月将自主研制的计算机监控系统成功应用于该电站。

国内厂家一直致力于抽水蓄能电站计算机监控系统和相关控制设备的国产化研究与实践，抽水蓄能电站国产计算机监控系统经历了从小型抽水蓄能电站到大型抽水蓄能电站的发展历程。经过几十年的不懈努力，目前国产计算机监控系统的可靠性、稳定性均达到或超过了国外计算机监控系统的水平，达到世界先进水平。抽水蓄能电站国产计算机监控系统是在我国先进的常规水电站计算机监控技术基础上，对抽水蓄能电站运行特性和工况转换方式、关键控制流程等方面进行深入研究，并结合计算机科学领域的最新技术开发而成的，充分满足了抽水蓄能电站对生产设备全面监视和控制的要求，能实现容错功能和系统冗余功能，最大限度地保证电厂的安全、高效生产，全面实现遥测、遥信、遥控、遥调"四遥"功能，满足网源协调控制要求，具有人机界面友好、符合国内运行习惯等特点。目前，国内厂家的计算机监控系统在国内抽水蓄能电站中得到了广泛的应用，我国新建和改造的抽水蓄能电站基本都采用国产计算机监控系统。

1.2 抽水蓄能电站计算机监控系统基本构成

1.2.1 抽水蓄能电站工作原理

1. 抽水蓄能电站

抽水蓄能电站主要由上水库、下水库、输水系统、抽水蓄能机组、主变压器、开关站等设备组成。在电力系统负荷低谷时(夜间)做水泵运行，用低谷时的剩余电能从下水库向上水库抽水，将下水库的水抽到上水库储存起来；在电力系统负荷高峰时做水轮机运行，从上水库向下水库放水发电，可称为巨型"蓄电池"，如图 1-1 所示。

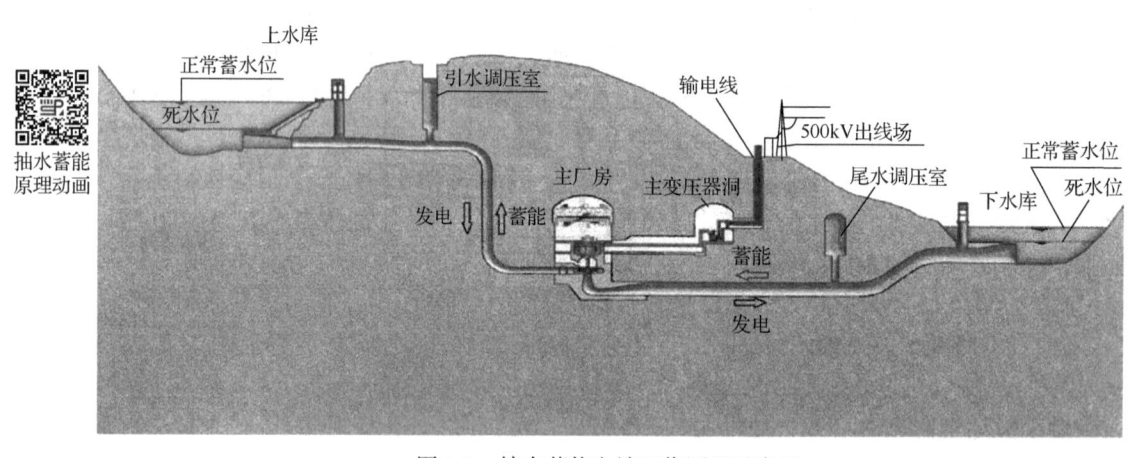

图 1-1 抽水蓄能电站工作原理示意图

早期的抽水蓄能电站使用的是单独的水泵机组和水轮机组，即水泵配电动机，水轮机配发电机，形成四机式机组。随着电机技术的进步，出现了将发电功能与电动功能相结合的发电电动机，出现了将水泵、水轮机及发电电动机连接在一起的三机式机组。三机式机组工程投资小，且水泵和水轮机都向同一方向旋转，在切换工况时不需要停机，机组调节的灵活性大幅增加。目前三机式和四机式机组逐渐淡出历史舞台，很少被应用。

20 世纪 30 年代末，随着水力机械技术的进步，出现了水泵和水轮机两种功能合为一体的可逆式水泵水轮机，出现了将水泵水轮机及发电电动机连接在一起的两机式机组。1937 年在巴西安装的佩德拉(Pedriera)机组和 1954 年在美国安装的弗拉特昂(Flatiron)机组是最早的两机式抽水蓄能机组。到 20 世纪 60 年代两机式机组已成为抽水蓄能电站使用的主要机型。

2. 抽水蓄能电站的设备单元

抽水蓄能电站计算机监控系统的主要功能是实现对设备运行状态的监视和控制。根据工作的相对独立性和物理位置，将抽水蓄能电站设备划分为若干工作单元，主要有机组单元、公用设备单元、辅助设备单元、开关站单元、闸门单元。计算机监控系统按这种工作单元划分开发对应的现地控制单元(local control unit，LCU)，以网络连接各LCU实现对电站全部设备的监视和控制。

1) 机组单元

机组是抽水蓄能电站的核心工作单元，工作设备是水泵水轮机和发电电动机，控制设备有控制水轮机方式启动和机组有功功率的调速器、控制机组无功功率和机端电压的励磁控制器、控制水泵方式启动的变频启动设备、控制机组并入电网的同期装置、控制机组停机制动的制动系统、保护发电机电气设备安全的继电保护系统等。抽水蓄能机组属于大型旋转设备，启动和停止涉及水力、机械、电气多方面的关联设备工作状态的检测和辅助系统设备的启停控制操作，通常配置专门的机组可编程控制装置，负责机组关联设备启动和停止的逻辑判断和命令执行。

机组现地控制单元(LCU)以可编程控制装置为核心，组织调速、励磁、辅助设备等智能单元协同工作，实现分布分散快速计算和控制处理，减小机组LCU工作量。每一台机组配置一套机组LCU。

为了监测机组运行的稳定性，抽水蓄能机组均配置了状态监测系统，实时监测机组轴系的振动、摆度参数。机组状态监测系统已成为大中型机组稳定性分析和故障诊断的主要数据来源。现有的技术规范中，计算机监控系统和状态监测系统是相互独立的，部分电站已要求将状态监测系统与计算机监控系统联动，例如，将状态监测系统的振动幅度过大信号作用于计算机监控系统的停机回路，两者有融合的趋势。

2) 公用设备单元

抽水蓄能电站的公用设备主要指厂用电系统。厂用电系统提供电站生产设备用电和照明用电。若电站正常运行中，突然失去厂用电，控制设备断电将造成难以估量的损失。厂用电系统由多种电源组成，包括线路外电源降压供电、发电机端口降压供电、蓄电池直流应急电源系统、柴油发电机备用电源等。控制单元实时监测各电源状态，并实现快速切换，确保厂用电系统持续供电，全厂一般配置一套公用系统LCU。

3) 辅助设备单元

辅助设备系统主要为机组运行提供相关的辅助服务，如技术供水系统、高压油顶起系统、推力外循环油系统、油压装置等，同时也为电站提供部分全厂性的辅助服务，如压缩空气系统、排水系统、防水淹厂房系统等。

技术供水系统：技术供水系统用于提供机组轴承冷却用水，需要保持稳定的供水水压和足够的供水量。抽水蓄能机组的技术供水系统采用水泵供水方式，配置独立的控制器进行控制，一般一台机组配置一套技术供水系统。由供水总管通过支管向机组冷却系统供水，技术供水启动/停止由机组LCU发命令联动。

高压油顶起系统：抽水蓄能机组的高压油顶起系统是一种重要的辅助设备，其主要作用是在机组启动和停止时在推力轴承表面喷射高压油，以建立油膜，防止推力瓦和镜板发生干摩擦而烧瓦,保障推力瓦的运行安全。该系统通常配置有两台高压注油泵,一台交流泵作为主用泵,一台直流泵作为备用泵,确保系统的可靠运行。高压油顶起系统启动/停止由机组 LCU 发命令联动或通过机组转速联动。

推力外循环油系统:推力外循环油系统是抽水蓄能机组中一个重要的组成部分,其主要作用是为推力轴承提供润滑和冷却,确保机组安全稳定运行。该系统通过强制外循环的方式对推力油进行冷却,以满足推力轴承在运行过程中的润滑和冷却需求。推力外循环油系统通常包括油泵、油管路、冷却器、滤油器和相关控制阀门等组件。系统工作时,油泵将油从油槽中抽出,经过冷却器冷却后,再通过油管路输送到推力轴承进行润滑和冷却,然后返回油槽,形成一个闭合的循环回路。在循环过程中,油温得到控制,同时油中的杂质通过滤油器被清除,保证了油质的清洁。推力外循环油系统启动/停止由机组 LCU 发命令联动。

油压装置:提供调速器和进水阀操作所需的压力油,由压力油槽、集油箱、油泵等组成,通过启停油泵实现油量调节,保证调速器和进水阀操作时的压力稳定。一般一台机组配置一套调速器油压装置和一套进水阀油压装置。油压装置启动/停止由油压装置控制器自行独立完成,不与机组 LCU 联动。

压缩空气系统:压缩空气系统包括高压气系统和低压气系统。高压气系统用于向调速器和进水阀油压装置补充高压气,是油压装置操作动力的来源;低压气系统用于提供机组停机过程中的制动用气和调相工况的尾水管压水用气。高压和低压气系统配置统一的控制系统,全厂共用一套,由供气总管通过支管向各机组用气设备供气,每一台机组用气管路阀门的启闭由机组 LCU 发命令联动。

排水系统:有渗漏排水系统和检修排水系统。抽水蓄能电站厂房内存在多种渗漏水源,如水工建筑物渗漏水、机械设备漏水、厂房下部生产用水等,这部分漏水集中排放到集水井,配置水泵自动进行抽水并排泄到下游。机组生产用水,如轴承冷却水、发电电动机空气冷却器冷却水等,可通过自流方式排至尾水。排水系统配置独立控制单元,全厂共用一套。

电站还配置有检修排水系统,机组进行检修时落下尾水事故闸门,需要将尾水管内的积水排至下游,便于进入转轮室进行检修。检修排水系统配置有独立的控制系统,全厂配置一套。

由于排水系统故障不能及时排除渗漏水,水淹厂房事故时有发生,近年来大型电站逐步配置了独立控制的防水淹厂房系统。

水淹厂房信号可由运行人员通过按钮启动,也可通过地下厂房不同部位安装的 3 套水位测量装置发出的信号,经"三取二"逻辑判断后,获取水淹厂房停机信号。防水淹厂房系统收到水淹厂房停机信号后,输出上水库各进出水口闸门紧急关闭命令,输出各机组的紧急停机命令,各机组现地控制单元执行机组紧急停机控制流程,并根据闭锁条件输出机组尾水事故闸门紧急关闭命令。

4) 开关站单元

开关站或升压站是电站电能的送出通道,有变压器、断路器、隔离刀闸、接地刀闸、避雷器等设备。通过对断路器、隔离刀闸、接地刀闸的操作,对输出线路进行多种组合线路切换操作,将发电机连接到所需线路输送电能。全厂一般配置一套开关站 LCU,送出线路有多种电压等级的,也会按电压等级配置多套 LCU。对于机组启停控制操作中需要的开关站设备状态信息,开关站单元通过网络通信方式发送给机组单元。

发电机出口断路器及其配套的隔离开关等与机组的启停控制密切相关,划入机组 LCU。

5) 闸门单元

抽水蓄能电站的上水库、下水库通常远离电站机组厂房,考虑现地布置因素,分别配置上水库和下水库闸门现地控制单元,主要负责上水库和下水库各种闸门的启闭操作。

抽水蓄能电站还有其他一些智能化系统,如大坝安全监测系统、安保视频系统、水情测报系统等。这类系统和计算机监控系统是相互独立的,共同构成电站智能化系统。

1.2.2 抽水蓄能电站计算机监控系统组成

抽水蓄能电站配置的机电设备与常规水电站类似,计算机监控系统是以设备运行状态监视和控制为核心的实时控制系统,因此,在抽水蓄能电站计算机监控系统尚无相关技术标准的情况下,其结构和设备通常参考常规水电站的相关技术标准进行配置。采用分层分布式计算机监控系统结构,主干网络采用双光纤以太网络,由现地控制层设备、厂站控制层设备和网络设备等组成。抽水蓄能电站计算机监控系统典型结构如图 1-2 所示。

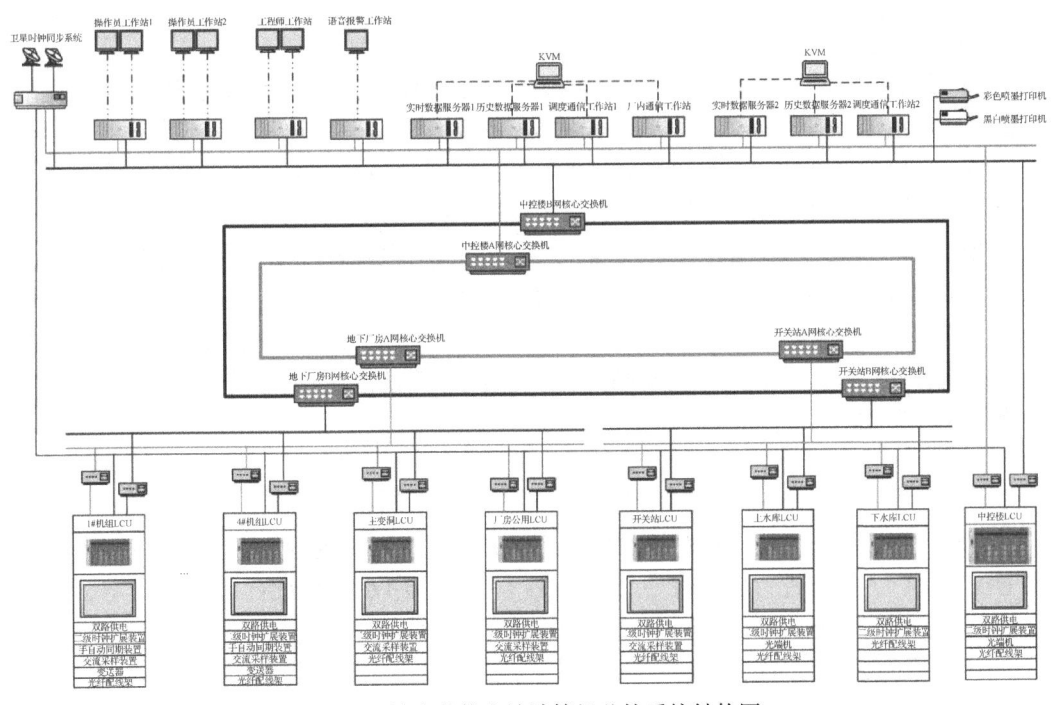

图 1-2 抽水蓄能电站计算机监控系统结构图

1. 现地控制层设备

现地控制层是计算机监控系统与被监控对象的数据接口,一方面对生产过程的数据进行采集、处理，按要求实现对生产过程的控制；另一方面向厂站控制层发送信息，接收厂站控制层下发的操作命令。现地控制层设备众多，按工作的相对独立性和物理位置，划分为多种现地控制单元。根据抽水蓄能电站设备情况，现地控制单元的划分略有不同。

(1) 设备配置：现地控制层设备主要包括机组现地控制单元、主变洞现地控制单元(或机组公用现地控制单元)、厂房公用现地控制单元、开关站现地控制单元、上水库现地控制单元和下水库现地控制单元等，每个现地控制单元都由中央处理器(central processing unit，CPU)、内存、输入/输出接口模块、数据通信接口、人机接口及相应硬软件组成，具有可编程能力。

(2) 功能：现地控制单元具有数据采集与处理、安全运行监视、控制和调节、事件检测和发送、数据通信、自诊断和输出保护等功能。现地控制单元具有工作的相对独立性，能脱离厂站控制层设备完成生产过程的实时数据采集与处理、单元设备状态监视、调节和控制等功能。

2. 厂站控制层设备

相对于现地控制层，厂站控制层是满足电站运行操作的工具，操作人员通过厂站控制层设备，实现对电站生产过程的监视、操作、控制、参数设定等，并提供语音报警、事件顺序记录、趋势分析、事故追忆、报表统计、运行参数计算等功能。此外，厂站控制层是计算机监控系统与调度系统的数据接口，通过冗余通信通道与调度系统通信，实现"四遥"功能。

(1) 设备配置：厂站控制层设备主要包括实时数据服务器、历史数据服务器(可配置磁盘阵列)、操作员工作站、工程师工作站、厂内通信工作站、语音报警工作站、综合管理工作站、报表工作站、卫星时钟同步系统和网络交换机等。各计算机服务器及工作站都与两套网络交换机相连接，形成冗余的厂站控制级网络。

(2) 功能：厂站控制层需迅速、准确、有效地完成对电站各种设备的安全监视和控制，保证电站设备安全稳定运行。厂站控制层具有数据采集与处理、实时控制和调节、参数设定、监视、记录、报表查询、运行参数计算、历史趋势记录、事故追忆、通信控制、系统诊断、系统仿真、软件开发和画面生成、系统扩充(包括硬件、软件)、运行管理和操作指导等功能。

3. 网络设备

厂站控制层设备与现地控制层设备采用双光纤以太网络进行通信。现地控制单元之间通过冗余以太网络进行信息自动交换，在厂站控制层设备退出运行的情况下，现地控制层设备间依然保持信息通信，实现机组各工况的启停。

(1) 设备配置：网络设备由两台主网络交换机和现地网络交换机组成，主网络交换机与现地网络交换机之间通过光缆连接，采用环型、星型或混合型网络拓扑结构。厂站控制层各工作站和现地控制层各现地控制单元都与两台网络交换机和现地网络交换机相连接，形成冗余的电站控制网络，冗余的控制网络之间可实现自动切换。

(2) 功能：网络是用物理链路将厂站控制层设备和现地控制层现地控制单元连接在一起，按照约定的网络协议组成数据链路，形成各层之间互联互通的网络系统，从而达到硬件、软件资源共享和信息通信的目的。

1.2.3 抽水蓄能电站计算机监控系统特点

根据抽水蓄能电站工作原理和计算机技术发展状况，与常规水电站计算机监控系统相比，抽水蓄能电站计算机监控系统具有以下特点。

1. 机组运行工况多

抽水蓄能机组有停机、发电、发电调相、抽水和抽水调相等运行工况，各种运行工况之间的转换多达三十多种，其常用的工况转换有二十余种，如图1-3所示。

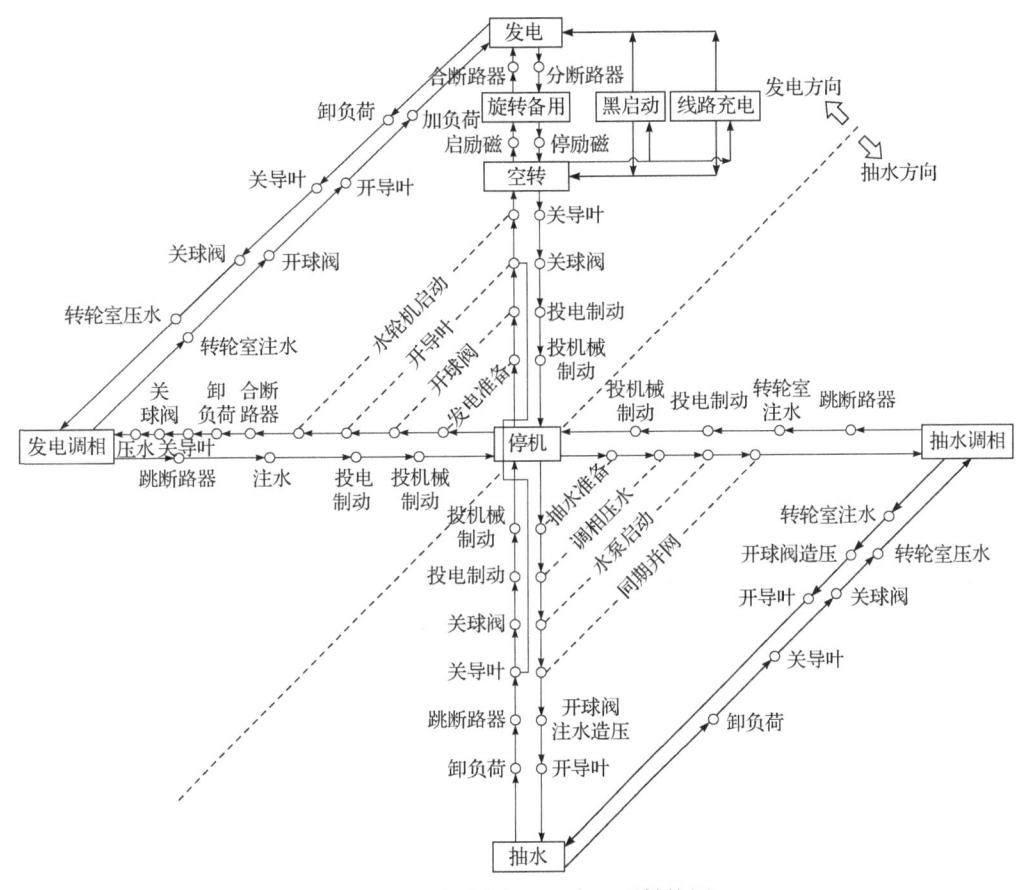

图1-3 抽水蓄能机组运行工况转换图

2. 控制逻辑复杂

抽水蓄能机组具有发电和抽水两种截然不同的运行工况，抽水工况启动采用两种启动方式，静止变频器(static frequency convertor，SFC)启动为主用，背靠背(back to back，BTB)启动为备用，静止变频器启动和背靠背启动都要涉及电站多套现地控制单元的协调控制问题，且控制闭锁复杂，增加了控制逻辑的复杂性。

3. 同期回路复杂

抽水蓄能机组同期并网存在发电、静止变频器抽水、背靠背抽水、黑启动等多种并网方式。其中，发电并网时调节本机组调速器和励磁系统，静止变频器抽水并网时调节静止变频器和本机组励磁系统，背靠背抽水并网时调节拖动机组调速器和本机组励磁系统。此外，静止变频器抽水同期并网时，需先退出静止变频器、分静止变频器输出开关，再合机组出口断路器，避免损伤静止变频器；背靠背抽水同期并网时，需先分拖动机组出口断路器，再合被拖动机组出口断路器，避免两路电源合环运行。不同工况并网差异导致同期回路和同期参数复杂。

4. 机组启停频繁

抽水蓄能电站在电力系统中承担调峰填谷、调频调相及事故备用的作用，机组启停频繁，工况转换多，目前一台抽水蓄能机组每天两抽两发，随着新能源的快速发展，后续抽水蓄能机组启停操作将更加频繁，对计算机监控系统及自动化控制元件的可靠性和操作成功率要求高。

5. 网源协调控制复杂

抽水蓄能电站主要服务于电网，其网源协调控制将根据电网要求和水库情况增加许多新的内容，如抽水联合控制、电网紧急事故支援等功能。

1.3 智能化技术和发展趋势

抽水蓄能电站作为新型电力系统中的重要组成部分，对于保障电力系统的稳定运行、调节电力负荷具有举足轻重的作用。随着科技的不断发展，抽水蓄能电站计算机监控系统也在逐步实现智能化，以提高电站的运行效率和安全性。

1.3.1 抽水蓄能电站计算机监控系统智能化技术

1. 物联网技术的应用

物联网技术是实现抽水蓄能电站智能化的核心技术之一。通过在电站设备的相关节点上设置多种传感器，物联网技术能够实时采集设备的监测信息，包括设备状态、运行环境等。这些信息通过无线网络传输到计算机监控系统，为电站的运行管理提供数据支持。物联网技术的应用不仅提高了数据采集的准确性和实时性，还为电站的远程监控和管理提供了可能。

2. 边缘计算技术的应用

边缘计算技术是抽水蓄能电站智能化的另一关键技术。通过在电站设备端进行计算和数据处理，边缘计算技术能够实现对设备信息的实时采集、存储和分析。这种技术可以大幅降低数据传输的延迟，提高监控系统的响应速度。同时，边缘计算技术还可以应用于设备的故障诊断和趋势分析，为电站的检修和维护工作提供有力支持。

3. 人工智能技术的应用

近年来，人工智能技术在抽水蓄能电站计算机监控系统中得到了广泛应用。通过机器学习和深度学习算法，系统能够智能地诊断和预测电站设备的状态。例如，通过对大量历史数据进行训练，系统可以自动识别设备的异常状态，提前发现潜在故障，从而提高电站的运行可靠性。人工智能技术的应用使得抽水蓄能电站计算机监控系统能够更加高效地分析数据并做出决策，帮助运维人员迅速做出正确的判断，避免潜在故障和事故的发生。

1.3.2 抽水蓄能电站计算机监控系统发展趋势

1. 集成化与模块化

随着技术的进步，抽水蓄能电站计算机监控系统将朝着更加集成化和模块化的方向发展。这将简化系统的复杂性，提高设备的安装、维护和升级便利性，以满足不同电站的特殊需求。集成化与模块化的发展趋势将使得监控系统更加灵活、可扩展，降低运维成本。

2. 智能优化与自适应调节

利用人工智能和机器学习技术，抽水蓄能电站计算机监控系统将根据实时和历史数据自动优化运行参数，实现自适应调节。这将进一步提高电站的运行效率和可靠性，降低能耗和排放。智能优化与自适应调节将成为未来抽水蓄能电站计算机监控系统的重要发展方向。

3. 虚拟仿真与数字孪生

随着虚拟仿真和数字孪生技术的发展，抽水蓄能电站计算机监控系统将能够通过数字化模拟对电站设备和运行过程进行监测。通过数字孪生模型，可以实现设备和系统的实时监测和预测，为运行优化和故障排除提供强有力的支持。虚拟仿真与数字孪生技术的应用将使得抽水蓄能电站的运维更加精准、高效。

4. 5G 通信与云计算融合

未来，抽水蓄能电站计算机监控系统将与 5G 通信和云计算技术深度融合。5G 通信技术的高带宽、低延迟特性将大幅提升监控系统的实时性和可靠性；而云计算技术则为海量数据的存储、分析和挖掘提供了强大的计算能力。5G 通信与云计算的融合将为抽水蓄能电站计算机监控系统带来前所未有的性能提升。

总之，抽水蓄能电站计算机监控系统正朝着更加先进、高效、智能的方向发展。物联网、边缘计算、人工智能等技术的应用将不断提升监控系统的性能和功能，为抽水蓄能电站的安全、稳定运行提供有力保障。同时，集成化、模块化、智能优化、虚拟仿真等发展趋势也将推动抽水蓄能电站计算机监控系统不断创新和进步。

探索与思考

1. 计算机监控系统是指对设备的控制，抽水蓄能电站计算机监控系统的主要控制设备有哪些？

2. 抽水蓄能电站计算机监控系统与常规水电站计算机监控系统存在哪些大的差别？

3. 两机模式的抽水蓄能机组同一时刻只能进行发电或抽水，工况转换时间长，在新能源高占比电网中，抽水蓄能机组快速进行负荷调节，采用早期的四机模式是否更灵活？

4. 抽水蓄能电站智能化是发展的趋势，查询文献探讨"智能"主要体现在哪些方面？有哪些不足？

5. 早期计算机系统价格昂贵，能实现的功能也比较简单，有了持续的科技投入才有了今天电站的"无人值班，少人值守"，企业科技创新在国家创新体系中发挥着哪些重要作用？

第 2 章　抽水蓄能电站计算机监控基础

2.1　抽水蓄能电站计算机监控系统结构

抽水蓄能电站作为电力系统中的重要调峰调频电源，其安全稳定运行对于整个电力系统的平衡至关重要。计算机监控网络作为电站自动化管理的核心，其结构的合理性直接影响到电站的监控效率和可靠性。本节介绍抽水蓄能电站计算机监控网络中的三种主要结构：星型网络结构、环型网络结构和星环混合型网络结构，并对比分析各自的特点和优势。

2.1.1　星型网络

星型网络结构是一种常见的网络拓扑结构，以一个中心节点为核心，其他节点直接与该中心节点相连，站与站之间的通信需要经过中心站提出请求，然后通过中心站把源站和目的站连起来，实现点对点通信，如图 2-1 所示。

星型网络有以下特点。

(1) 结构简单：星型网络结构清晰，易于理解和维护。每个节点直接连接到中心节点，使得数据传输路径明确，便于故障排查和修复。

(2) 扩展性强：当需要添加新的监控节点时，只需将其连接到中心节点即可，无须对现有网络进行大规模改动。

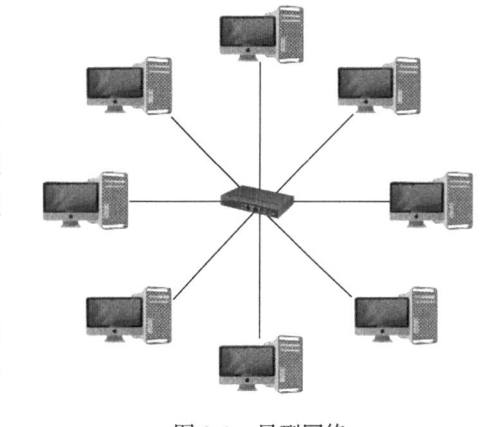

图 2-1　星型网络

(3) 传输效率高：每个节点单独占用一条传输线路，避免了数据传送堵塞的现象，确保了数据传输的实时性和准确性。

然而，星型网络也存在一定局限性。首先，它对中心节点的依赖性极高。一旦中心节点发生故障，整个网络将面临瘫痪的风险。其次，随着节点数量的增加，所需的传输线路和接口设备也会相应增多，导致成本上升。

为解决中心节点的瓶颈问题，通常采用冗余配置的双中心节点，构成双星型网络结构。实际应用中，冗余设置 2 套交换机，所有终端设备均以星型方式同时连接至 2 套交换机，从而解决了单星型网络结构没有冗余功能的缺陷。

我国以往的抽水蓄能电站建设中，中小型抽水蓄能电站普遍采用这种模式，如河北潘家口、江苏沙河、安徽响洪甸等抽水蓄能电站。

2.1.2　环型网络

环型网络(简称环网)采用一组转发器通过点对点链路连成封闭的环型结构，每个站上连一个转发器，每个转发器连通上、下两条链路形成一个闭环，数据在链路上传输，如图 2-2 所示。

为解决环网节点故障导致的环网失效问题，在实际应用中，采用双环型网络构成双通道冗余，以提高系统可靠性。双环型网络结构是在网络系统中同时设置了 2 套完全独立的单环型网络，所有终端设备均同时连接至对应的环形网络交换机上，从而提高了网络的冗余容错功能。

我国以往的抽水蓄能电站建设中，大部分大型抽水蓄能电站采用双环型网络结构，如辽宁蒲石河、安徽响水涧、浙江仙居、江西洪屏、广东深圳等抽水蓄能电站。

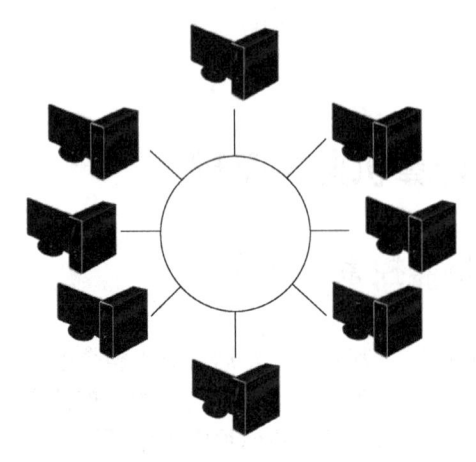

图 2-2 环型网络

环型网络有以下特点。

(1) 可靠性高：环网中的数据传输具有双向性，即使某个节点或某段线路出现故障，数据仍可通过其他路径传输，从而保证了网络的稳定运行。

(2) 自愈能力强：当环网中某处发生故障时，系统能够自动检测并绕过故障点，确保数据的正常传输。

(3) 传输距离远：环网适合使用光纤等远距离传输介质，能够满足抽水蓄能电站内部不同位置监控节点的需求。

尽管如此，环网也存在一些不足。例如，在节点过多的情况下，环网可能会影响网络的传输效率。此外，环网的扩展性相对较差，添加或删除节点需要对整个网络进行调整。

2.1.3 星环混合型网络

星环混合型网络(简称星环网)是星型网络和环型网络的结合体，它兼具了两者的优点，既保证了网络连接可靠性，又便于组网施工和运行维护。

在实际应用中，为提高环型网络的可靠性，采用双星环混合型网络构成双通道冗余。根据抽水蓄能电站设备的地理位置特点，在中控楼、地下厂房、开关站等地方分别设置主交换机，并通过双环型网络连接，其余现地控制单元分别设置现地交换机，并通过双星型网络连接当地的双环型网络主交换机。双星环混合型网络结构既保证了厂站控制层设备与现地控制层设备之间的网络连接可靠性，又便于组网施工，且维护方便，适用于 6 台(含)以上机组的大型抽水蓄能电站，如江苏溧阳、山东文登、河北丰宁等大型抽水蓄能电站。双星环混合型网络结构如图 2-3 所示。

星环混合型网络有以下特点。

(1) 结构灵活多样：星环网结合了星型网络和环型网络的特点，既具有星型网络的简单明了特性和易于扩展性，又具备环网的高可靠性和自愈能力。这种灵活多样的结构使得星环网能够适应不同规模和需求的抽水蓄能电站计算机监控系统。

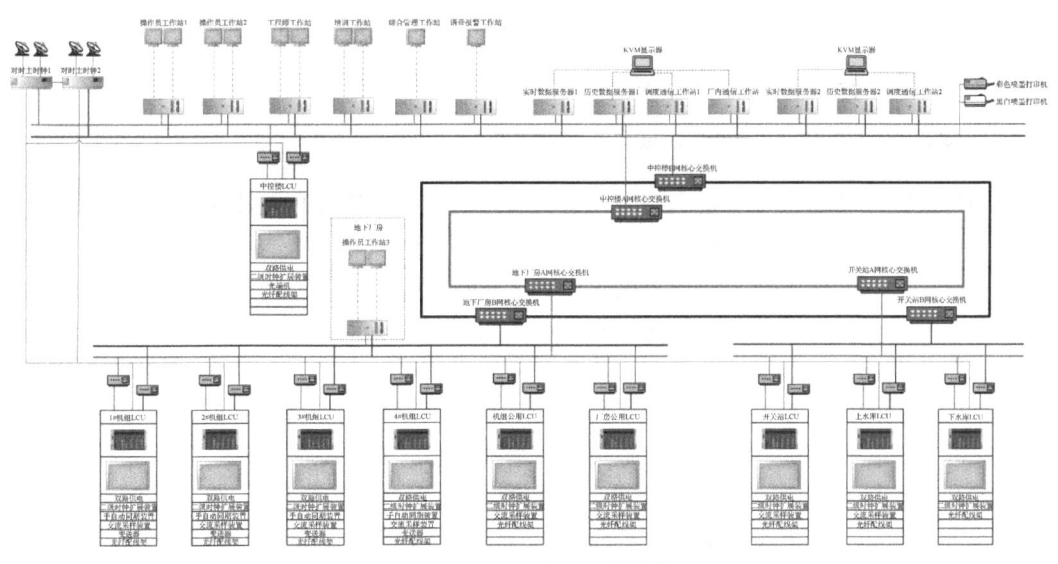

图 2-3 双星环混合型网络结构图

(2) 数据传输高效稳定：在星环网中，数据可以通过多条路径进行传输，有效避免了数据堵塞和单点故障的问题。同时，环网部分的自愈能力也保证了数据传输的稳定性。

(3) 易于维护和扩展：星环网的星型部分使得网络结构清晰易懂，便于维护和排查故障。而环网部分的灵活性又使得网络在需要时能够方便地进行调整。

然而，星环网也存在一些挑战。首先，其复杂性相较于单一的星型网络或环网有所增加，这可能会增加网络设计和维护的难度。其次，星环网的成本相对较高，它结合了两种网络结构的优点，同时也继承了它们的部分缺点和成本。

综上所述，抽水蓄能电站计算机监控系统的三种网络结构各有其特点和优势。在选择网络结构时，应根据电站的实际需求和规模进行综合考虑。对于规模较小、节点数量有限的电站，星型网络可能是一个简洁高效的选择；而对于规模较大、对可靠性要求极高的电站，星环网可能更为合适。

2.2 厂站层设备及功能

抽水蓄能电站计算机监控系统采用开放的分层分布式系统结构，由厂站层系统、现地层系统和网络组成。厂站层系统主要用于完成全厂数据采集与处理、监视、控制和调节、自动发电控制、自动电压控制、记录与报警、人机接口、运行管理与指导、通信等功能。

计算机监控系统设备主要按照厂站层、现地层、网络层三个类别来规划部署，同时根据不同工程需求还会配套一些不间断电源(uninterruptible power supply，UPS)、模拟屏、大屏等系统外围设施。

2.2.1 厂站层主要设备

厂站层计算机监控系统主要由下列设备：实时数据服务器、历史数据服务器、操作员工作站、工程师工作站、报表工作站、语音报警工作站、生产信息服务器(Web 服务器)、通信服务器、打印机、时钟同步系统等组成。

1. 实时数据服务器和历史数据服务器

实时数据服务器主要负责电站设备运行管理、实时数据处理和成组控制等高级应用工作。历史数据服务器主要负责历史数据的生成、转储，以及各类运行报表的生成和储存等数据处理与管理工作，根据磁盘配置容量不同，可保证 2～20 年的数据存储要求。

有 2 种典型配置方式。一种是配置 2 套主计算机服务器，兼有实时数据服务器和历史数据服务器功能，热备冗余方式工作。该配置费用低，但实时数据服务与历史数据服务功能由相同的计算机共同承担，工作界面不够清晰。特别是需要开展磁盘存储维护工作时，计算机监控系统厂站层功能将受到大幅度影响。另一种是分别配置 2 套实时数据服务器和 2 套历史数据服务器(可配置磁盘阵列)，热备冗余方式工作。该方式配置的实时数据服务器与历史数据服务器相互独立，可靠性更高，各自系统维护不影响其他功能，但投资费用较高。

实时数据服务器和历史数据服务器通常选用机架式服务器，组屏安装在服务器柜中，柜内可配置 1 套 KVM(keyboard video mouse，即利用一组键盘、显示器或鼠标实现对多台设备的控制)一体显示器，与服务器连接，便于调试和维护。

2. 操作员工作站

操作员工作站为运行人员提供人机接口工作平台，用于实时运行监视和控制。配置 2～3 套，每套配置双显示器或三显示器。其中 2 套操作员工作站布置于中控室控制台。抽水蓄能电站计算机监控系统中会配置第 3 套操作员工作站，布置于地下厂房值班室。

操作员工作站可选用塔式工作站，直接布置在中控室控制台中；也可以选用机架式工作站，组屏安装在计算机柜中，通过 KVM 延长装置与控制台上的显示器进行连接。

3. 工程师工作站

工程师工作站为维护人员提供人机接口工作平台，用于数据库修改、画面编辑、程序修改和下载等系统维护工作。

工程师工作站的硬件配置建议与操作员工作站类同，当操作员工作站发生故障时，可以将工程师工作站临时配置成操作员工作站使用。

4. 报表工作站

报表工作站为运行人员提供人机接口工作平台，用于报表查询、编辑、打印等。也可不单独设置报表工作站，与操作员工作站合并使用。

5. 语音报警工作站

语音报警工作站主要完成语音或短信报警功能。主要配置同操作员工作站，配置单显示器。语音报警工作站需与报警音箱一同布置于中控台上，当布置于计算机柜内时，需考虑声卡与报警音箱之间的连接问题(通过带音频接口的 KVM 延长装置来实现)。

根据《电力二次系统安全防护规定》,直接与外部公共网络(移动网络)联系的ONCALL报警站需要部署在安全Ⅲ区,经横向隔离装置安全隔离后与计算机监控系统主网络进行连接。

6. 生产信息服务器

生产信息服务器(Web服务器)主要提供Web浏览功能。主要配置可与报表工作站相同。建议选用机架式工作站,组屏安装在计算机柜中。Web服务功能属于安全Ⅲ区服务,需经横向隔离装置安全隔离后与计算机监控系统主网络进行连接。

7. 通信服务器

通信服务器用于与计算机监控系统以外的设备或系统进行通信。根据通信对象的不同,可分为厂内通信服务器、调度通信服务器、集控通信服务器等。建议选用机架式工作站,组屏安装在计算机柜中,可根据功能划分分别配置1套KVM,也可共用一套KVM,便于调试和维护。

厂内通信服务器主要负责电站计算机监控系统与厂内其他子系统(生产管理系统、电能量计费系统、水情自动测报系统、继电保护管理系统、消防报警系统、状态监测系统、信息管理系统、培训仿真系统等)的数据通信,设置串口扩展卡,用于串口通信扩展,必要时要多配置相应的网络接口用于外部网络通信。

调度通信服务器用于电厂与上级调度中心(地调、省调、网调等)之间通信,采用冗余配置方式。调度通信服务器应具备多通道、多规约的通信能力,并满足电网调度通信要求。调度通信服务器与调度系统进行网络通信时,应满足国家有关部门关于监控系统安全防护规定的要求。

当电站需要接入集控中心时,还需配置专门的集控通信服务器,用于与集控中心进行数据通信。根据重要性的不同,可采用冗余配置或单机配置方式,也可将集控通信服务器与厂内通信服务器合并使用。

对于集控中心计算机监控系统而言,则需要单独部署电站通信服务器,经过数字加密的网络通道与电站互联,与所辖相关电站进行数据通信。当所辖电站多且装机容量较大时,还需考虑按每个电站或区域电站群单独部署冗余的电站通信服务器,以减少不同电站之间的通信影响,加强系统安全。

8. 打印机

打印机主要完成计算机监控系统的各种打印服务功能,打印内容包括画面、报表、一览表、历史曲线等。

9. 时钟同步系统

时钟同步系统采用冗余配置方式,可以分别接收北斗授时信号和全球定位系统(global positioning system,GPS)授时信号,并具备有源/无源脉冲对时、RS232/422/485串行口对时、IRIG-B(inter-Range instrumentation group-B)码对时、网络时间协议(network time protocol,NTP)网络对时等主流的对时方式,对整个电站控制系统进行时钟对时。

冗余模式分为两种：一种为单主机、双时钟信号接收器形式，通过 GPS/北斗双时钟信号接收器构成系统；另一种则是双主机形式，每台主机单独配置 GPS 授时信号接收器或北斗授时信号接收器，也可各自配置 GPS/北斗双时钟信号接收器，如图 2-4 所示。

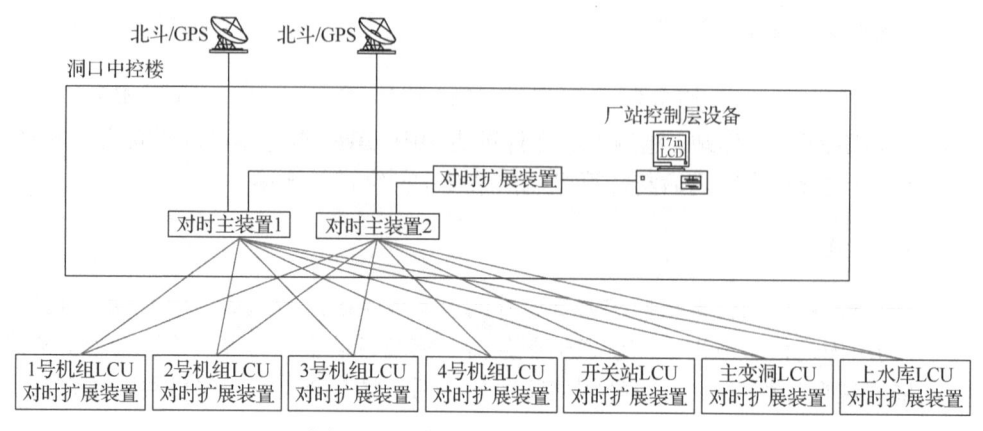

图 2-4 双主机时钟同步系统结构图

10. 大屏幕显示系统

大屏幕显示系统是满足电站或集控中控室集中信息展示要求的良好解决方案。它可将各种计算机图、文信息和视频信号等进行集中显示，且各种显示信息在大屏幕上可根据需要以任意大小、任意位置和任意组合进行显示，由组合显示大屏幕(含板卡)、控制处理系统(包括专用控制器、控制软件等)及相关外围设备(全套的框架、底座、线缆、安装附件等)组成。

大屏幕显示系统支持实时计算机图像信号输入和视频信号输入。支持多屏图像拼接，画面可整屏显示，也可分屏显示。用户可灵活开启窗口，定义尺寸，画面能够自由缩放、移动、漫游，不受物理拼缝的限制，采用软件控制窗口的各项参数，屏与屏间的拼缝不影响汉字和图像的正确显示，如图 2-5 所示，图中 OP 代表操作员工作站。

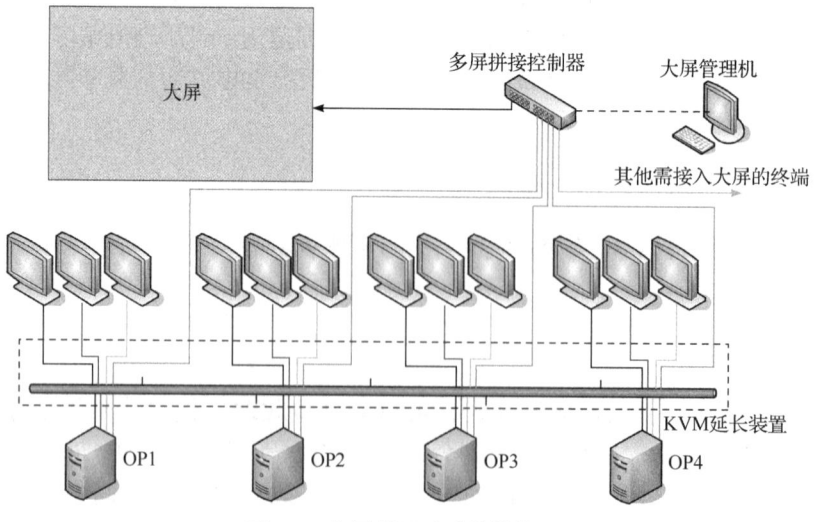

图 2-5 大屏幕显示系统结构图

11. 网络设备

计算机监控系统的网络设备主要包括主干网交换机、与外部系统联络的接入路由器或接入交换机，以及根据《电力二次系统安全防护规定》所必须配备的网络设备。所有网络设备部署于网络柜内，建议采用双电源冗余供电。

1) 主干网交换机

计算机监控系统主干网络采用分层分布式体系结构，可以为星型结构，也可以为环型结构或混合结构，针对典型的抽水蓄能电站，采用星环混合组网的方式比较多。为确保系统的可靠性，采用冗余配置方式，实现各服务器、工作站功能分担，数据分散处理，处理速度快、工作效率高。随着网络技术的发展，计算机监控系统主干网络速率越来越多地采用 1000Mbit/s。根据不同需要，可选择管理型交换机或非管理型交换机、二层交换机或三层交换机、工业级交换机或企业级交换机。其中模块化交换机的电源、电口、光口数量可灵活地选配或后续增补，Combo 口则可方便地在光口和电口之间进行切换。

2) 接入路由器或接入交换机

接入路由器用于厂站计算机监控系统联通上级调度系统或集控中心之间的网络，采用国产路由器。

根据需要设置三层交换机，用于集控中心计算机监控系统联通电站层计算机监控系统之间的网络，替代路由器功能，常用于一套电站接入服务器(集控中心侧)与多个流域电站(群)计算机监控发生通信联系的情况，是实现"一对多"接入模式的经济型选择。

3) 二次安全防护网络设备

纵向加密装置：采用经电力系统许可认证的加密、访问控制等技术措施实现集控-电站、电站-调度数据的远方安全传输及纵向边界的安全防护，用来保障远程纵向传输过程中的数据机密性、完整性和真实性。每个通道均需单独设置一台纵向加密认证装置。

横向隔离装置：横向隔离是电力监控系统安全防护体系的横向防线。在生产控制大区与管理信息大区之间必须部署经国家指定部门检测认证的电力专用横向单向安全隔离装置，隔离强度应当接近或达到物理隔离。生产控制大区内部的安全区之间应当采用具有访问控制功能的网络设备、安全可靠的硬件防火墙或者相当功能的设施，实现逻辑隔离。

防火墙：根据国家安全防护的规定，需在安全Ⅰ区和安全Ⅱ区之间设置硬件防火墙设备，识别正常和异常的网络行为，建立行为特征库，实现动态的行为检测，并根据自适应策略阻止不符合安全要求的数据包的访问，进行流量的控制和管理。防火墙采用国产设备。

入侵检测系统(intrusion detection systems，IDS)的探头统一接入管理计算机，组成一套对网络入侵进行检测的系统。网络入侵检测系统是专门针对黑客攻击行为而研制的网络安全设备，它通过对计算机网络或计算机系统中的若干关键点收集信息并对其进行分析，从中发现网络或系统中是否有违反安全策略的行为和被攻击的迹象，可以实施对网络攻击及违规行为的监测与响应策略。入侵检测系统的探头部署于网络边界。

4) 网络柜

网络柜尺寸为 2260mm×800mm×1000mm(高×宽×深)和 2260mm×600mm×1000mm(高×宽×深)2 种类型。颜色主要为计算机灰或黑色。

12. 不间断电源系统

UPS 主要用于给服务器、工作站和网络设备等提供不间断的电力电源。当交流电源输入正常时，不间断电源将交流电源稳压后供应给负载使用，同时还向蓄电池充电；当交流电源中断时，不间断电源立即将蓄电池的电能，通过逆变转换的方式继续向负载供应交流电，保证负载供电的稳定性和可靠性。UPS 由电源输入隔离和滤波回路、整流器、逆变器、蓄电池组(带蓄电池的不间断电源)、旁路回路、控制面板和馈电回路等组成。

对于 UPS 的设计选型，首先要根据电站实际设备供电情况，确定不间断电源的工作方式，然后根据所有供电设备的功率确定不间断电源的容量，为使不间断电源工作在最佳状态，供电设备的总功率为不间断电源容量的 70%～80%，最后计算确定不间断电源蓄电池型号和数量。

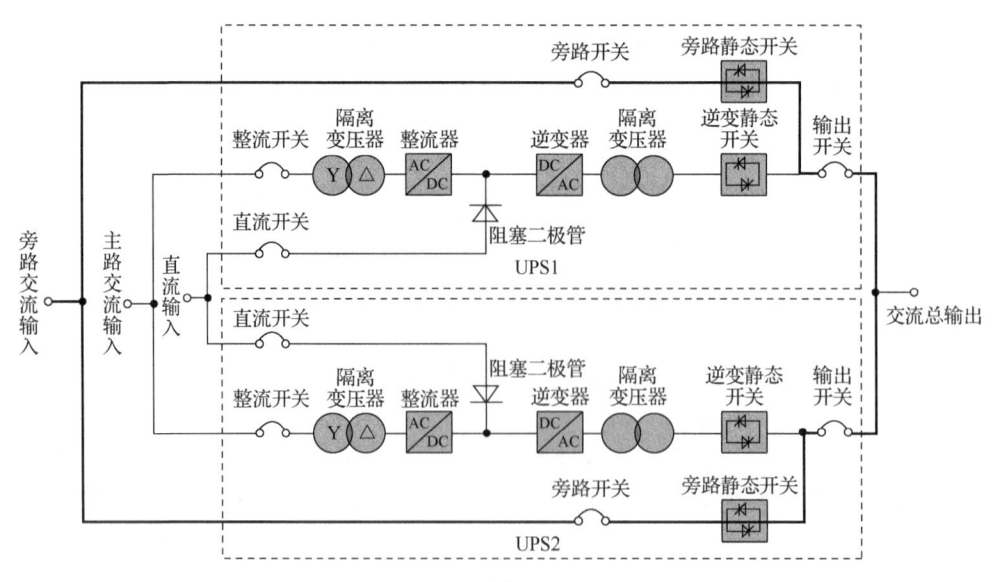

UPS 主要有并机冗余和独立运行两种工作方式。

并机冗余方式：2 台不间断电源主机通过并机线电源同步后，馈电输出并接在一起向外部设备供电，如图 2-6(a)所示，当 2 台不间断电源主机正常工作时，各承担 50%的负荷，出现故障时，无扰动切换至另 1 台不间断电源主机，由另 1 台不间断电源主机承担 100%的负荷。并机冗余方式接线复杂，当不间断电源主机发生故障时维护工作量较大。

独立运行方式：2 台不间断电源主机完全独立运行，如图 2-6(b)所示，具有双电源供电的计算机设备的供电分别来自 2 台独立的不间断电源主机，对于那些少量的只有单电源供电的计算机设备，可由 2 台独立的不间断电源主机馈电输出至静态切换开关，通过静态切换开关无扰动切换后供电。独立运行方式接线简单，可靠性高，故障排查快，维护工作量小。

(a)

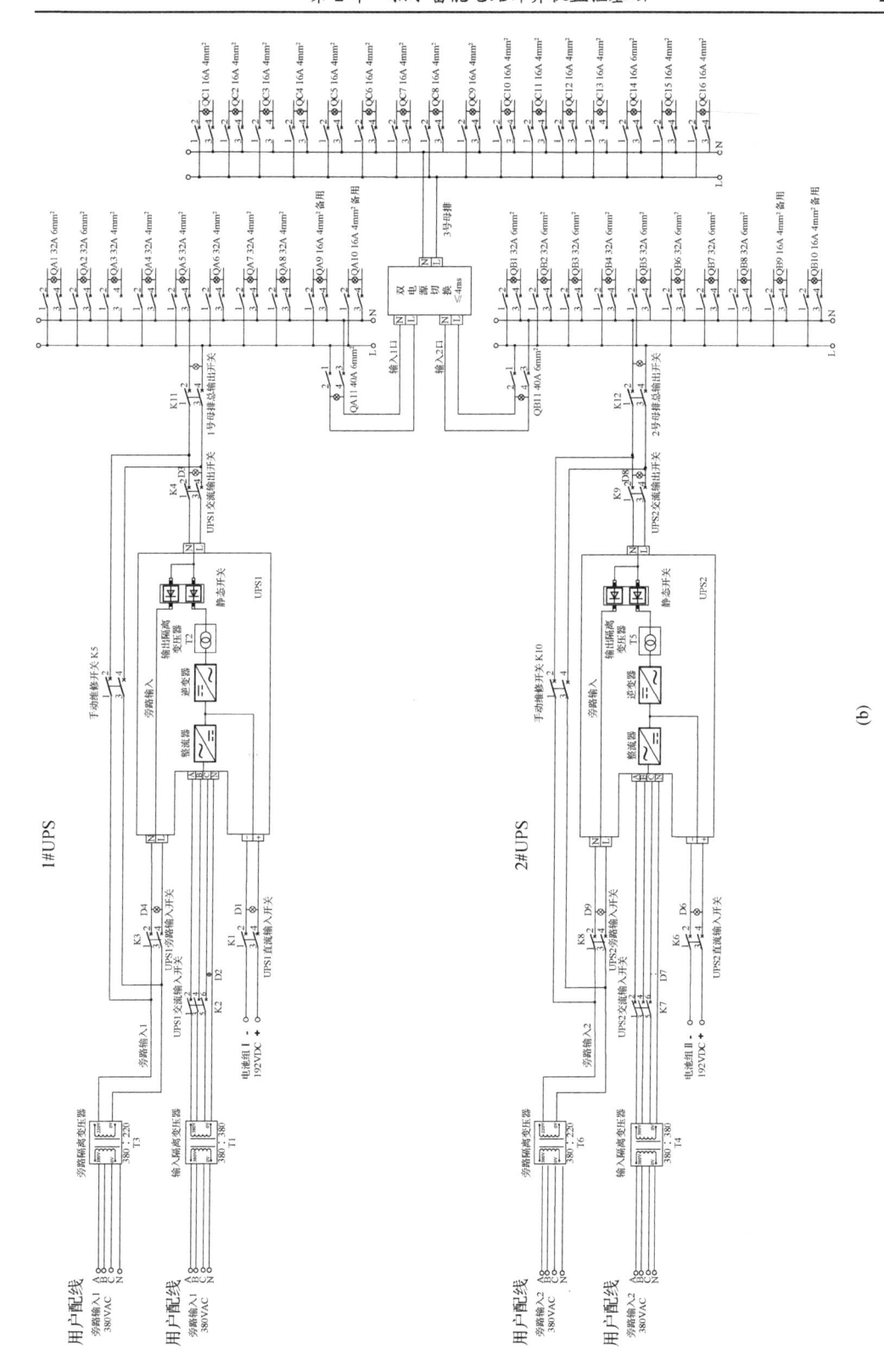

图2-6 UPS系统并机冗余和独立运行方式示意图(b)

13. 中央控制台

在中央控制室布置一套中控室控制台，将中控室内的计算机、显示器、鼠标、键盘、调度电话、打印机等设备摆放布置在中控室控制台上，便于操作人员集中监视和控制。

在工程师室布置一套工程师控制台，以布置工程师工作站、培训工作站、打印机等设备。

控制台根据电站的使用需求定制，既可以单联使用，也可以多联组合。设计时主要考虑能够满足人体工学设计、合理的布线要求和合理的散热要求，兼顾耐用性及布局的合理性，符合环保标准。

2.2.2 厂站层功能

抽水蓄能电站计算机监控系统的主要功能是完成对全厂设备的实时、安全监视或控制。厂站层负责对电站所有设备的集中监视、控制、管理和外部系统通信。运行人员主要通过厂站层实现对设备的监视和控制。对于全厂装机超过 5 万 kW 的电站，上级调度部门还需要通过厂站层系统的 AGC/AVC 功能模块，实现调度中心对抽水蓄能电站的远程调控功能。现地层负责对所管辖生产设备的生产过程进行安全监控，通过输入、输出接口与生产设备相连，并通过网络接口接连到监控系统网络内，与厂站层连接，实现数据信息交换，并接收由运行人员或上级调度系统发出的控制、调节指令，当发生事故时自动启动相应的事故停机流程。

1. 数据采集

根据采集对象、采集方式的不同，计算机监控系统的数据类型包括：表示设备状态、报警信号的开入(digital input，DI)量，表示带毫秒级时标的事件顺序记录(sequence of event，SOE)量，用于对现场设备进行分/合、启/停、投/退操作的开出(digital output，DO)量，用于将变送器输出的电压或电流信号转换为数字量信号的模入(analog input，AI)量，用于对现场设备进行设定值整定或调节的模出(analog output，AO)量，用于将布置于发电机、变压器等设备内部的电阻式温度计(resistance temperature detector，RTD)电阻值转换为电压信号以表征温度变化的温度(temperature input，TI)量，直接采集二次侧 CT/PT 输出而获得的电压、频率、功率、功率因素等交流采样值的交采量 AC，以高速技术方式累加计算得出的电度脉冲输入(pulse input，PI)量，以及在测量位置、开度等场合中将格雷码、BCD 码等编码值转换为数字量的数码输入量。此外，计算机监控系统可以通过串口/现场总线/网络通信，对抽水蓄能电站内各系统、设备及传感器的实时运行数据进行采集，这些采集量统称为通信量。

数据采集分为周期巡检和随机事件采集。采集的数据用于画面的显示、更新、报警、记录、统计、报表、控制调节和事故分析。

厂站层计算机监控系统实时采集来自现地层的所有运行设备的模拟量、开关量、温度量、电气量等信息，以及来自保护、直流、消防等外部独立系统的通信量信息。可接收来自上级调度中心的数据，或接收由操作员向计算机监控系统手动录入的数据信息。

现地层计算机监控系统则能自动采集 DI、SOE、AI、TI 等类型的实时数据，自动接收来自厂站层的命令信息和数据。

2. 数据处理

由于对数据处理的设备性能和展示要求不尽相同，厂站层计算机监控系统和现地层计算机监控系统分别承担了不同的数据处理功能。

厂站层计算机监控系统主要负责数据的再加工，注重数据在人机界面的多样化展示形式，为运维人员提供分析诊断等。

自动从各现地控制单元采集开关量和电气量、温度量、压力量等，掌握设备动作情况，收集越限报警信息并及时显示、登记录入在报警区内，并可根据数据库的定义进行归档、存储、生成报表、实时曲线或事故追忆显示。

对采集的数据进行可用性检查，对不可用的数据给出不可用信息，并禁止系统使用。

可根据不同的逻辑要求，实现对一个或多个基础数据的综合性计算，并生成新的展示数据，如计算全厂总功率、温度平均值等。

更新实时数据库和历史数据库，并将实时数据分配到有关工作站，供显示、刷新、打印、检索等使用。

对数据进行越限比较，越限时发出报警信号，异常状态信号在操作员界面上显示。可对测量值设定上上限(HH)、上限(H)、下限(L)、下下限(LL)、复位死区等报警值，当测量值越上限或下限时，发出报警信号，当测量值越上上限或下下限时，应转入与该测点相关设备的事故处理程序。不同越限方式有不同的声、光信号和不同的颜色显示，易于分辨。

3. 监视与展示

计算机监控系统采集的数据需要通过计算机或触摸屏等人机界面进行显示，为运行人员的日常运行维护提供服务。为了满足抽水蓄能电站的运行要求，计算机监控系统采集的数据在计算机监控系统内进行相应的预处理，通过画面、简报、光字、曲线和相应的语音等方式提供给运行人员。

厂站层计算机监控系统具备丰富的监视和展示功能，包括运行监视、操作过程监视、设备状态监视与分析及生产信息展示。

运行监视：监视各设备的运行工况、位置、参数等，如机组工况、机组功率、断路器位置、隔离开关位置等。当电站设备工作异常时，给出提示信息，自动启动语音报警、手机短信自动报警系统，并在操作员工作站上显示报警及故障信息。

操作过程监视：监视机组各种运行工况转换操作过程及各电压等级开关操作过程，在发生过程阻滞或超时时，显示阻滞或超时原因，并自动将设备转入安全状态或保留在当前工况，在值守人员确定原因并消除阻滞或超时后，才允许由人工干预继续启动相关操作。

设备状态监视与分析：各类现地自动控制设备如油泵、技术供水泵、空压机的启动及运行间隔有一定的规律，自动分析这些规律，监视这类设备及对应的控制设备是否异常。

生产信息展示：将计算机监控系统采集的数据投射到模拟屏或者 LED/DLP 大屏幕

上，通常展示全厂主接线状态、机组发电量、水情水位信息、安全生产天数等。集控中心则往往还会展示流域水量、总发电量等信息。

4. 设备控制与调节

运行人员可通过厂站层和电站层的人机接口设备，完成对全厂被控设备的控制与调节。主要的控制和调节内容包括：机组启停和工况转换控制，机组有功功率、无功功率的调节，发电机出口电压及以上电压等级断路器、隔离开关的分合闸操作，厂用电开关的分合闸操作，进水阀及闸门的开启或关闭操作，全厂公用和机组附属设备(中压气系统、技术供水泵、风机等)的开启或关闭操作等。通过厂站层计算机监控系统，还可通过人工置数或接收来自上级调度中心、集控中心的调节指令，实现全厂有功功率、无功功率的成组调节，以及母线电压与频率调节。

1) 开停机操作

运行人员根据上级调度指令或现场实际要求，依靠现地层计算机监控系统内预设的开停机控制逻辑，向开关刀闸、励磁、调速、辅机等系统下发相应指令，达到对机组设备的控制操作目标。在机组开停机过程中，计算机监控系统自动监视相应设备的执行过程，并根据设备动作情况自动判断后续执行操作步骤，自动将机组开、停至目标工况。若开停机过程中由于设备异常或其他原因导致开停机流程受阻，计算机监控系统自动根据预设的流程将机组控制至相应安全状态，并及时给出相应的受阻原因。

预设的开停机控制逻辑配置于现地层控制系统内，确保机组现地控制单元在没有厂站层命令或脱离厂站层的情况下，也能独立完成对所控设备的控制与调节，保证机组安全运行和开停机操作。

对于紧急停机/电气事故停机/机械事故停机，除可在厂站层人机界面、现地层人机界面和现地层操作面板上启动流程外，还可由现地层计算机监控系统根据预设的启动条件自动启动相应流程。事故停机后，机组处于停机闭锁状态，需要运行人员现场执行故障复位信号后，方可重新启动机组。

2) 有功无功调节操作

运行人员根据上级调度指令或现场实际要求，依靠现地层计算机监控系统内预设的负荷调节逻辑，自动评判设定值与当前实发值的差异，以脉冲开出、通信设值或模出设值的形式，将相应的调节指令发送至调速、励磁等调节机构，并实时监视机组运行工况，跟踪有功无功调节指令的正确执行，直至将有功无功负荷调整至调节死区内。在未收到新的调节指令前，计算机监控系统将持续把负荷保持在调节死区范围内。国内也有电网要求，有功无功调节到位后，计算机监控系统自动退出负荷调节功能，直至收到新的调度调节指令后再次投入调节。

在规定时间内，若机组有功无功实发值进入调节死区，则发出"调节完成"记录；若在预定时间内没有完成调节目标，则计算机监控系统自动停止调节操作，同时给出故障原因。

预设的负荷调节逻辑放置于现地层控制系统内，确保机组现地控制单元在没有厂站层命令或脱离厂站层的情况下，也能独立完成负荷调节，保证机组安全运行。

3) 开关刀闸操作

在运行人员需要进行开关刀闸的操作时，依靠现地层计算机监控系统内预设的开关刀闸控制逻辑和闭锁条件，向开关或刀闸发出脉冲型分合指令。若相应开关在运行操作状态，则自动发出相应控制指令；若相应开关的操作条件不满足，则自动闭锁相应操作，并在计算机监控系统画面上给出闭锁原因。

预设的开关刀闸控制逻辑和闭锁条件配置于现地层控制系统内，确保现地控制单元在没有厂站层命令或脱离厂站层的情况下，也能独立完成操作，保证电站倒闸功能。

此外，开关刀闸的操作除在现地控制单元中设有软件闭锁外，在现地还具有硬线逻辑安全闭锁和五防系统安全闭锁，确保设备和人身安全。

5. 外部系统通信

计算机监控系统是抽水蓄能电站的数据采集与处理中心，将全厂与生产控制相关的数据，在条件允许的前提下，采集到计算机监控系统中。计算机监控系统除与自身系统内部相关设备通过串口、网络或内部总线进行通信外，还与外部设备或系统存在大量的通信需求。

厂站层计算机监控系统的实时数据服务器(工作站)与各现地 LCU 通信，接收各现地 LCU 上送的信息，并向其发送控制调节指令。

厂站层计算机监控系统的厂内通信服务器(工作站)与电站生产管理系统、火灾报警系统、水情系统和电量采集装置等设备通信，接收各外部系统上送的信息，或向外部系统发送相关数据。有关通信规约和接口设备满足相关系统的接口要求。

厂站层计算机监控系统的调度通信服务器(工作站)与网调、省调、地调等调度中心 SCADA 系统通信，向调度系统发送重要生产数据信息，并接收来自调度中心的遥控、遥调指令。有关通信规约和接口设备满足电力调度通信规范要求。

厂站层计算机监控系统的集控通信服务器(工作站)与上级集控中心计算机监控系统通信，向集控中心发送全部生产数据信息，使集控中心获得与电站计算机监控系统完全一致的生产数据信息；同时接收来自集控中心的遥控、遥调指令，使集控中心获得与电站计算机监控系统完全一致的控制调节权限。有关通信规约和接口设备满足电力调度通信规范要求。

近距离的通信主要依靠以屏蔽双绞线为载体的各类工业现场总线或以太网(局域网)，远距离通信的通道则包括微波、电力载波、调度数据专网、卫星通道、电站自架专网、移动供应商租赁网络等。通信规约有 Modbus、Modbus TCP、IEC60870-5-101、IEC60870-5-103、IEC60870-5-104、CDT、DNP3.0、DL-674-92、DL/T645、TASE.2、IEC61850 等。

6. 自动发电控制

自动发电控制(automatic generation control，AGC)是指按预定条件和指标要求，以快速、经济的方式自动调整全厂有功功率以满足系统需要的自动控制功能。AGC 是厂站层完成的全厂性运算工作，其计算结果通过现地层执行。AGC 需要根据水头、机组振动区、机组运行工况，以及电力系统的相关要求，以全厂省水多发为原则，以机组安全稳定为首要条件，确定机组运行台数和运行负荷，同时要避免由于电力系统负荷短时波动而导致机组的频繁启停。

AGC 的指令来源包括：电站操作员在计算机监控系统中输入的负荷指令，调度中心通过调度通信远程下达的负荷指令，或调度中心根据水量和电量综合考虑后下达的日计划负荷曲线指令。对于流域集控电站而言，也可能是经集控中心计算机监控系统的经济调度控制 EDC 软件计算后，通过集控通信下达的全厂负荷指令。

电站 AGC 应该充分考虑电站运行方式，应具有有功联合控制、给定频率控制、紧急调频控制等功能。有功联合控制指按一定的全厂有功总给定方式，在所有参加有功联合控制的机组间合理分配负荷；给定频率控制指电站按给定的母线频率，对参加自动调频的机组进行有功功率的自动调整；紧急调频控制指系统频率异常降低或升高时，自动发电控制应能够根据频率降低和升高的程度及机组当时的运行工况，增加或减少全厂的机组的输出功率(包括自动启停机组措施)，尽可能使电力系统的频率恢复到正常范围。

AGC 应根据全厂负荷和频率的要求，在遵循最少调节次数、最少自动开机/停机次数并满足机组各种运行限制条件的前提下确定最佳机组运行台数、最佳机组运行组合，实现运行机组间的经济负荷分配。在自动发电控制时，能够实现电站机组的自动开停机功能。

AGC 应能实现开环、闭环两种工作模式。开环模式只给出运行指导，所有的自动给定及开机、停机命令不被机组接收和执行；闭环模式指所有的功能均自动完成。

AGC 应能对电站各机组有功功率的控制分别设置成组/单控控制方式。某机组处于成组方式时，该机组参加 AGC 成组控制；某机组处于单控方式时，该机组不参加 AGC 成组控制，但可接受操作员对该机组的其他方式控制。

AGC 还应充分考虑与电网一次调频功能的联动。在一次调频工作时，AGC 应短暂退出当前对全厂负荷的控制权，待一次调频调整到位后再行接管全厂负荷控制工作，即应遵循一次调频优先原则。

7. 自动电压控制

自动电压控制(automatic voltage control，AVC)是指按预定条件和指标要求，自动控制全厂无功功率以达到全厂母线电压或全厂无功功率控制的目标。AVC 是厂站层完成的全厂性运算工作，其计算结果通过现地层执行。在保证机组安全、经济运行的条件下，AVC 可确定最佳机组运行台数、组合方式和无功功率分配方案，为系统提供可充分利用的无功功率，减少电站的功率损耗，调节母线电压。

AVC 的指令来源包括：电站操作员在计算机监控系统中输入的总无功或电压指令，调度中心通过调度通信远程下达的母线电压指令或电压曲线指令。

AVC 的运行约束条件包括：机组机端电压限制、机组进相深度限制、转子发热限制、机组最大无功功率限制、机组 P-Q 关系等。

AVC 应能实现开环、闭环两种工作模式。开环模式只给出运行指导，所有的自动给定不被机组接收和执行；闭环模式指所有的功能均自动完成。

AVC 对电站各机组无功功率的控制，应按机组分别设置成组/单控方式。当某机组处于成组方式时，该机组参与 AVC 联合控制；当某机组处于单控方式时，该机组不参与 AVC 联合控制，但可接受其他方式控制。

AVC 还应充分考虑与电网电力系统稳定器(power system stabilizer, PSS)功能的联动。在 PSS 工作时，AVC 应短暂退出当前对全厂无功的控制权，待 PSS 调整到位后再行接管全厂无功控制工作，即应遵循 PSS 优先原则。

8. 其他高级应用功能

随着计算机技术的发展和发电企业管理水平的日益提高，计算机监控系统正逐步突破常规功能的限制，实现更为高级的数据处理分析和人工智能指导等功能。

1) Web 发布

向用户提供通过 Internet/Intranet 访问监控系统数据的方法，用户通过浏览器可以浏览画面、报表、一览表、历史曲线，其界面同本地界面完全一致，客户端免维护，可取代早期的厂长终端和部分管理信息系统的功能。

2) ONCALL 系统

ONCALL 系统自动接收计算机监控系统发送的实时数据信息和故障事故告警信息，并向预定义的接收人员自动发送短信告警。短信可以采用短信运营商提供的专用网络通道进行发送，也可以直接通过现有 GSM 网络进行发送。

3) 生产数据分析

以架构安全、稳定、高效的网络信息平台、实时数据平台、大型数据库平台为基础，采用全分布、全开放式体系结构和面向服务的设计思想，有效整合发电企业对实时过程数据监测、综合数据分析与处理、生产管理与辅助决策等不同层面的实际需求，提升资源利用水平、降低生产维护成本、改善资源配置，从而提高企业的生产效率和竞争力。

4) 培训仿真

采用计算机仿真技术，实现对抽水蓄能电站生产过程的运行操作培训、维护调试培训、故障(事故)仿真设置与事故处理、运行设备仿真分析、调节参数整定、控制策略研究、AGC/AVC 联合控制等多类功能。

5) 事故反演

实时记录抽水蓄能电站运行过程中的各种运行数据，以实现对抽水蓄能电站事故分析过程的时间平移。在电站发生事故后，事故分析人员可通过事故反演功能，将计算机监控系统的运行时间设置为事故发生时间前，重现整个事故过程。在时间平移过程中，可以查看任意时段的相关数据，以画面、简报、测点索引等形式重现事故发生时各个有关参数的变化趋势，便于分析、查找事故发生的具体原因，重现计算机监控系统运行的真实场景。

2.3 现地层设备及功能

现地控制单元(LCU)是抽水蓄能电站计算机监控系统的核心组成部分，主要承担着数据采集、控制输出和通信三大功能。LCU 在抽水蓄能电站中扮演着双重角色：一方面，它与电站生产过程紧密相连，采集信息并控制生产过程；另一方面，它与厂站控制层进行通信，发送信息并接收控制命令。因此，LCU 是电站计算机监控系统的基础。

在数据采集方面，抽水蓄能电站的 LCU 通过输入数据采集模块，实时采集开关量、模拟量、温度量等信号。这些信号反映了电站设备的运行状态和参数，为电站监控系统提供了决策依据。LCU 的 CPU 模件通过总线获取这些数据，并通过开出量和模出量进行控制处理，实现对生产过程的实时监控。

LCU 设备包括可编程逻辑控制器、人机交互接口设备、继电器、仪表、网络交换机和机组紧急停机按钮等。它们通常布置在电站生产设备附近，以便就地对电站的各类被控对象进行实时监视和控制，是电站计算机监控系统的重要组成部分。

2.3.1 现地层主要设备

一套典型的现地控制单元主要由电源、可编程逻辑控制器(PLC)、现地网络交换机、人机接口、同期装置、测量仪表、机组事故停机回路、开出继电器等组成。可编程逻辑控制器根据现地控制单元的输入/输出量、不同类型数据的采集要求，以及存储和通信要求进行配置；供电设备采用冗余开关电源，确保稳定供电；配备工控机，实现直观的人机界面输入与输出；自动准同期装置用于精准控制同期点的同步；现地/远方切换开关提供灵活的操作模式切换；交流电量采集装置精准测量出线线路及主变高/低压侧的电气量；交换机实现现地控制单元与上位机的高效通信；通信管理机则负责与交流采样装置及继电保护、励磁和调速等外部设备的数据交互；此外，还包括机柜柜体。

1. 电源

1) 输入电源

为提高现地控制单元输入电源的供电可靠性，输入电源建议采用双电源冗余配置，一路输入电源为交流 220V，另一路输入电源为直流 220V，通过交直流双供电装置给现地控制单元供电。也可根据电站具体要求采用双交流 220V 或双直流 220V 构成双电源冗余供电，当其中一路电源消失时，可以安全、可靠、无扰动地切换到另一路电源。

2) 控制器电源

为提高现地控制单元可编程逻辑控制器的供电可靠性，现地控制单元可编程逻辑控制器建议采用冗余供电模式，供电电压一般为直流 24V，通过现地控制单元内配置的冗余直流 220V 转 24V 电源变换装置供电。

3) 事故停机回路电源

为保证机组发生事故时安全可靠停机，机组现地控制单元一般设置独立的事故停机回路(采用独立 PLC)，其电源与机组现地控制单元电源相互独立，通过电站直流系统单独供电。

2. 可编程逻辑控制器

可编程逻辑控制器一般由中央处理器、存储器、通信模块、输入/输出模块、电源模块等部分组成。可编程逻辑控制器采用循环扫描的工作方式，中央处理器从第一条指令开始执行程序，直到遇到结束符后又返回第一条指令，如此周而复始不断循环。

可编程逻辑控制器的扫描过程分为内部处理、通信操作、程序输入处理、程序执行、程序输出处理几个阶段。全过程扫描一次所需的时间称为扫描周期。当可编程逻辑控制器处于停止状态时，只进行内部处理和通信操作等过程。在可编程逻辑控制器处于运行状态时，从内部处理、通信操作、程序输入处理、程序执行到程序输出处理，一直循环扫描工作。

输入处理也称为输入采样。在此阶段，首先读入所有输入端子的通断状态，并将读入的信息存入内存中所对应的映象寄存器；接着进入程序执行阶段，此时输入映象寄存器与外界隔离，即使输入信号发生变化，映象寄存器的内容也不会发生变化，只有在下一个扫描周期的输入处理阶段才能被读入信息。

在程序执行阶段，可编程逻辑控制器从输入映象寄存器中读出上一阶段采集的输入端子状态，从输出映象寄存器读出对应数据，根据用户程序进行逻辑运算，存入有关器件映象寄存器中。对每个器件来说，器件映象寄存器中所寄存的内容会随着程序执行过程而变化。

程序执行完毕后，将输出映像寄存器，即器件映像寄存器中的状态，在输出处理阶段转存到输出寄存器，通过隔离电路、驱动功率放大电路，使输出端子向外界输出控制信号，驱动外部负载。

(1) CPU 模件：CPU 模件是可编程逻辑控制器的神经中枢，是系统的运算、控制中心，采用双 CPU 在线热备冗余设计，确保系统的高可靠性和不间断运行。

(2) 底板：所有 PLC 的模件，包括 CPU 模件、I/O 模件及其他各类模件，都安装在底板内。底板的数量由所需安装的模件数量决定。

(3) 开关量输入模件：开关量输入模件包括普通型开入模件和事件顺序记录(SOE)型开入模件两种类型。普通型开入模件适用于常规的开关量信号采集，而 SOE 型开入模件则能更精确地记录和追踪事件发生的顺序，为故障排查和系统分析提供支持。每一块开关量输入模件有输入通道数量限制，应用中根据所需开入量选择开关量输入模件的数量，并预留一定数量的输入接口通道。

(4) 开关量输出模件：开关量输出模件的主要功能是将系统内部测点的 I/O 状态转换成对外部设备，如继电器、指示灯等的 ON/OFF 控制信号。这种模件通常与继电器配套使用，能够有效地实现对外部设备的精确控制。每一块开关量输出模件有输出通道数量限制，应用中根据所需开出量选择开关量输出模件的数量，并预留一定数量的输出接口通道。

(5) 模拟量输入模件：模拟量输入模件用于将前端传感器/变送器输出的模拟信号(电流(如 4~20mA、0~20mA)或电压(如 1~5V、0~10V))转换为数字量(如 4000~20000、0~20000)。每一块模拟输入模件有输入通道数量限制，应用中根据所需模拟输入通道数量选择模拟输入模件的数量，并预留一定数量的输入接口通道。

(6) 温度量输入模件：温度量输入模件将现场的 RTD 电阻信号(如 Pt100、Cu50 等)转换成可编程逻辑控制器能够识别的数字信号。

(7) 模拟量输出模件：模拟量输出模件将数字控制系统的指令转换为模拟信号，通过输出标准的模拟电流(如 4~20mA、0~20mA)或电压(如 1~5V、0~10V)信号来精确控制外部设备，如调节导叶开度或发电机输出功率。模拟量输出模件的数量也是由所需模拟输出通道数量决定的。

(8) 通信模件：在常规配置中，每个 CPU 会配备两个通信模块，以确保与厂站控制层之间的冗余网络通信。CPU 模块与扩展 I/O 模块的连接，一般采用冗余总线方式。对于大中型抽水蓄能电站，通常采用冗余通信方式。

(9) 电源模块：可编程逻辑控制器的电源系统负责将外部电源转化为适合其内部电路(包括 CPU、存储器、输入/输出接口等)工作的直流电源。每个 CPU 配备了独立的电源模块，并为扩展底板配置冗余电源模块。

3. 现地网络交换机

现地控制单元通信可分为与电站控制级通信、与现地其他设备通信、内部组网通信。

1) 与电站控制级通信

为提升监控系统数据传输的可靠性和效率，现地控制单元配置两台以太网交换机，以构建监控系统冗余的网络架构，确保在单台交换机故障时，系统仍能稳定运行，增强监控系统的稳定性和可用性。

2) 与现地其他设备通信

为实现机组 LCU 与外部设备网络通信，提升通信可靠性，配置 2 台冗余交换机，根据需要配置相应数量的网口和光口。配置专用的外部通信模块，实现现地控制单元与外部辅助控制设备的独立通信。

此外，为满足现地控制单元与其他外部辅助控制设备的串口通信要求，在每套现地控制单元中配置 1 个 16 口的串口通信装置。

3) 内部组网通信

现地控制单元 CPU 机架与扩展机架间采用工业以太网组网进行通信。本体柜与远程柜之间利用交换机搭建快速交互的工业以太网环境，实现远程柜与 CPU 间数据的快速交互，也满足了监控系统机柜的就近布置原则，避免了长距离电缆敷设。

4. 人机接口

现地控制单元提供两种人机接口方式。一种是触摸屏方式，其功能相对简洁，通过双以太网口与现地控制单元的两台交换机连接，实现数据的接收与控制命令的发送。另一种是现地一体化工控机方式，其功能更为全面，通过双以太网口与两台现地交换机相连，不仅能接收和发送数据，还能作为现地操作员工作站使用。

5. 同期装置

机组在并网之前与电力系统并不同步，它们之间存在频率、电压及相位的差异，必须执行同期并列操作以实现并网。同期并列需满足三个基本条件：机组的频率需与系统的频率大致相同，机组的电压幅值需与系统的电压幅值接近，在合闸的瞬间，机组的电压相位应与系统的电压相位基本一致。

抽水蓄能机组的并网方式多样，如发电、静止变频器抽水、背靠背抽水和黑启动等，这些方式使得同期回路相对复杂，具体体现在以下几点。

(1) 同期装置的电压互感器需要根据换相隔离开关进行换相处理，以适应抽水蓄能机组在发电和抽水时相序的不同。

(2) 在抽水蓄能机组抽水启动时，若由静止变频器或另一台机组拖动，同期回路需设计调速和调压回路，以确保同期调节的准确性和有效性。

(3) 当被拖动的机组进行抽水同期并网时，需先断开与静止变频器或拖动机组的电气连接，以保护静止变频器并避免对拖动机组造成冲击。

为满足上述需求，机组现地控制单元配备了数字式多组参数的自动准同期装置、手动准同期装置和检同期装置。这些装置能够自动调节机组的频率和电压，并在满足同期条件时自动发出合闸指令。

6. 测量仪表

交流采样装置是智能仪表，只需接入三相电压电流信号，内部进行转换计算，以串口通信方式输出三相电压、电流、有功、无功、频率、功率因素等多种电气量参数。该装置输入端提供灵活的 PT 和 CT 选择，其中 PT 可选 0~100V，CT 可选择 1~5A，并具备 0.2 级或 0.5 级的测量精度。

电量变送器有电压、电流、有功功率、无功功率等多种类型，每一个电量变送器输出一路或多路 4~20mA 的信号，以模拟量的形式接入 PLC 的模拟量输入模块。

电能表则专注于测量有功和无功电量，同样提供 PT(0~100V)和 CT(1~5A)的多种选择，并拥有 0.2 级或 0.5 级的测量精度。电能表也支持通过串口与 LCU 的智能通信装置进行通信。

7. 机组事故停机回路

为确保机组在发生事故时能安全可靠地停机，机组现地控制单元(LCU)特别配置了独立的事故停机回路，其电源和输入信号均与 LCU 主 PLC 系统保持独立。

机组事故停机回路包括机械事故停机按钮、紧急事故停机按钮、电气事故停机按钮和事故复位按钮等。为了防止误碰，这些事故停机按钮都配备了防护罩。

目前，事故停机硬布线回路主要有两种实现方式：一种是基于继电器的硬布线系统，它独立于机组的 PLC，成本较低但功能受限；另一种是采用独立的 PLC 系统，这种方式虽然成本较高，但提供了更高的灵活性和可靠性。

继电器方式的事故停机回路虽然成本低，但存在诸多缺点，如接线复杂、扩展性差、设计调试和维护工作量大，且难以进行大的修改和调整。此外，继电器易出现故障，如线圈烧毁，且无法处理模拟量和温度量信号，易因信号抖动引发误停机。最重要的是，这种方式无法记录动作过程，不利于事故分析。

采用 PLC 方式的事故停机回路可以接入多种信号类型，如数字量、模拟量、温度量等，通过编程实现复杂的事故停机保护功能。这种方式不仅功能全面、扩展性强，而且修改维护方便。同时，它可以与厂站控制层、现地人机接口等通信，记录动作过程，便于事故监控和分析。

在设计事故停机回路时，应全面考虑动作条件和输出结果，以减少后期修改和调整。推荐使用带动作指示灯的继电器，以提高可观察性。同时，应尽可能将事故停机硬布线回路与 LCU 控制器的输入/输出信号分开独立布置，以避免产生寄生回路。

为解决机组事故停机回路与 LCU 控制器之间的动作配合问题，建议在两侧均设置输出继电器，以确保在事故发生时能够互相通知并同时动作，从而避免控制冲突和事故隐患。

考虑到实时性要求，在机组背靠背启动或静止变频器拖动等特殊情况下，应通过硬布线回路实现机械事故停机/电气事故停机的联动控制。此外，为确保机组安全，在拖动过程中发生的所有事故停机都应采用电气事故停机方式进行处理。

8. 开出继电器

现地控制单元的所有控制操作都是通过开出继电器来输出的，需要选择具有高可靠性的开出继电器。考虑到抽水蓄能电站现场调试阶段，厂房环境灰尘大、湿度大、振动大，尽量选择密封镀金继电器，避免发生氧化而出现拒动，并且这些继电器应配备动作指示灯，方便直观地观察其动作状态。

2.3.2 现地层分类

现地控制单元是一个工作相对独立且功能全面的现地控制系统，可以在不依赖监控系统厂站层设备的情况下独立完成机组开停机、负荷调节、开关刀闸控制、闸门起落和辅助设备控制等功能。主要承担数据采集与处理、实时安全运行监视、控制与调节、时钟同步、通信及自诊断等任务。

以某典型的 4 台机组的抽水蓄能电站为例，通常会部署 10 套 LCU 设备，具体包括：
(1) 机组现地控制单元(LCU1~LCU4)；
(2) 主变洞(或机组公用)现地控制单元(LCU5)；
(3) 厂房公用设备现地控制单元(LCU6)；
(4) 开关站现地控制单元(LCU7)；
(5) 中控楼现地控制单元(LCU8)；
(6) 上水库现地控制单元(LCU9)；
(7) 下水库现地控制单元(LCU10)。

1. 机组现地控制单元

本单元监控范围包括但不限于水泵水轮机、发电电动机、18kV 开关设备、离相封闭母线及附属设备、主变压器、出口断路器、换向开关和机组进水阀、机组自用电、尾水事故闸门等核心设备的运行状态、温度、压力等模拟量和开关量数据。它能够实时采集并处理机组设备的各种运行参数，综合分析后显示各设备的状态监视和事件报警信息，确保设备在安全范围内运行；同时，它还能接收上级命令，精准控制机组的开机、停机顺序，并在紧急情况下迅速启动事故停机或紧急停机程序。此外，LCU 还具备时钟同步功能以确保时间记录的准确性，并通过通信实现与相关设备的数据传输和远程监控。

2. 主变洞现地控制单元

本单元监控范围包括 SFC 及其辅助设备、主变洞 18kV 电压等级的配电装置、18kV/10kV 厂用变压器、厂房 10kV/0.4kV 厂用变压器、厂房 10kV 和 0.4kV 电压等级的厂用电配电装置等。采集 SFC 及其辅助设备的工作状态及保护动作信号；采集 18kV/10kV 厂用变压器、18kV 断路器的状态和继电保护动作信息；采集其他电压等级厂用变压器、厂用电配电装置的状态及保护动作信息；采集各段厂用电母线电压。

3. 厂房公用设备现地控制单元

本单元主要监控主、副厂房内的公共辅助设备，副厂房内的厂用变压器及配电装置，以及厂房的 220V 直流电源系统等。实时采集全厂公用的油、气、水辅助系统的状态变位及保护动作信号；定时采集全厂公用的油、气、水辅助系统的模拟量信息；采集厂房水位异常升高信息；采集 220V 直流电源系统有关信息；实时采集全厂公用设备的状态量，如空压机的启动和停止信号，断路器、开关的分位和合位信号；采集全厂工业电视系统、全厂消防及火灾报警系统、全厂通风空调监控系统、大坝监测系统等的信息。

在监测到厂房水位异常升高信号后，给出报警显示以通知操作人员及时检查并进行相应处理。在收到防厂房水位异常升高系统的水位过高事故信号后，触发全厂机组紧急事故停机。此外，还直接作用于安装在柜内的紧急光纤硬布线装置，通过专用光缆分别发送到上水库现地控制单元及机组尾水事故闸门现地控制柜，关闭上水库进出水口事故闸门和机组尾水事故闸门。

4. 开关站现地控制单元

本单元监控范围涵盖了开关设备、母线、电缆、继电保护装置、220V 直流电源系统、UPS、开关站内的厂用电配电装置和消防水泵系统。此外，为了实现对地下 GIS 设备的有效监控，还全面采集了开关站内的各种电气量数据，如母线和线路的电压、电流、频率，以及双向的有功功率和无功功率等关键信息。同时，也收集了包括 GIS SF6 气体密度、操动机构液体压力等在内的非电气量相关数据，以确保对开关站运行状态的全面监控。同时采集断路器、隔离开关、接地开关的位置状态量，采集到设备状态变位时，采集继电保护和自动装置的报警信息。

5. 中控楼现地控制单元

本单元监控范围包括业主营地内厂用变压器及配电装置、220V 直流电源系统等。采集 10kV 断路器的状态和继电保护动作信息；采集箱式变压器、配电装置的状态及保护动作信息；采集母线电压；采集备用电源自动投入装置等的状态及动作信息；实时采集 10kV 及其他电压等级变压器的启/停状态，断路器、开关的分/合位置等；采集 220V 直流电源系统有关信息。

6. 上水库现地控制单元

本单元监控范围包括上水库进出水口事故闸门及其附属设备、上水库水位测量设备、上水库 220V 直流电源系统和上水库厂用电配电装置等。采集上水库区域公共辅助设备的有关信息；采集上水库 220V 直流电源系统的工作信息；采集 10kV/0.4kV 配电系统工作状态及保护动作信号；采集上水库进出水口事故闸门位置；采集上水库水位、上水库水温、上水库进出水口事故闸门两侧水位及拦污栅压差。当上水库水位过高或过低时，应先报警，各机组分别经一定延时后自动停机，以给值班人员留有时间进行人工控制，应陆续对各机组发停机令，不应同时给各机组发停机令。上水库水位传感器故障/异常时，应保持机组稳定运行。

7. 下水库现地控制单元

本单元监控范围包括下水库区域公共辅助设备、下水库进出水口拦污栅、下水库水位测量设备及下水库厂用电配电装置及柴油发电机等。采集下水库区域公共辅助设备的有关信息，包括下水库水位、下水库水温、下水库进出水口事故闸门前后压差及拦污栅前后压差、直流系统、厂用电配电装置的工作状态及保护动作信号、柴油发电机及辅助设备状态。当下水库水位过高或过低时，应先报警，各机组分别经一定延时后自动停机，以给值班人员留有时间进行人工控制，应陆续对各机组发停机令，不应同时给各机组发停机令。

2.3.3 现地层功能

1. 数据采集与处理

现地控制单元承担着数据采集与处理任务。LCU 需定时采集各类设备的数据，对这些数据进行就地整理，然后全部上传至电站控制级。

(1) 模入量：定时采集全厂设备各项关键数据，并对采集到的数据进行滤波处理和有效性判断，对有需要的数据进行工程值变化和单位换算。在 LCU 工控机上实时展示这些数据并进行相应报警，上传所有数据至电站控制级。

(2) 开关量：实时监测全厂设备的开关状态，准确记录各个开关量的变化，并进行实时分析和处理。重要事故信号会触发机组停机或落门等操作。系统会对采集到的数据进行滤波处理和有效性判断。一旦检测到开关状态的变化，系统会立即在 LCU 工控机上进行实时展示，并根据预设的逻辑判断是否需要触发报警。同时，所有开关量的数据都会被上传至电站控制级，供上级系统进行进一步的分析和控制。

(3) 温度量：定时采集机组定子铁心、定子线圈、机组轴瓦、轴承、轴承油和冷却器等关键部件的温度数据。对采集到的温度进行实时监控，检查是否超出安全限值，并特别关注推力轴瓦的温差变化。一旦发现温度越限，系统立即将相关信息和数据上传至电站控制级，同时在 LCU 上发出报警提示，并触发事故停机。对于关键温度量，系统还会进行温度变化率的持续监测和温升趋势的深入分析，及时发现并应对异常情况，确保机组的安全稳定运行。

(4) SOE 量：SOE 量功能是一种重要的记录和监控手段，能够精确记录电站系统中各个重要事件的动作顺序，包括记录事件发生的时间(年、月、日、时、分、秒，甚至毫秒)、事件名称和性质，为后续的故障分析、系统优化提供数据支持。

当系统中的重要事件发生时，SOE 量功能会立即启动，将关键信息记录下来。这些信息包括但不限于设备的投切状态变化、保护装置的动作、异常信号的出现等。通过记录的设备动作时间顺序，运维人员可以迅速回溯事件发生的全过程，准确判断故障的原因和顺序。

此外，SOE 量功能还具备实时报警功能。一旦监测到异常事件，会在现地的人机接口(human machine interface，HMI)设备上立即产生报警，提醒运维人员及时响应。同时，这些事件的所有相关信息都会被上送至电站控制级保存，方便后续查看和分析。

(5) 数据通信：现地控制单元通过高效的通信管理装置，实现与电站内多个关键系统的通信连接。这些系统包括但不限于励磁系统、调速系统、保护系统、直流系统、振摆监测系统、状态监控系统、闸门控制系统、UPS 系统、SFC、球阀控制系统和油压装置等。

通过通信，现地控制单元能够实时、准确地采集这些系统的工作状态、运行参数和故障信息等数据。这些数据不仅全面反映了电站各设备的运行状况，还为运行人员提供了丰富的决策依据。相较于传统的硬接线数据采集方式，通信所采集的数据更为完善、细致，有效地补充了硬接线数据的不足。

2. 显示与安全监视

现地控制单元具有显示、监视用的人机接口(工控机)。在与电站控制级脱机时能独立运行，同时能与其他机组 LCU、主变洞现地控制单元(LCU5)协调工作，实现机组水泵启动。工控机可实时显示全厂重要数据和有关辅助设备的状态或参数及主要操作画面。工控机可实现上位机的所有功能，可运行上位机数据库和人机界面，可查看全厂所有设备，但仅能控制本 LCU 所控设备。

3. 控制与调节

1) 开停机控制

机组 LCU 能与主变洞现地控制单元(LCU5)协调配合，以自动或分步操作方式，完成机组的抽水工况(SFC)启动。

机组 LCU 能与其他机组现地控制单元(LCU2~LCU4)协调配合，以自动或分步操作方式，完成机组的抽水工况(背靠背)启动。

机组 LCU 能与厂房公用设备现地控制单元(LCU6)及主变洞现地控制单元(LCU5)协调，完成机组的黑启动及对相关厂用电开关的操作。

机组 LCU 能对机组控制范围内的断路器和各种隔离开关(不包括检修接地隔离开关)进行分合控制，并进行严格的安全闭锁。机组 LCU 从上水库现地控制单元(LCU9)和下水库现地控制单元(LCU10)中得到上/下水库进出水口事故闸门及尾水事故闸门的位置，闭锁对机组进水阀和导叶的操作。

机旁设有一个"远方-现地-锁机"(上行信息不受切换开关位置影响)控制权切换开关。当开关置于远方时，机组受控于电站控制级；置于现地时，由现地开关或工控机控制；在锁机方式下，当机组处于停机状态时，禁止 LCU 的所有流程自启动。当运行人员通过电站控制级工作站或机组 LCU 工控机对机组进行控制时，在软件和监控画面中有自动和分步两种控制方式。

设置 1 套独立于监控系统的，用于机组事故停机的机组事故停机 PLC。事故停机触发信号包括独立于监控系统的瓦温过高、调速器事故低油压、机组过速、振摆过大，以及监控系统主 PLC 故障等。当机组由 SFC 拖动时，紧急停机同样分别通过硬布线回路同时作用于 SFC 紧急停止回路。紧急停机控制按钮配备了防护罩，以免误碰。

机组同期并网方式：机组装设有 1 套微机自动准同期装置和 1 套手动同期装置。该装置具有电压差、频率差和角度差指示。同期装置在机组现地控制屏上选择。为防止机组非同期并网，设有非同期闭锁装置，当相角差、频率差和电压差过大时闭锁合闸回路。

机组控制单元顺序控制：机组 LCU 能可靠流畅地实现机组顺序控制。机组工况转换能随时自动实现。

(1) 机组运行方式包括发电、发电调相、抽水、抽水调相、停机、黑启动及线路充电等。

(2) 正常停机时，采用电气制动和机械制动混合制动方式，机组电气事故停机时，将电气制动闭锁，只采用机械制动。

(3) 机组事故停机具有最高的优先权，其中，电气事故停机优先权>紧急事故停机优先权>机械事故停机优先权。机组机械事故停机先关闭机组导叶，减负荷至空载，再分机组出口断路器与系统解列，然后停止励磁，关闭进水阀并停机；机组紧急事故停机先关闭机组导叶和进水阀，减负荷至空载，再分机组出口断路器与系统解列，然后停止励磁并停机；机组电气事故停机直接分机组断路器和灭磁开关与系统解列，然后关闭机组导叶和进水阀并停机。机组事故停机后，机组处于停机闭锁状态，需要值守人员现场执行故障复位信号后，方可重新启动机组。

(4) 机组辅助设备启动/停止控制。

(5) 对尾水事故闸门、进水阀和导叶的控制：在防厂房水位异常升高系统自动启动时，应能完成紧急关闭控制。机组进水阀和导叶的启闭及尾水事故闸门的启闭顺序应具有严格的安全硬接线闭锁。机组 LCU 应具有溅水功率保护，在水泵启动工况中测量机组功率，通过功率判断转轮室是否完成充水，或采用压力信号来控制是否完成充水，以此作为开启机组进水阀和导叶的条件。

(6) 对于上述各项控制，应在 LCU 的屏幕上显示相应的顺控画面。若遇顺序阻滞，故障步应用不同的标色明显显示，并自动记录。

(7) 机组及其辅助设备的温度、压力、流量等越限是引起事故停机的重要参量，应设置一定逻辑组合判断，并进行模拟量信号突变闭锁，以防模拟量受干扰抖动或传感器断线引起误停机。

2) 有功无功调节

运行人员依据上级调度指令或现场的实际需求，通过站控层下发有功和无功调节指令。LCU 收到指令后，通过预先设定的负荷调节逻辑，对设定值与当前实际发电值进行自动比对，以脉冲信号、通信设定值或模拟输出设定值的方式，向调速器、励磁装置等调节机构发送精确的调节指令。在此过程中，计算机监控系统会实时监视机组的运行状态，确保有功无功调节指令得到准确执行，直至将机组的有功无功负荷精确调整至预设的调节死区范围内。

通常，在未接收到新的调节任务前，计算机监控系统会持续监控并微调负荷，以保持其在调节死区内稳定。根据某些电网的特定要求，当有功无功负荷调节到位后，监控系统会自动停用负荷调节功能，直到接收到新的调度指令后才会重新激活。

若机组的有功无功实际发电值在规定时间内进入调节死区，系统记录"调节完成"

状态。若超出预定时间仍未达到调节目标，计算机监控系统将自动中断调节流程，并诊断出故障的具体原因。

负荷调节逻辑被预先设置在现地层控制系统中，确保了即使在没有厂站层指令或脱离厂站层的情况下，机组的 LCU 也能独立进行负荷调节，保障机组的安全稳定运行。

3) 开关、刀闸及其他设备控制

运行人员在操作员工作站执行开关和刀闸操作时，在现地控制单元收到站控层下发的控制令后，进行 LCU 序号有效性、控制令优先级和控制令合法性判断。满足条件后，调用 PLC 中的相应控制流程，判断是否满足设计的控制逻辑和闭锁条件，向指定的开关或刀闸发送脉冲型分合指令。若目标开关处于可操作状态，自动发出对应的控制指令；若检测到开关的操作条件未满足，自动闭锁该操作，并在监控画面上明确显示闭锁的具体原因。

为了确保电厂倒闸功能的持续可靠，预设的开关刀闸控制逻辑和闭锁条件被安全地存储在现地层控制系统中。这种设计使得现地控制单元即便在没有接收到厂站层命令或暂时与厂站层断开连接的情况下，也能独立、准确地完成操作。

除了软件层面的闭锁机制外，开关和刀闸的操作还受到多重安全保障。在现地控制单元中，还配置了硬线逻辑安全闭锁和五防系统安全闭锁，以确保在操作过程中设备和人员的安全。这些综合措施共同构成了一个强大的安全防护网，为抽水蓄能电站的安全稳定运行提供了坚实的保障。

2.4 计算机监控系统性能指标

可靠性、稳定性、实时性和独立性，是对计算机监控系统的总体性能指标要求。按照计算机监控系统总体结构的划分原则，对厂站层计算机监控系统和现地层计算机监控系统的性能指标要求各有不同。

2.4.1 厂站层性能指标

1. 实时性

厂站控制层的响应能力满足数据采集、人机通信、控制功能和系统通信的时间要求。

1) 人机接口响应时间

调用新画面的响应时间≤1s；在已显示画面上动态数据的更新周期≤1s；报警或事件发生到显示器屏幕显示和发出语音的时间≤1s；操作人员命令发出到回答显示的时间≤2s。

2) 数据采集和控制命令响应时间

实时数据库更新周期≤1s；控制命令回答响应时间<1s；接收控制命令到执行控制命令的响应时间<1s；成组控制执行周期为 1s～3min，可调。

2. 可靠性

应从设计、制造和装配等方面保证厂站控制层设备满足电站运行可靠性要求，系统中任何一个局部设备故障不会影响到系统关键功能的缺失。

系统或设备的可靠性采用平均无故障工作时间(mean time between failure，MTBF)来反映，各主要设备的 MTBF 值应满足下列要求：系统主计算机设备，MTBF≥20000h；系统网络设备，MTBF≥50000h；系统外围及人机接口设备，MTBF≥20000h。

3. 可维护性

厂站控制层的硬件和软件具有自诊断能力，当系统硬件发生故障时，能够指出具体故障部位；当系统软件发生故障时，能够指出具体故障功能模块；当现场更换故障部件后即可恢复正常。

在选择硬件和软件时，应充分考虑中国市场的元件采购及技术服务，尽量使用通用可互换的硬件，使硬件设备、元器件具有较高的替代能力，并储备备品备件，将平均故障修复时间(MTTR)控制在 0.5h 内。

4. 可利用率

系统可利用率在试运行期间不低于 99.95%，验收后保证期内不小于 99.97%。

5. 可扩充性

系统具有很强的开放功能，通过简单连接便可实现系统扩充。

1) CPU 负载率

CPU 负载率是衡量 CPU 在一定时间内处理任务的繁忙程度的指标。它通常用来表示 CPU 在处理任务时的利用率，定义为 CPU 在一定时间内的繁忙时间百分比，即 CPU 负载率=(占用 CPU 时间/一定时间)×100%。厂站控制层各计算机 CPU 负载率(正常情况)<30%；厂站控制层各计算机 CPU 负载率(事故情况)<50%。

2) 系统使用裕度

服务器、工作站和显示操作终端的内存裕度>70%；服务器硬盘使用率<20%；工作站硬盘使用率<40%；网络通信负载率<20%；应留有扩充外围设备或系统通信的接口。

6. 可改变性

用户可在线修改数据库中的测点定义、量程、单位、越复限等参数，以及生成画面、编辑报表等。

7. 系统安全性

计算机监控系统需严格执行《国家能源局关于印发电力监控系统安全防护总体方案等安全防护方案和评估规范的通知》(国能安全〔2015〕36 号)、《电力监控系统安全防护规定》(国家发展和改革委员会第 14 号令)及《关于印发<电力二次系统安全防护总体方案>等安全防护方案的通知》(电监安全〔2006〕34 号)，进行安全防护。

1) 安全设计原则

安全防护的重要措施是强化电力二次系统的边界防护，同时对电力二次系统内部的安全防护提出要求。为保证控制信息和敏感数据的信息安全，电力系统安全防护需要考虑基于 TCP/IP 的广域网通信的信息安全。电力系统安全防护工作应坚持安全分区、网络专用、横向隔离、纵向认证的原则，保证电力监控系统和电力调度数据网络的安全。

安全分区：根据二次系统各业务系统的特性和对一次系统的影响程度进行分区，原则上分为生产控制大区和管理信息大区，所有系统都必须布置于相应的安全区内，纳入统一的安全防护。

网络专用：建立专用电力调度数据网络，与电力企业数据网络实现物理隔离，在调度数据网上形成相互逻辑隔离的实时子网和非实时子网，各级安全区在纵向上应在相同安全区进行网络连接。

横向隔离：采用不同强度的安全设备隔离各安全区，尤其是在生产控制大区与管理信息大区之间实行有效安全隔离，采用经国家指定部门检测认证的电力专用横向安全隔离装置，隔离强度应接近或达到物理隔离。分别建立内网、外网公共数据区，内网公共数据分布于数据接口服务器，外网公共数据分布于数据交换平台。

纵向认证：采用认证、加密、访问控制等技术措施实现数据的远程安全传输和纵向边界的安全防护。

正常情况下，计算机监控系统的调度控制层、厂站控制层均能实现对电站主要设备的控制和调节，并保证操作的安全和设备运行的安全。

计算机监控系统发生故障时，上一级的故障不应影响下一级的控制调节功能和操作安全，即调度控制层及其通信通道发生故障时，不应影响厂站控制层和现地控制层的功能，而厂站控制层发生故障时，不应影响现地控制单元的功能。

2) 操作安全

对系统的每一功能和操作进行检查和校核，发现有误时能报警、撤销。设备的操作设置了完善的软件和硬件闭锁条件，对各种操作进行校核，即使有错误的操作，也不应引起被控设备的损坏。

在人机接口中设置操作控制权限口令，其级数不小于 4 级。操作控制权限按人员分配，不同的人员有不同的操作控制权限。

进行任何自动或手动操作时，分为选定设备对象、选定性质和确认三个步骤，并设置检查、提醒和应答确认，能自动禁止误操作并报警。对于复杂的操作，可以选择自动或分步操作方式实现，当以分步操作方式实现时，每步操作设置检查、提醒和应答确认，并可中间停止，返回安全状态。

3) 通信安全

厂站控制层的重要网络通信通道采用冗余设置，定期进行各网络通信通道检测，保证通道的正常工作，当检测结果不正常时，自动切换到备用通信通道，并发出通道故障报警信号。厂站控制层通过电力调度专网与调度系统通信，在调度通信通道上安装经过国家指定部门检测认证的电力专用纵向加密认证装置、路由器和交换机等设备，实现逻辑安全隔离。

厂站控制层与外部系统(如电站生产管理系统、水情自动测报系统等)进行网络通信时，在网络通信通道上安装经国家指定部门检测认证的电力专用横向安全隔离装置，实现有效安全隔离。

此外，厂站控制层通信信息传送中的错误不会导致计算机监控系统的关键性故障，通信错误时发出报警提示信息。

4) 硬件、软件安全

厂站控制层硬件设备具备电源故障保护、自动重新启动和输出闭锁功能，不会对电站的被控对象产生误操作，并具有硬件自检能力，检出故障时能自动报警；重要硬件设备(主服务器、调度通信工作站等)采用冗余配置，硬件设备故障时自动切换到备用设备，不影响系统的正常运行，并报警提示。

厂站控制层软件具有完善的防错纠错功能和自检功能，软件的一般性故障能报警提示，并具有无扰动自恢复能力。

厂站控制层计算机服务器、调度通信工作站、厂内通信工作站等使用安全加固的操作系统。加固方式包括安全配置、安全补丁和强化操作系统访问控制能力及配置安全的应用程序。安全加固系统采用通过国家电网安全实验室测评的合格产品，并获得公安部颁发的"计算机信息系统安全专用产品销售许可证"。

2.4.2 现地层性能指标

1. 实时性

现地控制单元的响应能力应该满足对生产过程的数据采集和控制命令执行的时间要求。

(1) 现地控制单元数据采集时间如下：

电气量、非电气模拟量采集周期＜1s；温度量采集周期≤1s；数字量采集周期＜100ms；事件顺序记录(SOE)分辨率≤2ms。

(2) 系统时钟同步精度：±1μs。

(3) 冗余设备双机自动切换：无扰动。

2. 可靠性

现地控制层设备应能适应电站的工作环境，具有抗干扰能力，能长期可靠稳定运行。应从设计、制造和装配等方面保证现地控制层设备满足电站运行可靠性要求；系统中任何一个局部设备故障都不会影响到系统关键功能的缺失。

系统或设备的可靠性采用平均无故障工作时间(MTBF)来反映，各主要设备的 MTBF 值应满足下列要求：系统外围及人机接口设备，MTBF≥20000h；现地控制单元，MTBF≥50000h。

3. 可维护性

现地控制层的硬件和软件具有自诊断能力，当硬件或软件发生故障时，能够指出具体故障部位；当软件发生故障时，能够指出具体故障功能模块；当现场更换故障部件后即可恢复正常。

在选择硬件和软件时，应充分考虑中国市场的元件采购及技术服务，使硬件设备、元器件、模件板卡有较高的替代能力。

4. 可利用率

系统可利用率在试运行期间不应低于 99.95%，验收后保证期内应不小于 99.97%。

5. 可扩充性

系统具有很强的开放功能，通过简单连接便可实现系统扩充。

1) CPU 负载率

现地控制单元 CPU 负载率(正常情况)<30%；现地控制单元 CPU 负载率(事故情况)<50%。

2) 系统使用裕度

各 I/O 插槽裕度(不包括备品备件)≥20%；应留有扩充现地控制装置、外围设备或系统通信的接口。

6. 可改变性

现地控制单元可在线进行参数修改及限值修改。PLC 模件可在线插拔更换。

7. 系统安全性

1) 操作安全

在操作方面，现地控制单元具有防误操作措施，对系统的每一功能和操作进行检查和校核，发现有误时能报警、撤销。设备的操作设置了完善的软件和硬件闭锁条件，对各种操作进行校核，即使有错误的操作，也不会引起被控设备的损坏。

2) 硬件、软件安全

现地控制单元 PLC 具有自检能力，检出故障时能自动报警，并自动切换到备用设备，而不影响系统的正常运行。另外，在电源故障时，具有故障保护、自动重新启动和输出闭锁功能，不会对电站的被控对象产生误操作。

现地控制单元应用软件具有完善的程序逻辑闭锁条件，对各种操作进行校核，即使有错误的操作，也不会引起被控设备的损坏。

探索与思考

1. 抽水蓄能电站计算机监控系统的网络结构主要指厂站层，这一层涉及哪些关键技术？从安全性和可靠性方面思考进一步的改进和提升措施。

2. 从系统功能配置中选取几项，分析功能配置的必要性、未来可能的趋势。例如，20 世纪 90 年代初期出现的 ONCALL 系统通过传呼机信息建立了现场设备与管理和技术人员之间的关联，然后演变为手机短信、微信、现场照片/视频，未来可能的趋势是什么？

3. 现地层涉及设备众多，是机组和电站运行安全的关键。在未来"无人值班"、远程集控条件下，设想一下出现哪些情形的现场事故或故障时，现有监控系统不能检测到？如何确保机组和电站的安全？是否可能设置多级安全体系？

4. 抽水蓄能电站现地控制单元的划分已基本形成定式，即分为机组 LCU、开关站

LCU、厂房公用设备 LCU 等。这种划分有何不足或潜在风险？灵活性如何？是否可以更多地选取部分性能指标？从设备安全性、实时性、系统运算处理能力等多方面分析性能指标的合理性和可改进提升空间等问题。

第3章 机组控制单元

3.1 抽水蓄能机组控制原理

机组单元是抽水蓄能电站的核心工作单元，电站的其他机电设备都是围绕机组单元工作的安全性和稳定性进行配置的。抽水蓄能电站机组是大型旋转机械，涉及水力、机械、电气多种系统的协同工作。本节介绍机组段相关的设备、机组工况、控制流程和控制安全闭锁等基本概念。

3.1.1 机组主要控制设备

抽水蓄能机组现地控制单元监控范围包括水泵水轮机、发电电动机、主变压器、出口断路器、换向隔离开关、拖动/被拖动隔离开关、机组进水阀、机组自用电变压器及配电盘、尾水事故闸门、机组附属和辅助设备等。机组单元从设备的构成来说主要由机械设备、电气设备和辅助设备组成。

1. 机械设备

机组单元中的机械设备主要有水泵水轮机、调速器、进水阀(球阀)等。

1) 水泵水轮机

水泵水轮机是抽水蓄能电站的主要设备之一，有常规水泵和水轮机的双重功能。水泵水轮机在电力负荷低谷时作水泵运行，用电网多余电能将下水库的水抽到上水库储存起来；在电力负荷高峰时作水轮机运行，将上水库中的水放下来发电。

2) 调速器

调速器的基本结构包括电气控制系统和机械液压系统。调速器在发电方向运行时，功能与常规水轮发电机组的调速器系统相同；在抽水方向运行时，其功能主要是根据水泵扬程和电网频率的变化适时调整导叶最优开度，实现抽水效率最大化。

调速器作为抽水蓄能机组最重要的控制设备之一，其功能不仅是在单机运行时维持机组转速恒定(或在允许的范围内)，还具有机组启动、停机、并网和增减负荷等功能，具有功率调节、开度调节、成组调节三种工作模式。

3) 进水阀

抽水蓄能机组的进水阀是指设置在水轮机蜗壳与压力管道之间的阀门，主要用于停机时减少机组的漏水量、机组检修隔离和机组事故时防止事故扩大等。大中型抽水蓄能机组的进水阀常用形式有两种：一种是蝴蝶阀(简称蝶阀)，适用于水头在200m以下；另一种是球阀，主要适用于水头在200m以上的高水头电站。抽水蓄能电站水头都比较高(大部分在200m以上)，大多选用球阀作为其进水阀。

2. 电气设备

电气设备主要包含电气一次设备和电气二次设备。电气一次设备主要有发电电动机、主变压器、发电机出口设备、励磁系统、静止变频器等；电气二次设备主要有计算机监控系统的机组现地控制单元、发变组保护、机组自动化元器件及测量仪器仪表、机组在线监测系统(振摆保护设备)等。

1) 发电电动机

发电电动机既是发电机又是电动机，其结构主要由定子、转子、主轴、励磁绕组、上下机架及冷却系统、制动系统等组成。作发电机运行时，将旋转机械能转换成电能，输送给电网；作电动机运行时，将电能转换成旋转机械能，驱动水泵将下水库的水抽到上水库，以势能的形式存储起来。

2) 主变压器

主变压器是电站主要的电气设备之一，主要功能是将电力系统中电能的电压升高或降低，以利于电能的合理输送、分配和使用。主变压器冷却器等设备由自带的控制系统自动控制，监控系统主要监测其停运、空载、负载等运行状态。

3) 发电机出口设备

抽水蓄能电站发电机出口设备包括发电机出口至主变压器低压侧之间的设备、发电机中性点设备及启动母线设备，主要作用是将发电电动机与主变压器形成电气连接，实现电能交换，还用于实现抽水蓄能机组的启动和换相。

发电机出口至主变压器低压侧之间的设备主要有电压互感器、电流互感器、电气制动开关、接地刀闸、发电机出口断路器、换相刀闸、励磁变压器、避雷器、电容器、离相封闭母线等；发电机中性点设备主要有中性点刀闸、中性点变压器等；启动母线设备主要有拖动刀闸、被拖动刀闸、启动母线分段刀闸及接地刀闸等。

4) 励磁系统

抽水蓄能机组励磁系统由励磁功率单元和励磁调节器两部分构成。同步发电机是电力系统无功功率的主要来源，通过调节励磁电流可以改变发电机的无功功率，维持发电机的机端电压。对抽水蓄能机组而言，其主要作用有：维持发电机电压；控制无功功率的合理分配；提高系统静态、暂态和动态稳定性；提高继电保护的灵敏性。

5) 静止变频器

静止变频器(SFC)是由半导体功率元件、直流电抗器等设备组成的具有一定功率的非旋转电机式频率变换器，是利用可控硅的通断作用将工频电源变换为可变频率的电能控制装置。半导体功率元件主要有可控硅或IGBT(insulated gate bipolar transistor)大功率元件。静止变频器主要由功率部分、控制部分、保护部分、电源部分及辅助设备等组成。

静止变频器是抽水蓄能机组水泵工况启动的首选拖动设备，它既可将发电电动机从静止状态平稳地拖动至额定转速，又可灵活地将发电电动机稳定在某一转速。适用于作为容量大、台数多的大型抽水蓄能电站机组水泵工况启动的拖动设备。

6) 发变组保护

发变组保护是从发电机、变压器系统中获取信息，并进行处理，能满足系统稳定和设备安全的需要，对发变组系统的故障和异常做出快速、灵敏、可靠、有选择的正确反应的自动装置。继电保护由三个部分组成，即测量部分、逻辑部分和执行部分。计算机监控系统接收发变组保护发送过来的各类保护信号，根据信号进行运行监视，同时根据保护信号的级别启动电气事故停机，从而保护机组。

3. 辅助设备

抽水蓄能机组辅助设备是除主设备以外的设备的总称，其作用是对主设备的各项功能进行补充完善，但不影响主设备各项功能的实现。辅助设备主要包括机组运行所需的冷却、润滑、制动和防飞逸等服务设备，主要包括技术供水系统、气系统、油系统等。

1) 技术供水系统

机组技术供水系统主要由主水源、备用水源、供水水泵、水质净化设备、检修及隔离设备、管路及防逆流设备、排水口等组成。技术供水系统的主要作用是对抽水蓄能电站的运行设备进行冷却、润滑及水压操作。供水对象包括发电电动机空气冷却器、推力轴承冷却器、上下导轴承冷却器、水导轴承冷却器、调速器系统冷却器、上下迷宫环、机组主轴密封、主变负载冷却系统等。

2) 气系统

抽水蓄能电站气系统分为低压、高压系统。低压系统主要用于机组制动、机组调相用气、主轴密封用气、设备吹扫、检修风动工具和离相封闭母线的干燥用气；高压系统主要用于油压操作用气。

3) 油系统

油系统按用途可分为透平油和绝缘油两大类。透平油主要用于润滑、散热和液压操作；绝缘油则主要用于绝缘、散热和消弧。

抽水蓄能机组常用的高压油顶起装置专为机组推力轴承润滑系统而设计，其作用是在机组启动和停机时在推力轴承表面喷射高压油，使其表面形成油膜，避免推力瓦的硬摩擦造成损坏。高压油顶起装置在机组启动、停机过程中和机组蠕动时投入。

3.1.2 机组工况定义

抽水蓄能机组具有停机、空转、空载、发电、发电调相、抽水、抽水调相等稳定运行工况，以及线路充电、黑启动 2 种特殊运行工况。机组运行工况之间转换复杂，为了简单明晰地实现控制逻辑，将抽水蓄能机组的工作状态分解为几种典型工况，控制流程简化为工况之间的转化。机组运行工况由机组及附属设备的运行状态、机组转速、电气量、相关断路器和隔离开关位置等信号组合定义，与各电站的设备配置有关。结合典型抽水蓄能电站情况给出机组各运行工况的定义。

1. 停机工况

停机工况指机组静止停机状态。停机工况满足下列判据：机组出口断路器在分闸位置；机组换相隔离开关在分闸位置；机组拖动隔离开关在分闸位置；机组被拖动隔离开关在分闸位置；机组电气制动开关在分闸位置；机组中性点隔离开关在合闸位置；机组电压为零；磁场断路器在分闸位置；机组转速为零；导叶全关；进水阀全关；调相压水系统退出；其他相关辅助设备停止。

上述条件中核心条件是机组转速为零。其余条件是机组停机状态下相关的设备状态，可理解为串联的闭锁条件，串联闭锁条件越多，出现误操作的概率越小。

2. 空转工况

空转工况指机组以发电工况启动，机组达到额定转速、电压为零的一种工况。空转工况满足以下判据：机组出口断路器在分闸位置；机组换相隔离开关在发电方向合闸位置；机组拖动隔离开关在分闸位置；机组被拖动隔离开关在分闸位置；机组电气制动开关在分闸位置；机组中性点隔离开关在合闸位置；机组电压为零；磁场断路器在分闸位置；机组转速为额定转速；调速器在水轮机模式运行；导叶未全关或在水轮机空载开度以上；进水阀全开；调相压水系统退出；其他相关辅助设备启动。

上述条件中核心条件是机组出口断路器在分闸位置、机组换相隔离开关在发电方向合闸位置、机组电压为零、机组转速为额定转速，其余为闭锁条件。

3. 空载工况

空载工况指机组达到额定转速，电压达到额定电压，未并网运行的一种工况。空载工况满足以下判据：机组出口断路器在分闸位置；机组换相隔离开关在发电方向合闸位置；机组拖动隔离开关在分闸位置；机组被拖动隔离开关在分闸位置；机组电气制动开关在分闸位置；机组中性点隔离开关在合闸位置；机组电压为额定电压；磁场断路器在合闸位置；机组转速为额定转速；调速器在水轮机模式运行；导叶未全关或在水轮机空载开度以上；进水阀全开；调相压水系统退出；其他相关辅助设备启动。

上述条件中核心条件是机组出口断路器在分闸位置、机组换相隔离开关在发电方向合闸位置、机组电压为额定电压、机组转速为额定转速，其余为闭锁条件。

4. 发电工况

发电工况指从上水库放水流向下水库，驱动机组水泵水轮机的转轮转动，将水势能转化为电能的运行状态。发电工况满足下列判据：机组出口断路器在合闸位置；机组换相隔离开关在发电方向合闸位置；机组拖动隔离开关在分闸位置；机组被拖动隔离开关在分闸位置；机组电气制动开关在分闸位置；机组中性点隔离开关在合闸位置；机组电压为额定电压；磁场断路器在合闸位置；励磁系统不在黑启动模式运行；励磁系统不在线路充电模式运行；机组转速为额定转速；调速器在水轮机模式运行；导叶未全关或在水轮机空载开度以上；进水阀全开；调相压水系统退出；其他相关辅助设备启动。

上述条件中核心条件是机组出口断路器在合闸位置、机组换相隔离开关在发电方向合闸位置、机组电压为额定电压、机组转速为额定转速，其余为闭锁条件。

5. 发电调相工况

发电调相工况指抽水蓄能机组在进水阀全关、导叶全关、转轮室压水且尾水管水位低于转轮时，发电方向并网运行的状态。发电调相工况满足下列判据：机组出口断路器在合闸位置；机组换相隔离开关在发电方向合闸位置；机组拖动隔离开关在分闸位置；机组被拖动隔离开关在分闸位置；机组电气制动开关在分闸位置；机组中性点隔离开关在合闸位置；机组电压为额定电压；磁场断路器在合闸位置；机组转速为额定转速；调速器在调相模式运行；导叶全关；进水阀全关；调相压水系统投入；尾水管水位过低；其他相关辅助设备启动；止漏环冷却水阀全开。

上述条件中核心条件是机组出口断路器在合闸位置、机组换相隔离开关在发电方向合闸位置、机组电压为额定电压、机组转速为额定转速、导叶全关、进水阀全关、调相压水系统投入，其余为闭锁条件。

6. 抽水工况

抽水工况指抽水蓄能机组从下水库向上水库抽水，将电能转化为水势能的运行状态。抽水工况满足下列判据：机组出口断路器在合闸位置；机组换相隔离开关在抽水方向合闸位置；机组拖动隔离开关在分闸位置；机组被拖动隔离开关在分闸位置；机组电气制动开关在分闸位置；机组中性点隔离开关在合闸位置；机组电压为额定电压；磁场断路器在合闸位置；机组转速为额定转速；调速器在水泵模式运行；导叶未全关或在水泵运行最小开度以上；进水阀全开；调相压水系统退出；其他相关辅助设备启动。

上述条件中核心条件是机组出口断路器在合闸位置、机组换相隔离开关在抽水方向合闸位置、机组电压为额定电压、机组转速为额定转速、导叶未全关或在水泵运行最小开度以上，其余为闭锁条件。

7. 抽水调相工况

抽水调相工况指抽水蓄能机组在进水阀全关、导叶全关、调相压水系统投入且尾水管水位低于转轮时，抽水方向并网运行的状态。抽水调相工况满足下列判据：机组出口断路器在合闸位置；机组换相隔离开关在抽水方向合闸位置；机组拖动隔离开关在分闸位置；机组被拖动隔离开关在分闸位置；机组电气制动隔离开关在分闸位置；机组中性点隔离开关在合闸位置；机组电压为额定电压；磁场断路器在合闸位置；机组转速为额定转速；调速器在调相模式运行；导叶全关；进水阀全关；调相压水系统投入；尾水管水位过低；其他相关辅助设备启动；止漏环冷却水阀全开。

上述条件中核心条件是机组出口断路器在合闸位置、机组换相隔离开关在抽水方向合闸位置、机组电压为额定电压、机组转速为额定转速、导叶全关、进水阀全关、调相压水系统投入，其余为闭锁条件。

8. 线路充电工况

线路充电工况指机组带主变压器、线路以零启升压方式给主变压器、线路充电的一种运行状态。线路充电工况满足下列判据：机组出口断路器在合闸位置；机组换相隔离开关在发电方向合闸位置；机组拖动隔离开关在分闸位置；机组被拖动隔离开关在分闸位置；机组电气制动隔离开关在分闸位置；机组中性点隔离开关在合闸位置；磁场断路器在合闸位置；机组电压大于设定值；励磁系统在线路充电模式运行；调速器在孤网模式运行；机组转速为额定转速；导叶未全关或在水轮机空载开度以上；进水阀全开；其他相关辅助设备启动。

上述条件中核心条件是机组出口断路器在合闸位置、机组换相隔离开关在发电方向合闸位置、机组电压大于设定值、机组转速为额定转速、进水阀全开、励磁系统在线路充电模式运行，其余为闭锁条件。

9. 黑启动工况

黑启动工况指在厂用电源及外部电网供电消失后，将厂用自备应急电源作为辅助设备工作电源，根据电网黑启动要求启动并对外供电，为电网中其他无自启动能力的机组提供辅助设备工作电源，使其恢复发电，进而逐步恢复整个电网正常供电的过程。黑启动工况满足下列判据：机组出口断路器在合闸位置；机组换相隔离开关在发电方向合闸位置；机组拖动隔离开关在分闸位置；机组被拖动隔离开关在分闸位置；机组电气制动开关在分闸位置；机组中性点隔离开关在合闸位置；磁场断路器在合闸位置；机组电压为额定电压；励磁系统在黑启动模式运行；调速器在孤网模式运行；机组转速为额定转速；导叶未全关或在水轮机空载开度以上；进水阀全开；其他相关辅助设备启动；厂用交流电源正常；厂用直流电源正常。

上述条件中核心条件是机组出口断路器在合闸位置、机组换相隔离开关在发电方向合闸位置、机组电压为额定电压、机组转速为额定转速、进水阀全开、励磁系统在黑启动模式运行，其余为闭锁条件。

3.1.3 机组工况转换控制流程

抽水蓄能机组具有停机、空转、空载、发电、发电调相、抽水、抽水调相、线路充电、黑启动，以及机械事故停机、电气事故停机和紧急事故停机等控制命令。操作人员通过人机接口下发控制命令后，机组现地控制单元首先根据机组的当前运行状态，执行相应的工况转换控制流程。机组主要运行工况转换示意图如图 3-1 所示。

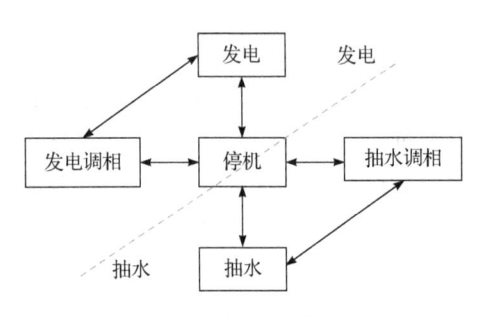

图 3-1 机组主要运行工况转换示意图

由于各工况转换控制流程中有部分设备控制操作是相同的，可将各工况转换控制流程进一步细化，分解成独立的子控制流程模块，各工况转换控制流程由相应的子控制流程模块组合而成，从而降低了各工况转换控制流程的复杂性和编程工作量，提高了控制流程的执行效率和灵活性。根据模块化分解原则，进一步细化分解机组工况转换控制流程，如图 3-2 所示，机组事故停机模块化分解如图 3-3 所示。

模块化细化分解机组工况转换控制流程后，机组增加了停机热备、SFC(抽水调相)

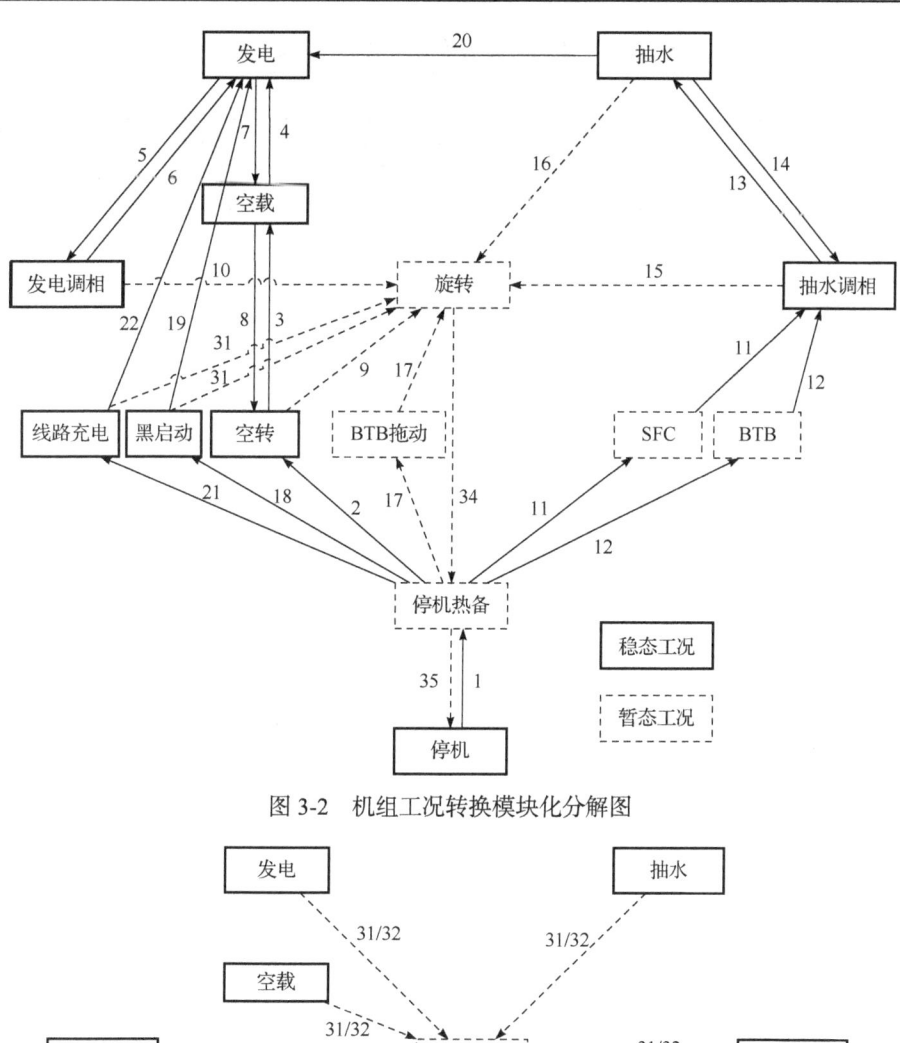

图 3-2 机组工况转换模块化分解图

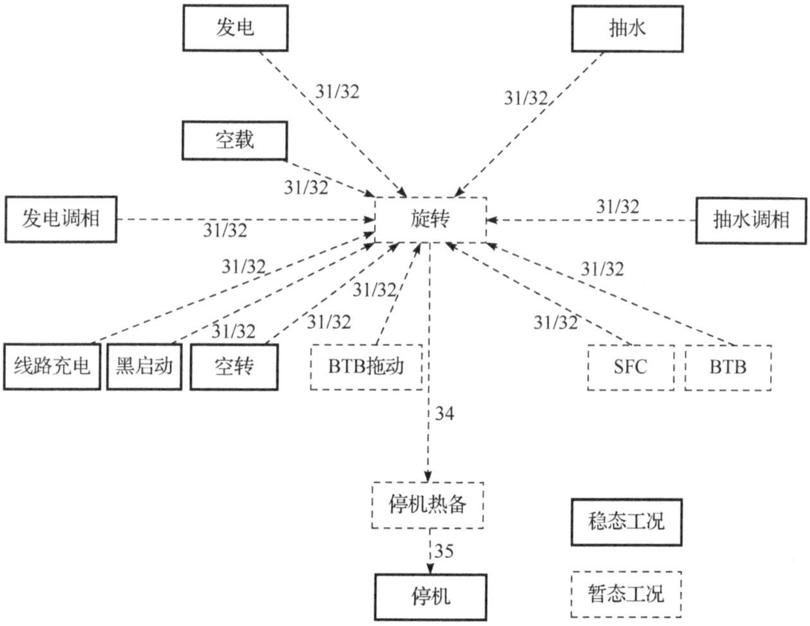

图 3-3 机组事故停机模块化分解图

启动、BTB(背靠背)启动、BTB 拖动和旋转等暂态工况。机组工况转换控制流程模块化组合见表 3-1。

表 3-1 机组工况转换控制流程模块化组合表

初始态	目标态							
	停机	发电	发电调相	黑启动	线路充电	抽水	抽水调相	事故停机
停机	×	1+2+3+4	1+2+3+4+5	1+18	1+21	1+11+13 或 1+12+13	1+11 或 1+12	×
空转	9+34+35	3+4	3+4+5	×	×	×	×	31/32+34+35
空载	8+9+34+35	4	4+5	×	×	×	×	31/32+34+35
发电	7+8+9+34+35	×	5	×	×	×	×	31/32+34+35
发电调相	10+34+35	6	×	×	×	×	×	31/32+34+35
黑启动	31+34+35	19	×	×	×	×	×	31/32+34+35
线路充电	31+34+35	22	×	×	×	×	×	31/32+34+35
抽水	16+34+35	16+34+2+3+4 或 20	×	×	×	×	14	31/32+34+35
抽水调相	15+34+35	×	×	×	×	13	×	31/32+34+35

注：×表示不能直接转换。

以停机→发电方向控制流程为例，操作人员可通过厂站控制层或现地控制层人机接口下发停机工况转发电工况命令，控制过程从停机工况开始，经历了停机热备工况、空转工况、空载工况、发电工况，分别调用4个子控制流程：停机→停机热备、停机热备→空转、空转→空载、空载→发电。

3.1.4 控制安全闭锁

对于机组的顺序控制，基于时间顺序或逻辑顺序进行闭环控制，一旦执行完毕后将不再进行闭环监控，这种方式可以满足机组工况转换功能的要求，但当机组工况转换结束后，便无法保证机组安全运行。因此需要在顺序控制流程之外设置机组安全闭锁控制，避免设备发生误动，保证设备状态发生异常后在条件允许的情况下自动将设备恢复到正确的状态，或设备状态发生异常后及时将机组转至安全状态。

机组安全闭锁控制遵循两个原则：安全性和可靠性。安全性原则是指保证该设备在任何条件下不发生妨碍其他设备安全运行的情况。可靠性原则是指保证该设备在任何条件下具备安全运行、故障停止、报警等功能。

为避免运行中的机组出现状态误判产生错误的操作命令而造成重大事故，对关键操作命令配置安全闭锁检测。机组安全闭锁控制包括机械制动、进水阀、尾水事故闸门、高压油顶起装置、轴承油泵、技术供水、主变压器冷却器等。本节以机械制动、进水阀和技术供水为例介绍安全闭锁控制的实现方法。

1. 机械制动

1) 目的

(1) 防止机组高转速情况下投入机械制动。

(2) 防止转速信号误动导致高转速情况下投入机械制动。

(3) 防止控制系统上电时误投机械制动。

2) 安全闭锁

(1) 每个制动器至少配置一个双接点位置开关,指示制动器的投入和退出两个状态,所有制动器的退出接点串联(所有制动器退出)判断机械制动退出,所有制动器的投入接点并联(任何一个制动器投入)判断机械制动投入。

(2) 机组启动第一步退出蠕动检测装置,机组停机最后一步投入蠕动检测装置,防止蠕动装置误动投入机械制动。

(3) 增加机械制动异常动作机械事故启动源,判断条件为:机组转速信号≥25%额定转速&测速装置正常&制动投入或制动未退出。

(4) 控制回路中采用机组出口断路器在分闸位置、导叶全关及机组转速小于20%额定转速等硬接点信号进行闭锁,具体闭锁条件如下:高转速(机组转速大于20%额定转速)闭锁机械制动投入;机械制动退出令闭锁机械制动投入;机组转速信号故障闭锁机械制动投入;机组出口断路器在合闸位置闭锁机械制动投入;导叶非关闭位置闭锁机械制动投入;机械制动系统故障闭锁机械制动投入。

2. 进水阀

1) 目的

(1) 防止锁锭未退出开启进水阀。

(2) 防止检修密封、工作密封未完全退出开启进水阀。

(3) 防止进水阀上下游侧未平压开启进水阀。

(4) 防止进水阀开启时投入检修密封、工作密封。

(5) 防止尾水事故闸门不全开时开启进水阀。

(6) 防止发生进水阀全开位置(单一元件)误动导致机组跳机。

2) 安全闭锁

(1) 开启进水阀操作顺序为退进水阀接力器锁锭、开进水阀工作旁通阀、确认进水阀前后已平压、退出进水阀工作密封、开启进水阀、关进水阀工作旁通阀。

(2) 开启进水阀必须具备以下条件:机组事故停机元件未动作;导叶全关;尾水事故闸门全开。发生以下情况应触发机组事故停机:机组发电、抽水工况时进水阀异常关闭;进水阀事故低油压;进水阀事故低油位;进水阀控制系统失电。

3. 技术供水

1) 目的

(1) 防止机组运行过程中技术供水泵停止导致的技术供水中断。

(2) 单台技术供水泵不宜连续长时间运行,主、备用技术供水泵应合理切换。

(3) 技术供水泵停止过程中应有防止技术供水管路水锤现象发生的措施。

2) 安全闭锁

(1) 将技术供水泵出口流量或技术供水泵前后压差作为启动成功的判断条件。

(2) 电动阀门、技术供水泵电机的动力回路配置合理的过流保护装置,避免由过流造成电机损坏,同时进行主、备用技术供水泵切换。

(3) 技术供水滤水器有定期自动排污、压差过高排污控制逻辑,避免滤水器发生堵塞。

(4) 机组处于运行状态时,若正在运行的技术供水泵异常关闭或流量异常,应停止该技术供水泵,自动切换备用技术供水泵运行。

(5) 当机组处于并网运行状态且所有技术供水泵停止运行时,应依次自动启动技术供水泵,如果所有技术供水泵启动失败,应启动机组机械事故停机。

3.2 机组 LCU 硬件设计

LCU 布置在抽水蓄能电站生产设备附近,就地对 LCU 所属设备进行实时监视和控制,减少传输电缆。LCU 一方面与电厂生产设备联系、采集信息,并实现对生产过程的控制,另一方面与厂站控制层联系,传送信息、接收命令。LCU 首先要求安全性高,实时性好,抗干扰能力强,能适应电站的现场环境,系统本身的局部故障不影响现场设备的正常运行;其次要求具有可扩充性,满足电站功能增加及规模扩充的需要。根据这一要求,LCU 硬件按照可利用率高、容错性好、开放性强等方面进行设计。

现地控制单元级均采用工业级交换机,各现地控制单元级节点配置 2 套工业以太网交换机,系统各节点间的协调通过系统网络控制来实现。现地控制单元级按被控对象配置机组 LCU、机组公用 LCU(或主变洞 LCU)、厂房公用设备 LCU、开关站 LCU、上水库 LCU、下水库 LCU 和中控楼 LCU 等现地控制单元。同时为使系统具有高的可靠性和可利用率,LCU 内部采用以太网结构,内部网络发生链路故障时能自动切换,且时间小于 50ms。各 LCU 的连接采用双通道光缆。

机组 LCU 可以对机组及其附属设备、励磁装置、调速器、调速器油压控制系统、进水口事故闸门、发电机断路器、隔离开关、接地开关、机组直流设备、交流采样装置等进行监视和控制。实现对电气量、温度量、模拟量、开关量等的采集和处理,对各种状态变化、故障事故信息和越复限等信息进行显示和报警,可实现机组各种工况的操作及有功、无功功率的调节。

本节以某抽水蓄能电站机组 LCU 为例,简单介绍抽水蓄能机组 LCU 硬件设计。

抽水蓄能机组 LCU 由机组本体柜、机组 P/T 远程 I/O 柜和机组 G/M 远程 I/O 柜组成,机组本体柜布置于主厂房发电机层机旁下游侧,机组 P/T 远程 I/O 柜布置于主厂房水泵水轮机层机旁,机组 G/M 远程 I/O 柜布置于主厂房母线层机旁。

3.2.1 机组段测点

抽水蓄能机组测点主要包含 SOE 量、DI 量、DO 量、AI 量、AO 量、TI 量,以及机组水机 PLC SOE 量、DO 量。通过各种测点的检测数据,计算机监控系统可以知道机组的整体运行状态,并根据预定的策略发出相应的命令,确保机组安全可靠运行。测点的完备性很大程度上决定了计算机监控系统的可靠性。限于篇幅,本节给出各类测点的示例。机组 SOE 量见表 3-2,机组 DI 量见表 3-3,机组 DO 量见表 3-4,机组 AI 量见表 3-5,机组 AO 量见表 3-6,机组 TI 量见表 3-7,机组水机 PLC SOE 量见表 3-8,机组水机 PLC DO

量见表 3-9。

表 3-2 机组 SOE 量点表

SOE 量点表

点号	测点描述	点号	测点描述
1	机组 A 套保护跳闸	56	调速器电气控制柜紧急停机按钮动作
2	机组 B 套保护跳闸	57	调速器电气控制柜主配拒动
3	主变 A 套电量保护跳闸	58	转速>135%
4	主变 B 套电量保护跳闸	59	转速>120%
⋮	⋮	⋮	⋮
54	调速器电气控制柜 A 液压故障	128	LCU 紧急事故停机按钮动作
55	调速器电气控制柜 B 液压故障		

表 3-3 机组 DI 量点表

DI 量点表

点号	测点描述	点号	测点描述
1	发电电动机保护 A 装置闭锁	226	进水阀远方控制
2	发电电动机保护 A 装置报警	227	进水阀全开位置
3	发电电动机保护 B 装置闭锁	228	进水阀全关位置
⋮	⋮	⋮	⋮
223	尾水事故闸门远方控制	799	LCU 交流电源正常
224	尾水事故闸门全开	800	LCU 直流电源正常
225	尾水事故闸门全关		

表 3-4 机组 DO 量点表

DO 量点表

点号	测点描述	点号	测点描述
1	发电调相模式发送给发电机保护 A 柜	90	球阀开启令
2	抽水调相模式发送给发电机保护 A 柜	91	球阀关闭令
3	发电调相模式发送给发电机保护 B 柜	92	紧急关闭球阀
⋮	⋮	⋮	⋮
88	机械制动投入令	223	控制在线
89	机械制动退出令	224	DO 备用

表 3-5 机组 AI 量点表

AI 量点表

点号	测点描述	点号	测点描述
1	调速器油压装置油罐压力	48	高压油泵系统顶起压力
2	调速器油压装置油罐液位	49	引水钢管压力
3	励磁电流	50	蜗壳进口压力
4	励磁电压	51	转轮与导叶间压力
⋮	⋮	⋮	⋮
46	进水阀压力油罐油压	128	水导外循环总管油流量
47	进水阀压力油罐油位		

表 3-6 机组 AO 量点表

AO 量点表

点号	测点描述	点号	测点描述
1	有功功率设定值(至调速器)	7	有功功率(至状态监测)
2	水头信号(至调速器)	8	无功功率(至状态监测)
⋮	⋮	⋮	⋮
6	无功功率设定值(至励磁)	12	导叶开度(至状态监测)

表 3-7 机组 TI 量点表

TI 量点表

点号	测点描述	点号	测点描述
1	1 号上导轴瓦 SZ09 温度	149	定子线圈 URZ04 温度
2	2 号上导轴瓦 SZ10 温度	150	定子线圈 URZ05 温度
3	3 号上导轴瓦 SZ11 温度	151	定子线圈 URZ06 温度
⋮	⋮	⋮	⋮
147	定子铁心 TZ05 温度	296	水导外循环出油口温度
148	定子铁心 TZ06 温度		

表 3-8 机组水机 PLC SOE 量点表

SOE 量点表

点号	测点描述	点号	测点描述
1	发电机保护 A 动作停机	4	相邻发电机保护 B 动作停机
2	相邻发电机保护 A 动作停机	⋮	⋮
3	发电机保护 B 动作停机	31	拖动刀闸在合闸位置

续表

SOE 量点表

点号	测点描述	点号	测点描述
32	拖动刀闸在分闸位置	36	导叶抽水最小开度以下位置
33	机组转速<1%	⋮	⋮
34	机组转速<5%	63	SFC 拖动过程中 SFC 急停
35	导叶发电空载开度以下位置	64	机组紧急事故停机按钮动作

表 3-9 机组水机 PLC DO 量点表

DO 量点表

点号	测点描述	点号	测点描述
1	跳机组 GCB 线圈 I	17	关进水阀
2	跳机组 GCB 线圈 II	18	进水阀紧急关闭令
3	跳励磁灭磁开关线圈 I	19	关尾水事故闸门
4	跳励磁灭磁开关线圈 II	20	紧急落尾水事故闸门
⋮	⋮	⋮	⋮
14	调速器停机令	30	机械制动投入令
15	调速器紧急停机令	31	控制在线
16	调速器事故配压阀动作	32	DO 备用

上述各测点采用端子连接现场设备和计算机输入输出硬件板卡。现场设备测点不一定与硬件板卡的端口数量相等，考虑接线和维护检修的方便，板卡上预留了部分备用端口。

3.2.2 硬件系统搭建

1. LCU 电源

机组本体柜设置 3 路 AC 220V 电源和 2 路 DC 220V 电源，其中 1 路 AC 220V 电源和 1 路 DC 220V 电源给机组水机 PLC 供电。机组发电电动机(G/M)远程 I/O 柜设置 2 路 AC 220V 电源和 1 路 DC 220V 电源。机组水泵水轮机(P/T)远程 I/O 柜设置 2 路 AC 220V 电源和 1 路 DC 220V 电源。电源回路如图 3-4 所示。

2. PLC 配置

某抽水蓄能电站机组控制单元 PLC 配置总 I/O 点数为：480 点 DI，192 点 SOE，224 点 DO，112 点 AI，16 点 AO，224 点 TI。

机组 LCU PLC 选用南瑞自主可控 N510 系列 PLC 组建，如表 3-10 所示。

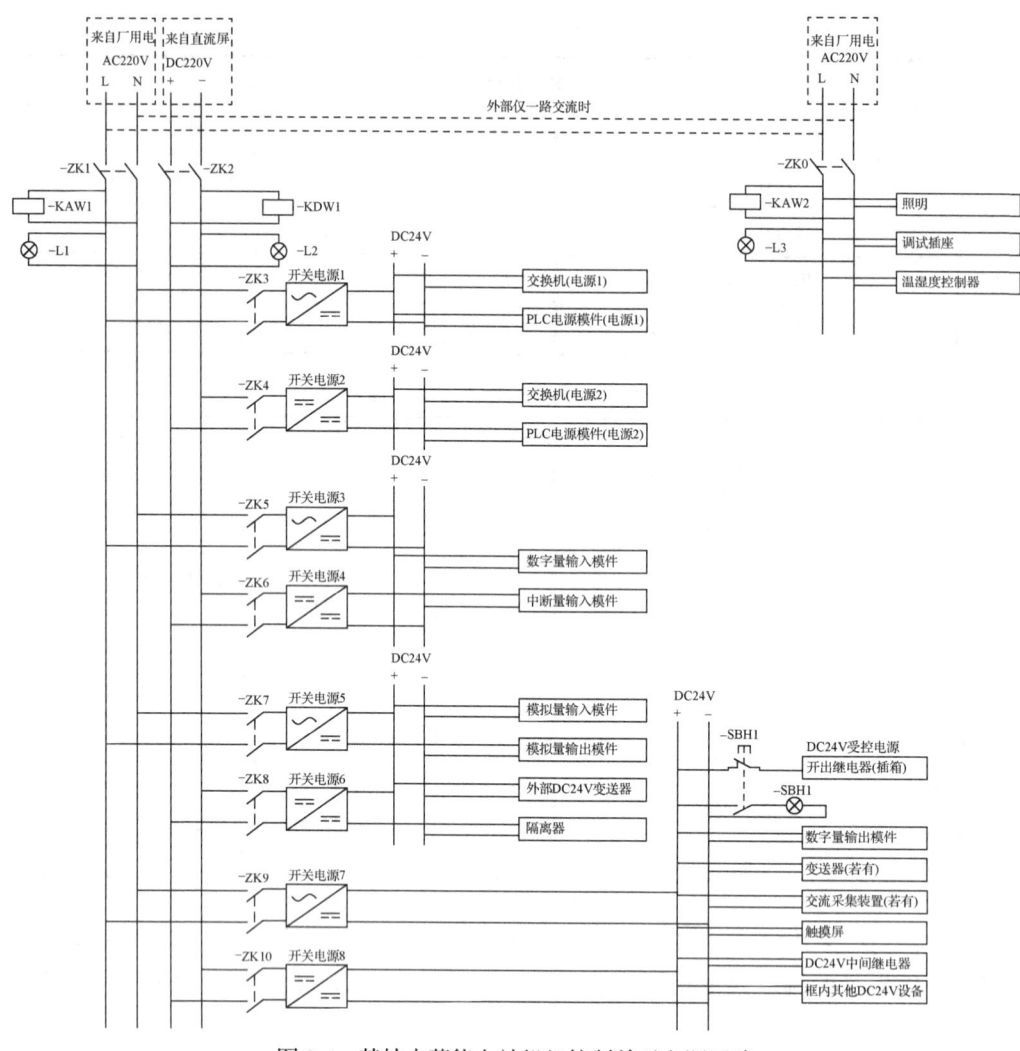

图 3-4 某抽水蓄能电站机组控制单元电源回路

表 3-10 机组 LCU PLC 配置表

序号	模块类型	型号	数量	用途
1	6 槽双机底板	N510 CHS0601	2	安装 CPU 模件、ETH 模件等
2	10 槽扩展底板	N510 CHS1002	6	安装 I/O 模件等
3	16 槽扩展底板	N510 CHS1602	4	安装 I/O 模件等
4	电源模块	N510 PSM0501	24	DC24V 电源
5	CPU 模块	N510 CPU5022	2	数据处理
6	I/O 管理模块	N510 CSM5001	10	管理本机架内的 I/O 模件，并与主机架的 CPU 模件进行信息交互，实现机架间通信
7	以太网通信模块	N510 ETH5001	2	以太网通信
8	串口通信模块	N510 CPM0401	4	串口通信
9	数字量输入(DI)模块	N510 DIM3201	11	采集设备的开关状态

续表

序号	模块类型	型号	数量	用途
10	事件顺序记录(SOE)模块	N510 IIM3201	6	采集带时标的设备开关状态
11	数字量输出(DO)模块	N510 DOM3201	7	控制设备的分合或开关
12	模拟量输入(AI)模块	N510 AIM0801	14	采集设备的电量信号
13	模拟量输出(AO)模块	N510 AOM0403	4	给设备输出电量信号
14	温度量输入(RTD)模块	N510 TIM0801	28	采集设备的温度信号

机组 LCU 系统结构如图 3-5 所示。

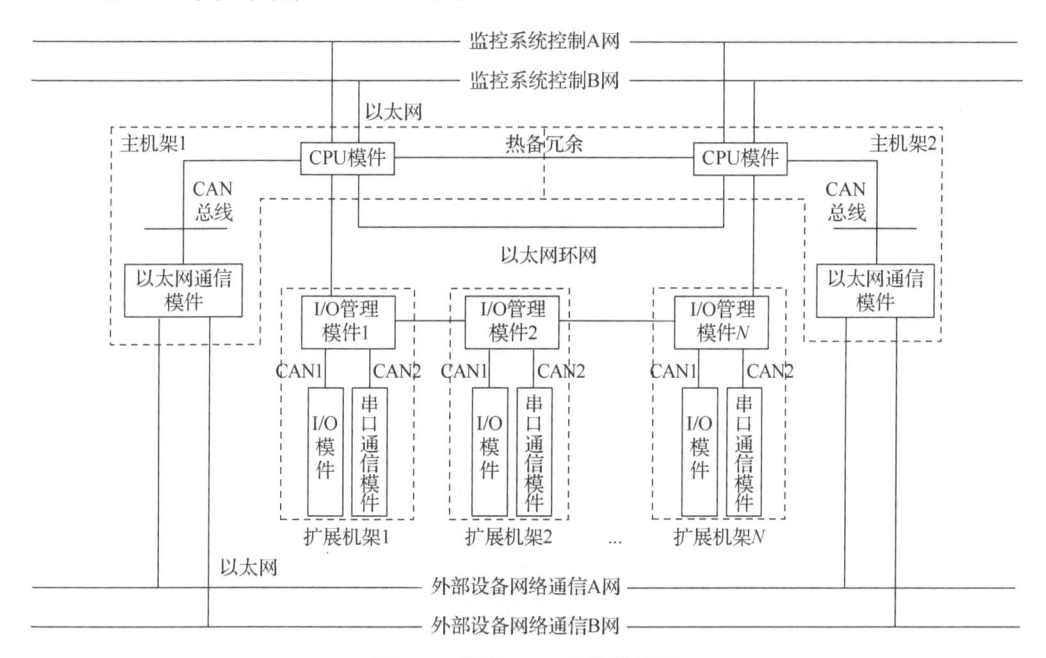

图 3-5 机组 LCU 系统结构图

南瑞自主可控 N 系列 PLC 采用工业以太网总线系统体系结构。对外通信提供标准的以太网接口，支持 Modbus/TCP 通信规约。机架之间和机架内部采用不同的通信方式，实现通信分层管理。主机架与扩展机架之间的通信采用内部高速以太网通信，应用广泛，通信速率高，支持双星型网络和环型网络，如图 3-6 所示。机架内采用内部高速双总线通信，可靠性高，适应能力强。

配置 2 个 CPU 组成热备冗余 CPU。CPU 模件型号为 N510 CPU5022，每个 CPU 自带 2 个以太网通信模件，分别和柜内 2 台现地以太网交换机相连。

配置 10 个 I/O 管理模件，型号为 N510 CSM5001，每个扩展底板配置 1 块 I/O 管理模件，用于管理本机架内的 I/O 模件，并与主机架的 CPU 模件进行信息交互，实现机架间通信。

配置 2 个以太网通信模件，型号为 N510 ETH5001，每个双机底板配置 1 个以太网通信模件，以太网通信模件以网络通信的方式获取励磁系统、调速器、保护系统及其他网络通信设备的信息并以双 CAN 的通信方式将信息送入 PLC 的 CPU。

配置 4 个串口通信模块，型号为 N510 CPM0401，串口通信模块以串口通信的方式获取交流采样装置、电能表及其他串口通信设备的信息并以双 CAN 的通信方式将信息送入 PLC 的 CPU。

CPU 通过现地交换机接收和发送信息至计算机监控系统厂站层的应用服务器。

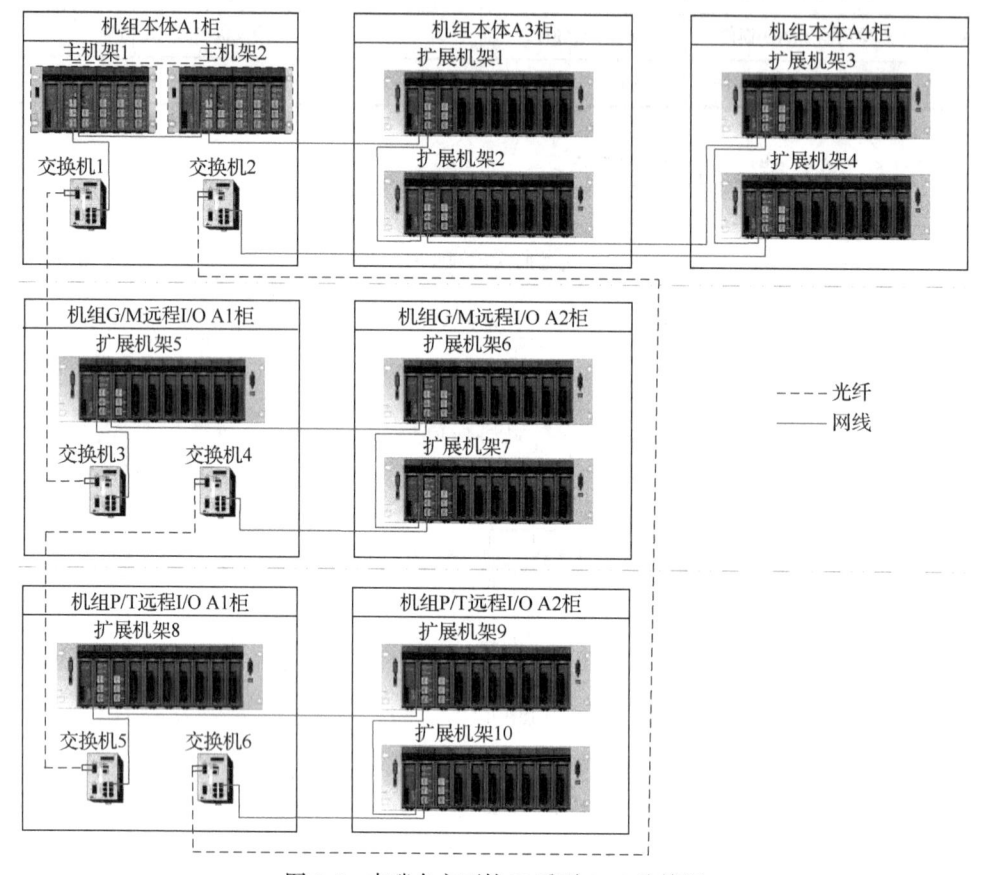

图 3-6　南瑞自主可控 N 系列 PLC 连接图

3. 现地网络配置

机组 LCU 配置 2 台现地交换机，组成冗余结构，与监控系统主交换机、其他 LCU 现地交换机采用双环网方式进行连接。现地交换机选用了国产东土交换机，型号为 SICOM3000A-4GX8TE-L2-L2，该交换机为机架式工业级以太网交换机，双电源冗余供电，配置 4 个 1000M 单模光口和 8 个 1000M/100M/10 RJ45 电口。现地 PLC 通过此交换机接入计算机监控系统主网络。

4. 人机接口

机组现地控制屏配置一台 21in(1in=2.54cm)触摸屏工控机，型号为 KLD-2162K-C4，用于显示机组单元接线模拟画面、主要电气量测量值、温度量测量值、技术供水状态信息，当运行人员进行操作登录后，可通过触摸屏进行开停机操作和其他操作。触摸屏通过以太网口和现地交换机相连。

5. 其他配置

为保证机组单元工作的可靠性和相对独立性，还配置了以下仪表设备。

1) 同期装置

机组 LCU 配置 1 套南瑞 SJ-12E 多对象自动准同期装置和 1 套手动准同期回路。自动准同期装置在正常同期并网时使用，手动准同期回路作为备用。LCU 内设有同期对象选择、同期电压抽取选择和同期合闸选择的配套接线，满足不同断路器合闸需要，同时 LCU 设有非同期合闸的闭锁回路。

2) 交流采样装置

每台机组 LCU 配置 3 台交流采样装置，选用爱博精电 ACUVIM 系列，型号为 ACUVIM IIR，精度等级为 0.2 级，100V/1A，用于测量机组发电机出口电气量、主变高压侧电气量和励磁变压器高压侧电气量，将采集的三相电流、三相电压、频率、有功功率、无功功率等电气量通过装置本身的串口传送到机组 LCU 的通信装置。三相电流、三相电压等参数的测量精度达到 0.2%级，交流采样装置额定电压输入为 AC0~100V，额定电流输入为 AC0~1A，装置辅助电源由 LCU 的开关电源输出的 DC24V 供电。

3) 变送器

每台机组 LCU 配置 1 个有功功率变送器、1 个无功功率变送器、1 个三相电压变送器和 1 个频率变送器，用于测量发电机出口的有功功率、无功功率、电压及频率。选用浙江涵普产品，变送器的精度等级为 0.2 级，变送器额定电压输入为 AC0~100V，额定电流输入为 AC0~1A。变送器输出信号为 4~20mA，送入机组 PLC 模拟量输入模块。

4) 电能表

每台机组 LCU 配置 2 台电子式数字电能表，选用长沙威胜电能表，型号为 DTSD341-9D，精度等级为 0.2S 级，用于测量机组出口和主变压器高压侧的有功电度量和无功电度量，并通过装置本身的串口将电度量送入电能量计量装置。电能表额定电压输入为 AC0~100V，额定电流输入为 AC0~1A。

5) 机组水机 PLC

机组 LCU 配置一套南瑞自主可控 N 系列 PLC 作为水机 PLC，作为主 PLC 的后备事故停机措施。水机 PLC 在机组发生重要的水力机械事故、主 PLC 全部故障或工作电源全部丢失时，执行机组事故停机流程。为保证机组发生事故时安全可靠停机，水机 PLC 的电源和输入/输出信号与主 PLC 相互独立。

机组LCU屏上装有带防护罩的事故停机按钮、紧急停机按钮和事故复位按钮各一个，当机组发生水力机械事故或按下事故停机按钮时，一方面将此事故信号输入计算机监控系统，启动机组 LCU 的事故停机程序进行事故停机；另一方面启动水机 PLC 的事故停机程序进行事故停机，水机 PLC 的事故停机程序直接触发调速器紧急停机电磁阀、分机组出口断路器。当机组发生紧急事故或按下紧急停机按钮时，一方面将此紧急事故信号输入计算机监控系统，启动机组 LCU 的紧急事故停机程序进行紧急事故停机；另一方面启动水机 PLC 的紧急事故停机程序进行紧急事故停机，水机 PLC 的紧急事故停机程序直接触发机组事故配压阀、紧急关闭进水阀、分机组出口断路器。

6) 光纤硬布线配置

中控室紧急停机按钮控制箱上设置 12 个按钮，分别是 1～4 号机组紧急停机按钮、上水库 1～2 号进出水口事故闸门紧急关闭按钮、1～4 号机组尾水事故闸门紧急关闭按钮、水淹厂房按钮、复归按钮，按钮带防误盖。

中控室紧急停机按钮控制箱通过光纤硬布线与机组主 PLC 和水机 PLC 进行连接，用于传输紧急停机信号，触发机组紧急停机。

地下厂房交通洞紧急停机按钮控制箱和地下厂房逃生洞紧急停机按钮控制箱分别设置 1 个水淹厂房按钮，按钮带防误盖。

地下厂房交通洞紧急停机按钮控制箱和地下厂房逃生洞紧急停机按钮控制箱通过硬布线与机组主 PLC 和水机 PLC 进行连接，用于传输水淹厂房信号，触发机组紧急停机。

防水淹厂房系统设置 3 套水位信号计，当同时有 2 套水位信号计达到第一上限和第二上限时，触发水淹厂房报警信号，并将此信号送入机组主 PLC 和水机 PLC，触发机组紧急停机。

3.3 机组 LCU 软件设计

为实现厂站层和调度层的自动控制要求，现地控制层必须实现机组自动控制流程的逻辑组态和安全闭锁。本节采用南瑞 NPro 编程软件介绍抽水蓄能机组现地控制层如何完成机组工况定义和机组工况转换流程。

3.3.1 编程软件

南瑞 NPro 编程软件是 N 系列 PLC 的重要组成部分，它主要完成硬件配置、测点定义、软件编程及相关的调试工作。该编程软件为工程技术人员提供了一套简单实用的软件编程和联机调试工具。

启动 NPro 编程软件后的画面如图 3-7 所示。编程软件包括以下部分：菜单栏、工具栏、梯形/流程工具栏、目录栏、I/O 信息栏、状态栏、输出信息栏、属性栏和编辑区等。

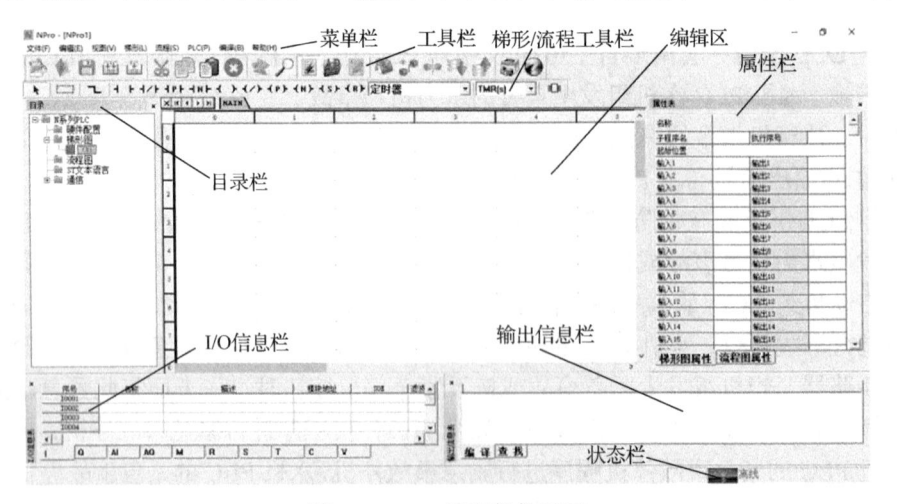

图 3-7 NPro 编程软件界面

3.3.2 整机控制逻辑

1. 软件流程

软件整体流程如图 3-8 所示。

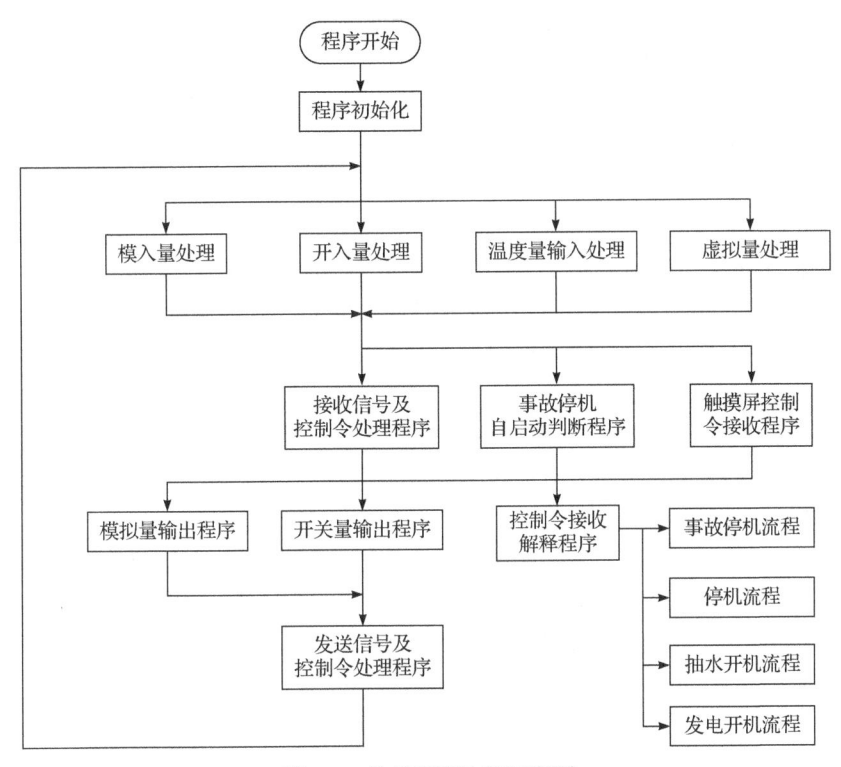

图 3-8 软件程序执行过程图

1) 初始化程序

初始化程序在 PLC 断电重启时调用一次，对 PLC 所用的各类配置信息及变量进行初始化，主要完成以下工作：系统参数配置；基本信号输入输出点配置；LCU I/O 点数配置；PID 参数配置；上、下行数据缓冲区初始化等。

2) 模入量处理程序

采集硬件模入信号、虚拟模入、通信模入信号测值、品质状态，并进行汇总处理。对初始模入信号进行滤波后生成有效的码值，然后转换成工程值，赋值到 AI_BUF[]数组中用于逻辑闭锁判断，并上送至上位机和触摸屏用于人机显示。

3) 开入量处理程序

采集硬件开入信号、虚拟开入、模件状态、通信开入信号测值，并进行汇总处理，赋值至 SI_BUF[]数组和 II_BUF[]数组中用于逻辑闭锁判断，并上送至上位机和触摸屏用于人机显示。

4) 温度量输入处理程序

采集硬件温度信号、虚拟温度、通信温度信号测值和品质状态，并进行汇总处理，赋值至 TI_BUF[]数组中用于逻辑闭锁判断，并上送至上位机和触摸屏用于人机显示。

5) 虚拟量处理程序

该程序段用于判断机组状态，对流程中用到的综合判断点和程序中用到的各种虚拟点进行计算，并将计算结果赋值至 DUMMY_DI[]数组中。

6) 接收信号及控制令处理程序

解释上位机发令并执行相应操作。

7) 事故停机自启动判断程序

监视机组状况和各事故点，事故条件满足时自动启动事故停机流程。

8) 触摸屏控制令接收程序

接收触摸屏下发的控制命令并做相应处理。

9) 模拟量输出程序

将硬件模出量的工程值转换为码值，再赋值至 AO_BUF[]数组中，模出模件根据码值将 4~20mA 电流信号或者 1~5V 电压信号输出给其他设备或系统。虚拟模出和通信模出则是通过通信模件以通信方式将模出量发送给其他设备或系统。

10) 开关量输出程序

将程序中执行的开出量输出至开出模件，开出模件再输出 0~24V 信号，驱动中间继电器线圈，最终通过继电器的节点动作来完成对设备的控制。

11) 控制令接收解释程序

判断控制命令的合法性，如判断控制命令的优先级，机组在停机过程中拒绝执行开机令，在开机过程中可以执行停机令；根据控制命令的来源，判断是否具备控制权限；根据控制命令的内容确定需要执行的控制流程等。

12) 发送信号及控制令处理程序

该程序用于系统状态信文组织，将 PLC 采集的各种 IO 状态信息放至相应数据区，供上位机或其他通信系统读取。

13) 发电开机流程

该程序完成抽水蓄能机组发电开机控制。

14) 抽水开机流程

该程序完成抽水蓄能机组抽水开机控制。

15) 停机流程

该程序完成抽水蓄能机组停机控制。

16) 事故停机流程

该程序完成抽水蓄能机组事故停机控制。

2. 控制流程设计原则

抽水蓄能机组运行工况多、转换复杂、操作频繁，为保证机组工况转换准确、安全、可靠运行，控制流程需遵循以下设计原则。

(1) 同一时刻仅允许执行一个流程。

(2) 从机组安全运行的角度考虑，事故停机或正常停机流程优先于启动或工况转换流程，即在机组正常启动或工况转换过程中，若事故停机或停机流程触发，将中断正在运行的启动或工况转换流程,从事故停机或停机流程第一步开始执行。

(3) 当机组处于自动控制方式时,机组启动或工况转换流程的任一判断条件不满足(流程阻滞)或超时直接触发停机流程,从停机流程第一步开始执行。类似的,停机流程判断条件不满足将触发更高级别的事故停机流程。

(4) 机组各工况的启动和工况转换受到许可条件和闭锁条件的约束,许可条件考虑设备的位置信息和可控状态(如手动/自动、远方/现地、启/停、分/合等),闭锁条件考虑设备是否存在故障报警或故障报警未复位等。

(5) 机组各工况控制流程分为主流程控制、子系统控制及设备控制,对于配备控制器的子系统如调速器、励磁、进水阀等的控制,主流程只发出启停命令,由子系统根据不同工况要求自行控制相应的被控设备;对于单个设备控制,主流程则直接控制;对于控制流程要求的设备状态判据,可根据设备的重要程度,直接由主流程判断或通过子系统判断。

操作人员通过人机接口下发控制命令后,机组现地控制单元首先根据机组的当前运行状态判断当前运行状态到目标运行状态的工况转换条件是否满足,条件不满足则拒绝执行控制流程,条件满足则执行相应的工况转换控制流程。

为保证机组运行安全,机组各运行工况转换应具有工况转换闭锁条件。根据各运行工况转换操作设备范围的不同,其工况转换条件也有区别。机组工况转换条件除了设备状态外,还有设备电源(正常/故障)、设备状态(分/合或启/停)、设备操作权限(现地/远方)、设备故障及闭锁条件等,机组只有在工况转换条件满足时才允许进行工况转换控制。所有的控制均必须以控制流程的方式执行,严禁以单点开出的方式对设备进行控制,所有控制流程必须满足"基本闭锁判断"和"时间参数"部分的要求。

3. 基本闭锁判断

抽水蓄能机组辅助设备的控制流程不会包含一些基本的闭锁判断。计算机监控系统在控制流程中适当增加一些基本闭锁判断可以避免不当的操作,同时降低操作失败的概率,提高计算机监控系统的可靠性。

若无特殊要求,且基本闭锁判断用到的输入信号已接入计算机监控系统,原则上这些闭锁判断必须在控制流程中加入。

基本闭锁判断有如下几项。

1) 被控设备"当前状态/目标状态"闭锁

控制流程启动后判断被控设备的当前状态,若当前状态=不定态(机组控制除外)或当前状态=目标状态,则控制流程报警退出。

2) 被控设备"现地/远方"闭锁

控制流程启动后判断被控设备的控制方式是远方还是现地,若被控设备处于现地控制状态,则控制流程报警退出。

3) 被控设备"故障/正常"闭锁

控制流程启动后判断被控设备的工作状态是故障还是正常,若被控设备处于故障状态,则控制流程报警退出。

4. 工况转换条件判断闭锁

根据机组的初始状态和目标状态，将机组各工况转换条件进行分类，共分为若干个工况转换条件。下面将具体介绍机组各工况转换条件的基本判断闭锁。

1) 机组其他工况转换至停机工况应满足的条件

为保证机组运行安全，机组的停机和事故停机命令是所有控制令里面优先级最高的控制令，机组工况无论在转换过程中还是稳态运行时，当出现危及机组安全的事故时或控制室操作人员要求停机时，计算机监控系统应无条件地启动相应的事故停机流程。

2) 机组所有工况转换应满足的公用预启动条件

机组相应的进水口闸门全开；机组相应的进水口闸门控制系统无故障；机组相应的尾水事故闸门全开；机组相应的尾水事故闸门控制系统无故障；机组相应的主变压器无故障报警信号；机组上导、下导油位正常；变压器冷却控制系统无故障；发电机-变压器组继电保护装置无故障；短引线保护装置无故障；无机械事故停机信号；无电气事故停机信号；无紧急事故停机信号；机组出口断路器在远方控制方式；机组出口断路器无故障；励磁系统在远方自动控制方式；励磁系统无故障；调速系统在远方自动控制方式；调速系统无故障；调速器/进水阀油罐压力正常；转速测量装置无故障；进水阀在远方自动控制方式；进水阀控制系统无故障；同期装置在自动控制方式；同期装置无故障；机组LCU无故障；机组状态监测系统无故障；高压油顶起系统在远方自动控制方式；高压油顶起系统无故障；机组轴承循环油泵在远方自动控制方式；机组轴承循环油泵无故障；机械制动在远方自动控制方式；机械制动气源压力正常；技术供水系统在远方自动控制方式；技术供水系统无故障；机组其他相关辅助设备在远方自动控制方式；机组其他相关辅助设备无故障；机组中性点隔离开关在远方控制方式；机组直流配电盘供电正常；机组交流配电盘供电正常。

上述条件可简单归为两类：一是相关设备工作正常；二是设备控制权限在远方，即控制权限在现地控制单元。

3) 停机工况转换至空转/空载/发电/抽水工况应满足的条件

机组在停机工况；公用预启动条件满足；机组主变压器低压侧有压；上水库水位正常；下水库水位正常。

4) 空转工况转换至空载/发电工况应满足的条件

机组在空转工况；公用预启动条件满足；机组主变压器低压侧有压；上水库水位正常；下水库水位正常。

5) 空载工况转换至发电工况应满足的条件

机组在空载工况；公用预启动条件满足；机组主变压器低压侧有压；上水库水位正常；下水库水位正常。

6) 空载工况转换至空转工况应满足的条件

机组在空载工况；公用预启动条件满足；上水库水位正常；下水库水位正常。

7) 停机工况转换至发电调相/抽水调相工况应满足的条件

机组在停机工况；公用预启动条件满足；机组主变压器低压侧有压；机组调相压水气罐压力正常。

8) 发电工况转换至发电调相工况应满足的条件

机组在发电工况；公用预启动条件满足；机组主变压器低压侧有压；机组调相压水气罐压力正常。

9) 发电调相工况转换至发电工况应满足的条件

机组在发电调相工况；公用预启动条件满足；机组主变压器低压侧有压；上水库水位正常；下水库水位正常。

10) 抽水调相工况转换至抽水工况应满足的条件

机组在抽水调相工况；公用预启动条件满足；机组主变压器低压侧有压；上水库水位正常；下水库水位正常。

11) 抽水工况转换至抽水调相工况应满足的条件

机组在抽水工况；公用预启动条件满足；机组主变压器低压侧有压；机组调相压水气罐压力正常。

5. 时间参数

1) 开出时间

对于控制流程中的脉冲型开出，默认开出时间为 2s，现场控制流程调试过程中，可以根据实际需要修改开出时间。

控制流程中不建议使用保持型开出，除非该控制输出必须由计算机监控系统保持才能工作。不需要监控系统保持的开出即使开出动作时间较长，也必须通过脉冲方式实现。

2) 判断限制时间

控制流程调试过程中，不允许出现无限制时间的判断，任何判断必须有最大限制时间，超过限制时间后控制流程必须报警退出。

6. 控制流程信号

抽水蓄能机组 LCU 通过输入信号监视机组各个设备状态，判断设备是否满足操作条件，操作完毕后监视是否操作成功，通过输出信号对各个设备进行启停和调节操作，因此机组 LCU 的输入、输出信号是实现机组控制和监视的基础。计算机监控系统设计的完备性从某种意义上来看就是输入、输出测点的配置完备性，这也是控制流程的重点。

IO 信号分为开关量输入、模拟量输入、开关量输出、模拟量输出及交流采样输入。

开关量输入信号按照输入来源可以分为 IO 输入开关量信号、通信采集开关量信号和虚拟开关量信号。IO 输入开关量信号为 PLC 模件采集的开关量信号，通信采集开关量信号为通过串口或者以太网采集的开关量信号，虚拟开关量信号为通过对输入信号进行逻辑运算后生成的开关量信号，如机组发电态。

开关量又分为 SOE 中断开关量和普通开关量，中断开关量动作时间可以精确到 1ms，用于重要的信号监视，如保护信号动作、GCB 合闸和其他事故等信号。普通开关量信号的动作时间分辨率由 PLC 模件扫描周期决定，用于普通开关量的信号监视，如设备状态、设备告警、电源监视等信号。

模拟量输入信号同样可以按照输入来源分为 IO 输入模拟量信号、通信采集模拟量信号和虚拟模拟量信号。IO 输入模拟量信号为 PLC 模件采集的模拟量信号，通信采集模拟量信号为通过串口或者以太网采集的模拟量信号，虚拟模拟量信号为通过对输入信号进行逻辑运算后生成的模拟量信号，如本次机组开机时间。

开关量输出、模拟量输出信号分别为PLC模件输出的开关量信号和模拟量信号，用于设备控制启停和调节，或输出开关信号、4～20mA 或 0～5V 的信号至其他系统用于监视和调节。

3.3.3 停机→发电控制流程

本节将以某抽水蓄能电站为实例，介绍机组停机工况至发电工况的整个开机流程。停机→发电控制流程由停机→停机热备、停机热备→空转、空转→空载和空载→发电子控制流程组合而成。

1. 停机→停机热备

停机→停机热备主要将机组各辅助设备启动，对应的控制流程如图 3-9 所示。

```
┌─────┐   ┌──────────────┐
│  1  │───│ 机组停机工况 │
└──┬──┘   └──────────────┘
   │
   │  工况转换条件满足&工况转换令
   │
┌──┴──┐   ┌──────────┬──────────┬──────────────┬──────────────┬──────────────┐
│  2  │───│开启技术  │退出导叶  │开启高压顶起  │开启推力轴承  │启动其他相关  │
│     │   │供水泵    │锁锭      │油泵系统      │循环油泵      │辅助设备      │
└──┬──┘   └──────────┴──────────┴──────────────┴──────────────┴──────────────┘
   │
   │  技术供水泵启动&导叶锁锭退出&高压顶起油泵系统启动&
   │  推力轴承循环油泵启动&其他相关辅助设备启动
   │
┌──┴──┐   ┌──────────────────┐
│  3  │───│ 机组停机热备状态 │
└─────┘   └──────────────────┘
```

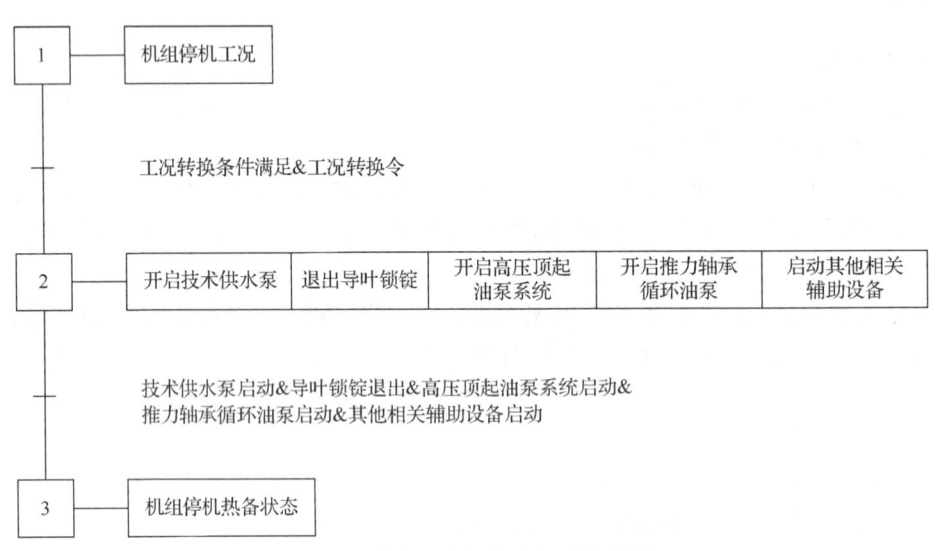

图 3-9 停机→停机热备控制流程图

(1) 启动技术供水泵、推力轴承循环油泵、高压顶起油泵，退出导叶锁锭，并启动其他相关辅助设备；

(2) 待技术供水泵、推力轴承循环油泵、高压顶起油泵及其他相关辅助设备投入，导叶锁锭退出后，机组进入停机热备状态。

2. 停机热备→空转

停机热备→空转控制流程如图 3-10 所示。

合发电方向换相隔离开关；待发电方向换相隔离开关合闸后，退出机械制动；待机械制动退出后，开启进水阀，开启调速器水轮机模式；待进水阀开度大于等于 50%额定开度后，发出调速器开机命令；待机组转速达到 90%及以上额定转速后，停止高压顶起油泵系统；机组进入空转状态。

```
┌─┐   ┌──────────────┐                    │         ┌─────────────────────────┐
│1│───│ 机组中转停机状态 │                    ├─────────│ 进水阀开度≥50%额定开度& │
└─┘   └──────────────┘                    │         │ 水轮机调节模式反馈      │
 │                                        │         └─────────────────────────┘
 │  工况转换条件满足&工况转换令              │
 │                                        ┌─┐   ┌──────────────┐
┌─┐   ┌──────────────────┐                │5│───│  调速器开机令  │
│2│───│ 合发电方向换相隔离开关 │               └─┘   └──────────────┘
└─┘   └──────────────────┘                 │
 │                                         │  机组转速≥90%额定转速
 │  发电方向换相隔离开关合闸                 │
 │                                        ┌─┐   ┌──────────────────┐
┌─┐   ┌──────────────┐                    │6│───│ 停止高压顶起油泵系统 │
│3│───│  退出机械制动  │                    └─┘   └──────────────────┘
└─┘   └──────────────┘                     │
 │                                         │
 │  机械制动退出                            │
 │                                        ┌─┐   ┌──────────────┐
┌─┐   ┌─────────────────────┬──────────┐   │7│───│  机组空转工况  │
│4│───│ 开启调速器水轮机模式 │ 开启进水阀 │   └─┘   └──────────────┘
└─┘   └─────────────────────┴──────────┘
```

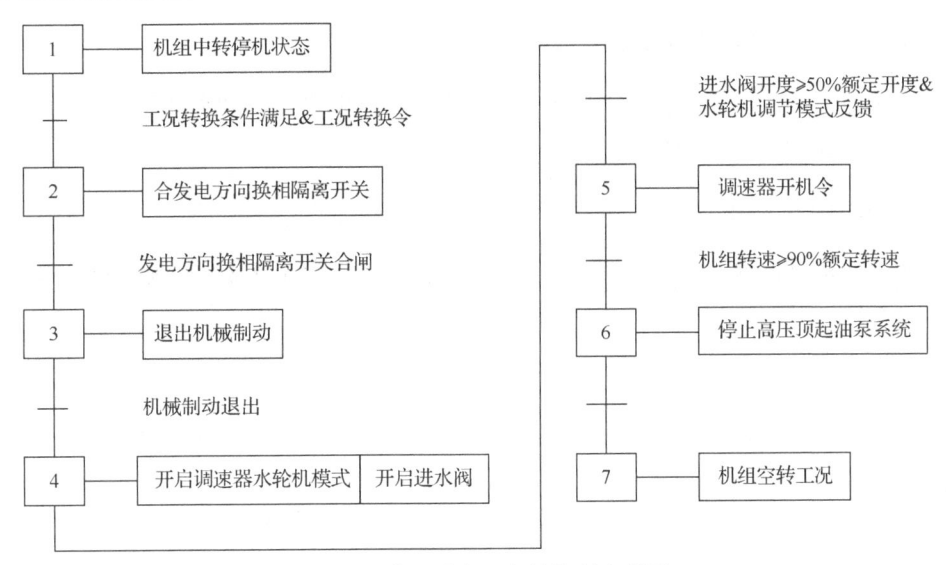

图 3-10　停机热备→空转控制流程图

3. 空转→空载

空转→空载控制流程如图 3-11 所示。

开启励磁系统发电模式；励磁建压；待机组电压达到 90%及以上额定电压后，机组进入空载状态。

4. 空载→发电

空载→发电控制流程如图 3-12 所示。

启动同期装置，在电压、频率及相位满足并网条件后发出机组出口断路器合闸命令；待机组出口断路器合闸后，设定机组初始功率，机组进入发电状态。

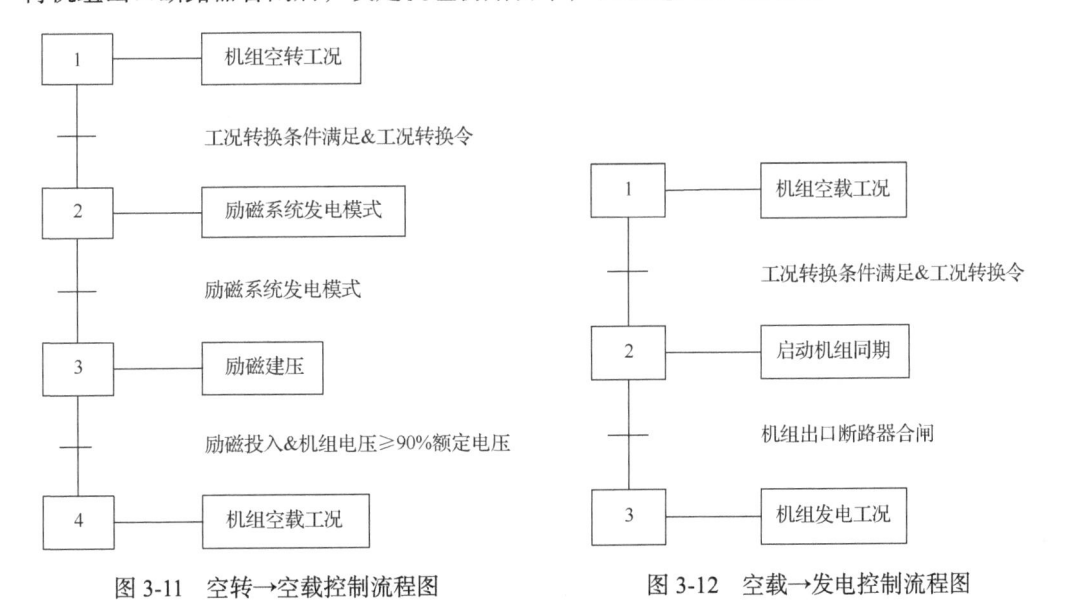

```
┌─┐  ┌──────────────┐                    ┌─┐  ┌──────────────┐
│1│──│  机组空转工况  │                    │1│──│  机组空载工况  │
└─┘  └──────────────┘                    └─┘  └──────────────┘
 │                                         │
 │ 工况转换条件满足&工况转换令               │ 工况转换条件满足&工况转换令
 │                                         │
┌─┐  ┌──────────────────┐                 ┌─┐  ┌──────────────┐
│2│──│  励磁系统发电模式   │                │2│──│  启动机组同期  │
└─┘  └──────────────────┘                 └─┘  └──────────────┘
 │                                         │
 │ 励磁系统发电模式                          │ 机组出口断路器合闸
 │                                         │
┌─┐  ┌──────────────┐                     ┌─┐  ┌──────────────┐
│3│──│   励磁建压    │                     │3│──│  机组发电工况  │
└─┘  └──────────────┘                     └─┘  └──────────────┘
 │
 │ 励磁投入&机组电压≥90%额定电压
 │
┌─┐  ┌──────────────┐
│4│──│  机组空载工况  │
└─┘  └──────────────┘
```

图 3-11　空转→空载控制流程图　　　　　图 3-12　空载→发电控制流程图

3.3.4 停机→抽水(SFC)控制流程

停机→抽水(SFC)控制流程由停机→停机热备、停机热备→抽水调相(SFC)和抽水调相→抽水子控制流程组合而成。

1. 停机→停机热备

停机→停机热备阶段主要将机组各辅助设备启动,和停机→发电控制流程中的停机→停机热备流程一致,对应的控制流程如图 3-9 所示。

2. 停机热备→抽水调相(SFC)

停机热备→抽水调相(SFC)阶段主要由 SFC 将机组拖动至并网抽水调相工况,对应的控制流程如图 3-13 所示。

(1) 开启止漏环冷却水阀,合抽水方向换相隔离开关,合被拖动隔离开关,合启动母线隔离开关;

(2) 待止漏环冷却水阀打开后,开始充气压水;

(3) 待充气压水完成后,设置励磁 SFC 模式,设置调速器抽水调相模式;

(4) 启动 SFC 和励磁,开始拖动机组;

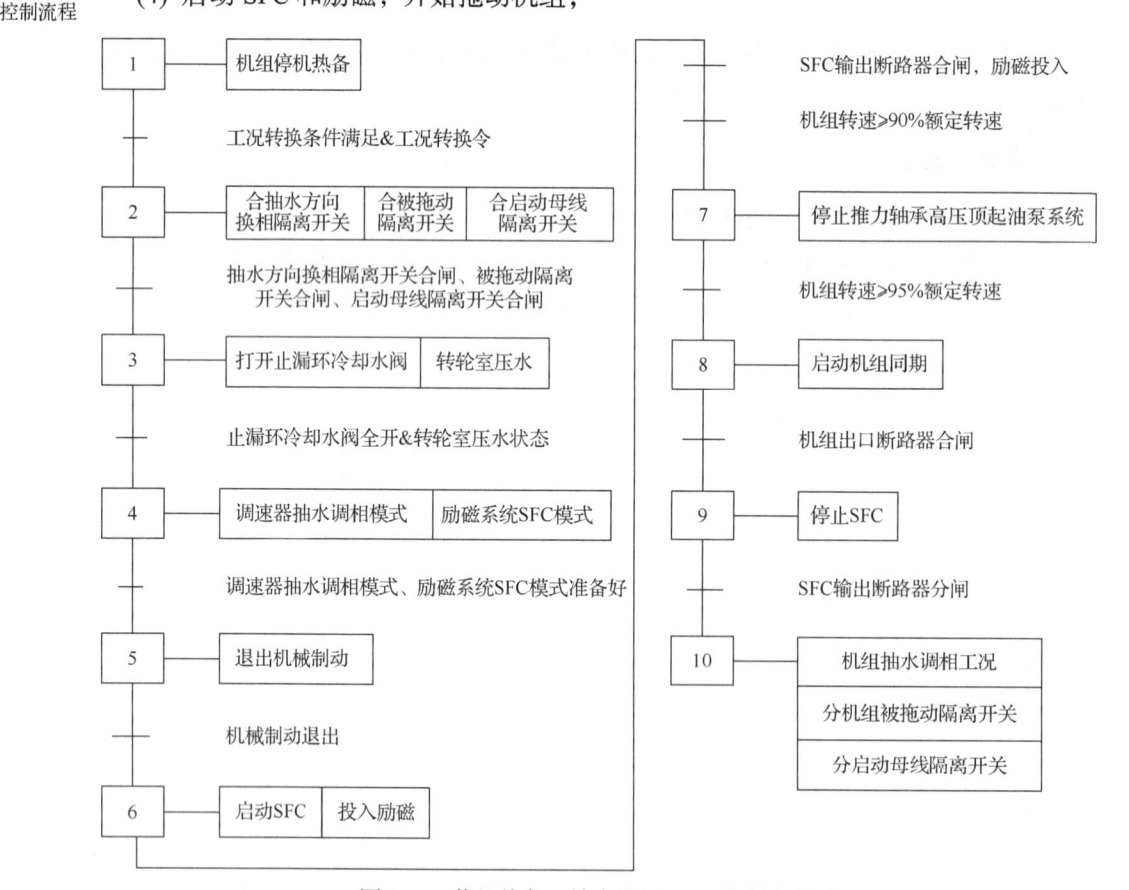

图 3-13 停机热备→抽水调相(SFC)控制流程图

(5) 待机组转速达到90%及以上额定转速后，停止高压顶起油泵系统；
(6) 待机组转速达到99%后，SFC系统释放同期控制权，启动同期装置进行同期合闸；
(7) 待机组出口断路器合闸后，停止SFC，SFC输出断路器分闸；
(8) 待SFC输出断路器分闸后，分机组被拖动隔离开关，分启动母线隔离开关；
(9) 待机组被拖动隔离开关分闸后，机组进入抽水调相状态。

3. 抽水调相→抽水

抽水调相→抽水阶段主要将机组主进水阀开启，转轮室回水，待回水造压成功后开启导叶，将抽水调相工况转换为抽水工况，对应的控制流程如图3-14所示。

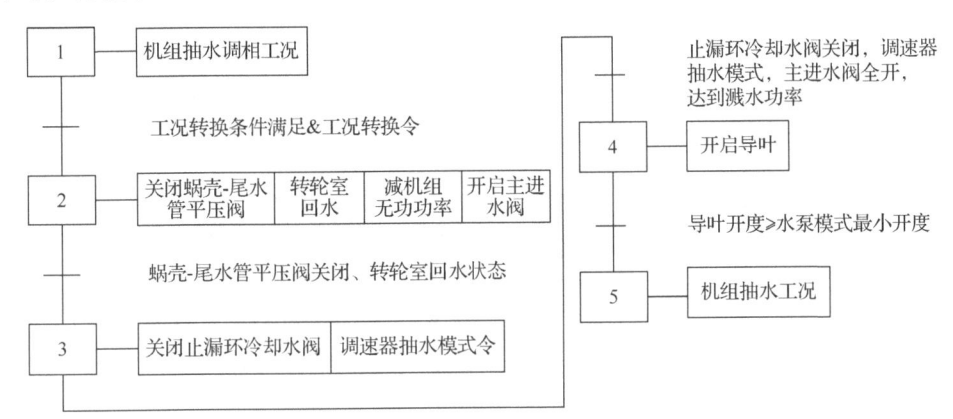

图3-14 抽水调相→抽水控制流程图

(1) 开启排气回水，降低机组无功功率，开启主进水阀；
(2) 主进水阀开始开启，转轮室回水状态后，关闭止漏环冷却水阀；
(3) 待排气回水完成、造压成功且主进水阀全开后，复归调速器调相模式，启动调速器抽水模式；
(4) 待导叶开度开启到水泵模式最小开度后，机组进入抽水状态。

3.3.5 抽水→发电控制流程

抽水→发电控制流程分为两种：抽水正常转发电控制流程和抽水紧急转发电控制流程。抽水正常转发电控制流程是指机组由抽水工况正常停机至停机热备状态后，不停止机组辅助设备，然后执行发电方向的开机控制流程。抽水紧急转发电控制流程是指机组由抽水工况停机至机组转速下降到10%左右额定转速后，不再执行后续的停机控制流程，改为执行发电方向的开机控制流程，可在较短时间内完成抽水工况到发电工况的转换，对应的控制流程如图3-15所示。

(1) 降低机组无功功率，调速器抽水紧急转发电命令；
(2) 待机组有功功率和无功功率满足分机组出口断路器条件后，分机组出口断路器，启动高压顶起油泵系统；
(3) 待机组出口断路器分闸后，停止励磁；
(4) 待励磁停止后，分换相隔离开关；

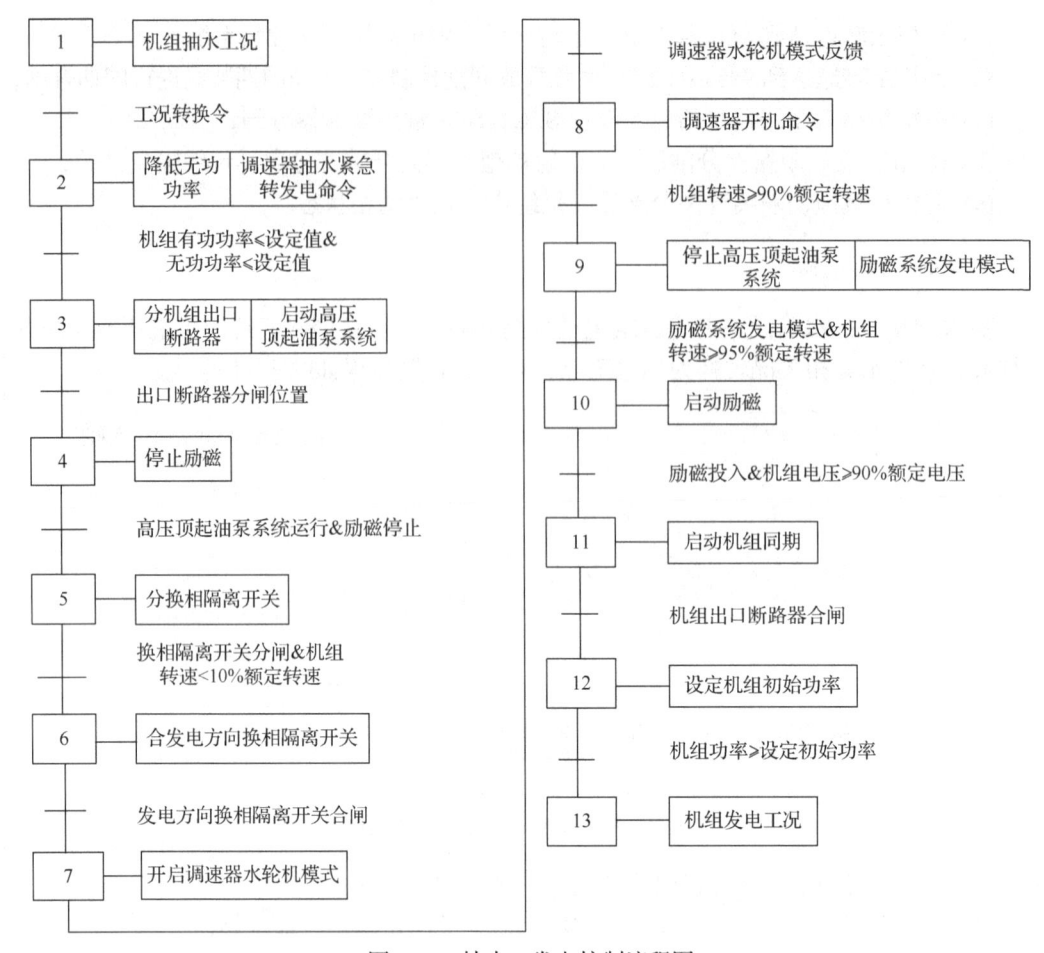

```
 1  机组抽水工况                    调速器水轮机模式反馈
    │ 工况转换令                   │
 2  降低无功  调速器抽水紧急      8  调速器开机命令
    功率      转发电命令            │ 机组转速≥90%额定转速
    │ 机组有功功率<设定值&         
      无功功率<设定值              9  停止高压顶起油泵  励磁系统发电模式
 3  分机组出口  启动高压              系统
    断路器      顶起油泵系统          │ 励磁系统发电模式&机组
    │ 出口断路器分闸位置               转速≥95%额定转速
 4  停止励磁                      10  启动励磁
    │ 高压顶起油泵系统运行&励磁停止   │ 励磁投入&机组电压≥90%额定电压
 5  分换相隔离开关                11  启动机组同期
    │ 换相隔离开关分闸&机组           │ 机组出口断路器合闸
      转速<10%额定转速            12  设定机组初始功率
 6  合发电方向换相隔离开关            │ 机组功率≥设定初始功率
    │ 发电方向换相隔离开关合闸    13  机组发电工况
 7  开启调速器水轮机模式
```

图 3-15 抽水→发电控制流程图

(5) 待换相隔离开关分闸且机组转速<10%额定转速后，合发电方向换相隔离开关；

(6) 待发电方向换相隔离开关合闸后，开启调速器水轮机模式；

(7) 调速器开机；

(8) 待机组转速达到90%及以上额定转速后，停止高压顶起油泵系统，设置励磁系统发电模式；

(9) 待机组转速达到95%及以上额定转速后，启动励磁；

(10) 待机组电压达到90%及以上额定电压后，启动同期装置，在电压、频率及相位满足并网条件后发出机组出口断路器合闸命令；

(11) 待机组出口断路器合闸后，设定机组初始功率；

(12) 待机组功率大于等于设定初始功率后，机组进入发电状态。

3.3.6 机组事故停机控制流程

机组工况转换或稳定运行过程中，若出现危及机组安全的事故，应无条件启动相应的事故停机流程。根据事故性质的不同，事故停机分为机械事故停机、电气事故停机和紧急事故停机三类。

1. 机械事故停机启动源

机械事故停机启动源(启动触发条件)有：机组轴承温度过高；机组定子绕组温度过高；机组定子铁心温度过高；主轴密封温度过高；止漏环温度过高；机组振动、摆度过大；调速系统故障；进水阀异常关闭；事故闸门下滑到事故位置；转轮室压水状态时，转轮水位过高；机组机械事故停机按钮动作。

2. 电气事故停机启动源

电气事故停机启动源(启动触发条件)有：机组继电保护跳闸动作；机组相关主变压器或非电量保护跳闸动作；机组相关高压开关设备及出线继电保护跳闸动作；机组抽水工况突然断电；机组抽水工况启动过程中，SFC系统或拖动/被拖动机组事故；励磁系统事故；机组火灾报警动作；机组电气事故停机按钮动作。

3. 紧急事故停机启动源

紧急事故停机启动源(启动触发条件)有：机组一级过速动作且调速器主配压阀拒动；机组二级过速动作；油压装置事故低油压；油压装置事故低油位；水淹厂房保护动作；机组紧急事故停机按钮动作。

4. 机械事故停机控制流程

机械事故停机控制流程如图3-16所示。

(1) 降负荷，发出调速器停机命令，发命令至事故停机硬布线回路或事故停机PLC，启动机械事故停机流程。

(2) 待负荷降至满足分机组出口断路器的范围后，发出分机组出口断路器命令，启动高压顶起油泵系统。

(3) 待机组出口断路器分闸后，发出励磁退出命令，励磁控制器在收到命令后执行逆变励磁，若励磁逆变失败则执行电气事故停机流程，同时判断调相压水系统是否在充气压水过程中，如果正在充气压水过程中则需执行排气回水命令。

(4) 待导叶全关后，发出关闭进水阀命令。

(5) 待进水阀全关后，发出分拖动/被拖到隔离开关命令、分启动母线隔离开关命令和分换相隔离开关命令。

(6) 待拖动/被拖动隔离开关分闸、启动母线隔离开关分闸、换相隔离开关分闸，且机组转速≤50%额定转速后，投入励磁电制动。

(7) 待机组转速小于或等于5%额定转速后，退出励磁电制动，投入机械制动。

(8) 待机组转速为零后，投入导叶锁锭。

(9) 待导叶锁锭投入后，停止技术供水、推力轴承循环油泵，投入机坑加热器，退出碳粉除尘、油雾吸收及其他辅助设备，使机组安全停机。

5. 电气事故停机控制流程

电气事故停机控制流程如图3-17所示。

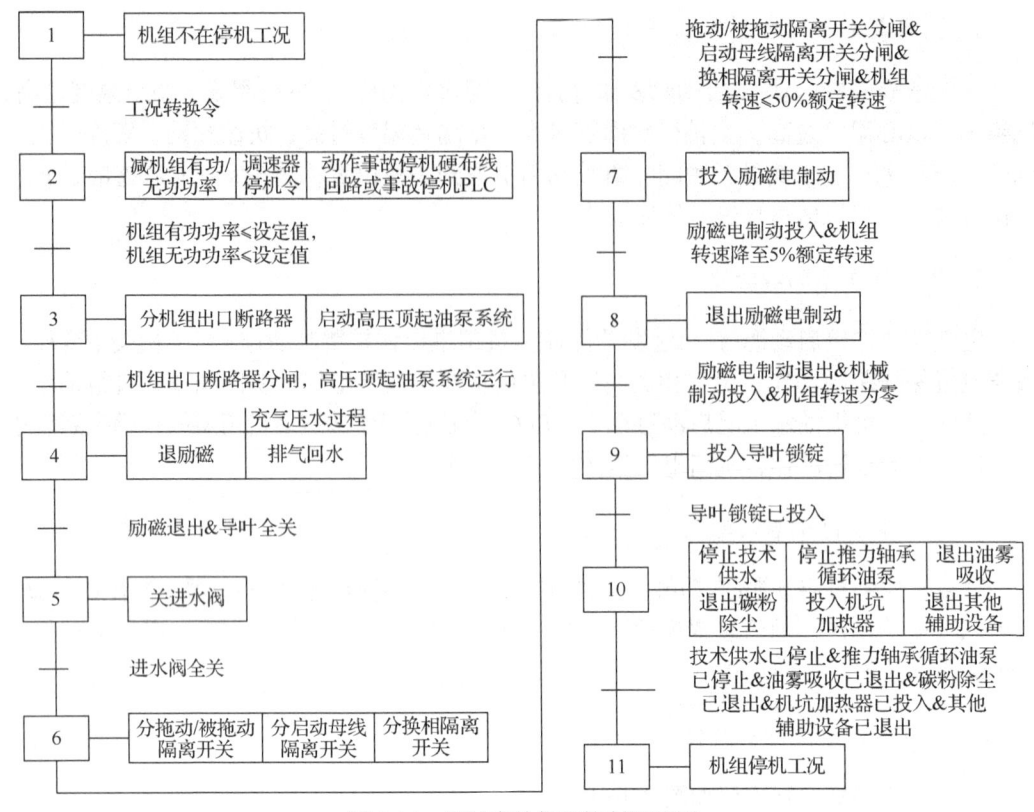

图 3-16 机械事故停机控制流程图

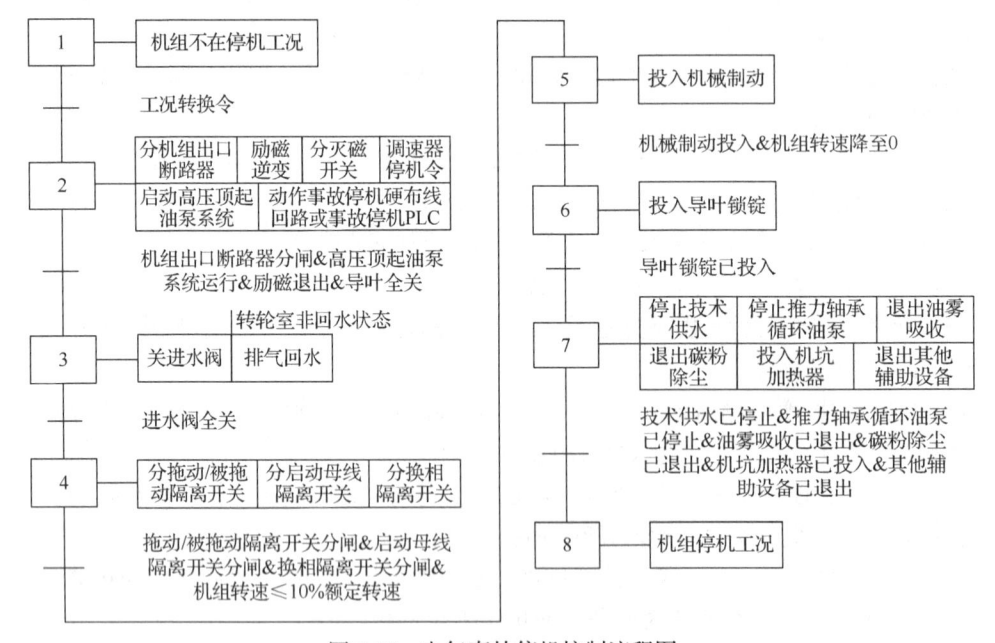

图 3-17 电气事故停机控制流程图

(1) 发出分机组出口断路器命令、调速器停机命令、励磁逆变命令和分灭磁开关命令，启动高压顶起油泵系统，发命令至事故停机硬布线回路或事故停机 PLC，启动电气事故停机流程。

(2) 待机组出口断路器分闸、导叶全关后发出关闭进水阀命令，同时判断调相压水系统是否在充气压水过程中，如果正在充气压水过程中则需执行排气回水命令。

(3) 待进水阀全关后，发出分拖动/被拖动隔离开关命令、分启动母线隔离开关命令和分换相隔离开关命令。

(4) 待拖动/被拖动隔离开关分闸、启动母线隔离开关分闸、换相隔离开关分闸，且机组转速≤10%额定转速后，投入机械制动。

(5) 待机组转速为零后，投入导叶锁锭。

(6) 待导叶锁锭投入后，停止技术供水、推力轴承循环油泵，投入机坑加热器，退出碳粉除尘、油雾吸收及其他辅助设备，使机组安全停机。

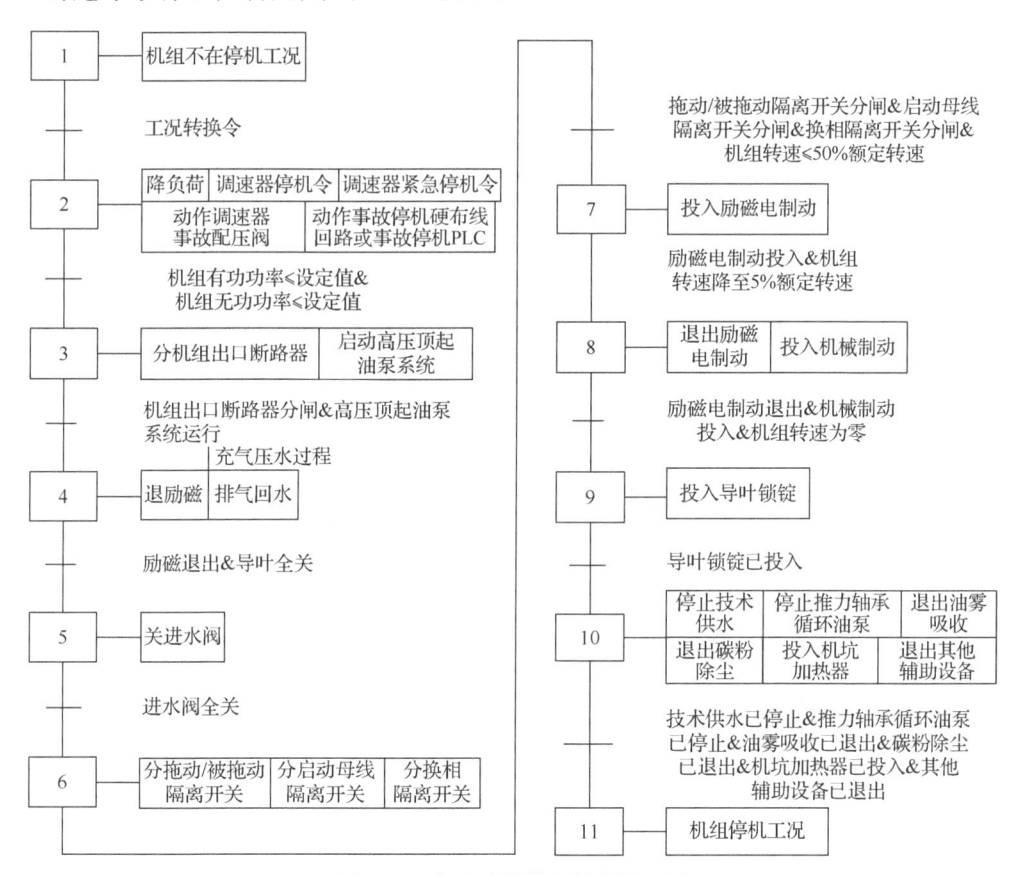

6. 紧急事故停机控制流程

紧急事故停机控制流程如图 3-18 所示。

图 3-18 紧急事故停机控制流程图

(1) 降负荷，发出调速器停机命令和紧急停机命令，动作调速器事故配压阀，发命令至事故停机硬布线回路或事故停机 PLC，启动紧急事故停机流程。

(2) 待负荷降至满足分机组出口断路器的范围后，发出分机组出口断路器命令，启动高压顶起油泵系统。

(3) 待机组出口断路器分闸后，发出励磁退出命令，励磁控制器在收到命令后执行逆变励磁，若励磁逆变失败则需执行电气事故停机流程，同时判断调相压水系统是否在充气压水过程中，如果正在充气压水过程中则需执行排气回水命令。

(4) 待导叶全关后，发出关闭进水阀命令。

(5) 待进水阀全关后，发出分拖动/被拖动隔离开关命令、分启动母线隔离开关命令和分换相隔离开关命令。

(6) 待拖动/被拖动隔离开关分闸、启动母线隔离开关分闸、换相隔离开关分闸，且机组转速<50%额定转速后，投入励磁电制动。

(7) 待机组转速小于或等于5%额定转速后，退出励磁电制动，投入机械制动；

(8) 待机组转速为零后，投入导叶锁锭。

(9) 待导叶锁锭投入后，停止技术供水、推力轴承循环油泵，投入机坑加热器，退出碳粉除尘、油雾吸收及其他辅助设备，使机组安全停机。

探索与思考

1. 机组控制单元的核心任务是控制机组的启动、停止及工况转换，为实现该任务，需检测机组相关状态。虽然在硬件实现方式上与时俱进，但是基本的控制思路多年来变化很小，理论和工程应用研究也很少。由于抽水蓄能机组在结构设计方面趋同，多数电站的机组单元控制流程也基本相同。你认为，机组控制单元未来的变化可能由哪些方面、哪些因素诱发？

2. 查询文献，收集整理国内外抽水蓄能电站机组事故/故障，分析从控制角度可能采取的措施和方法。给出一些概念供大家思考分析：增加测点获取更多状态数据、构建安全极限测控集、局部高度集成化、设备本身智能化等。

3. 机组状态监测技术已有较多应用，也是未来发展的热点。然而，在水轮机运行状态监测方面尚有许多空白，查阅文献思考，还有哪些项目监测问题尚需开展进一步的研究？

第4章 其他控制单元

4.1 机组公用LCU

抽水蓄能电站的机组公用LCU,本体柜布置在发电电动机层,外加1面SFC远程柜。很多工程会采取将机组公用LCU整体布置在主变洞LCU室,此时称为主变洞LCU。抽水蓄能电站机组控制技术的难点主要在于抽水工况启动过程,抽水工况的启动广泛以静止变频器(SFC)启动作为主用启动方式,并以背靠背(BTB)启动作为备用启动方式。机组公用LCU全厂共用一套,通过与机组LCU配合,控制SFC系统及其辅助设备,实现机组水泵的变频启动,这是抽水蓄能电站特有的控制单元。

4.1.1 机组公用LCU的控制要求和功能配置

抽水蓄能电站机组公用LCU的主要控制范围包括SFC系统、机组泵工况启动所需的启动母线开关刀闸。部分电站会包含10kV厂用电系统控制、防水淹厂房系统功能。

机组公用LCU接收电厂站控层的控制命令和本厂机组LCU的控制要求,将机组公用LCU切换到指定机组LCU,执行水泵的变频启动运行,其中包括选择和控制启动母线隔离开关和断路器并完成有关的顺序操作。在遇到顺序阻滞故障或启动失败时,能与机组LCU协调将设备转到安全状态。即使在脱离电厂站控层时,也能完成上述功能并有严格的安全闭锁。电厂站控层与LCU控制权切换开关在LCU屏上。SFC启动过程应在LCU的屏幕上显示相应的顺控画面。若遇顺序阻滞,故障步应用不同的标色明显显示。

10kV厂用电系统控制及防水淹厂房系统功能在4.3节和4.6节有说明,在此不介绍。

机组公用LCU典型配置如表4-1所示,主要包括可编程逻辑控制器(PLC)、工控机/触摸屏、交流采样装置/变送器、现地交换机、通信管理装置、二级时钟同步装置、继电器等。

表4-1 机组公用LCU设备及功能配置示意表

机柜编号	主要设备	主要功能
机组公用A1柜	(1) PLC CPU模件、以太网、电源模件; (2) 工控机、现地核心交换机、现地以太网通信交换机; (3) 通信管理装置; (4) 交采表、变送器、按钮、指示灯等	(1) PLC与上位机通信、PLC与现地设备以太网通信、PLC与现地设备串口通信; (2) 现地控制操作; (3) 信息采集上送; (4) 电源控制与监视
机组公用A2柜	(1) 二级时钟同步装置; (2) PLC CSM模件、开入量模件、电源模件; (3) 中间继电器和按钮等	(1) PLC和现地其他外部设备进行时钟同步; (2) 扩展IO机架与CPU通信; (3) 开关量信号采集上送; (4) 继电器硬布线回路及操作控制

续表

机柜编号	主要设备	主要功能
SFC 远程柜	(1) PLC CSM 模件、开入量模件、电源模件； (2) 中间继电器和按钮等	(1) 扩展 IO 机架与 CPU 通信； (2) 开关量信号采集上送； (3) 继电器硬布线回路及操作控制

主要设备功能配置介绍如下。

1) 可编程逻辑控制器(PLC)

PLC 包括电源模件、CPU 模件、开入量模件、开出量模件、模拟量模件等，完成相关设备的数据采集和处理。

2) 工控机/触摸屏

工控机/触摸屏主要完成现地监视显示、控制命令下发等功能。通过该人机接口设备，可显示设备的运行状态及运行参数、各种事故及事故报警等，也可以下发 SFC 系统及厂用电断路器的相关操作命令。

3) 交流采样装置/变送器

通过交流采样装置或变送器采集 SFC 系统、厂用电设备的电压、电流等信号。

4) 现地交换机

现地交换机包含现地核心交换机、现地 PLC 组网交换机、现地以太网通信交换机，为 PLC 与上位机通信、扩展 IO 机架与 CPU 通信、PLC 与现地设备以太网通信的桥梁。

5) 通信管理装置

通信管理装置完成 SFC、厂用电设备等的通信，将采集到的数据发送给 PLC。

6) 二级时钟同步装置

二级时钟同步装置实现监控系统和机组公用范围内其他外部设备的时钟同步。

7) 继电器

实现继电器硬布线回路及操作控制。

4.1.2 机组公用 LCU 的控制逻辑

机组公用 LCU 的主要操作设备有 SFC 系统、机组泵工况启动所需的启动母线开关刀闸、10kV 厂用电系统开关，10kV 厂用电系统开关在此不作介绍。为保障 SFC 系统和开关刀闸的操作安全，通常会设置操作闭锁逻辑，操作闭锁设计与主接线方式有关，不同的主接线方式操作闭锁逻辑不同。本节主要介绍通用操作安全闭锁条件及控制流程，实际工程视实际情况而定。

1. SFC 系统硬布线控制

机组公用 LCU 通过继电器硬布线与机组 LCU 协同，一起完成与 SFC 系统的交互控制。下面分别介绍相关的控制功能。

SFC 启动命令接口图如图 4-1 所示，SFC 停止命令接口图如图 4-2 所示。

(1) 机组启动/停止 SFC 控制功能：当机组采用 SFC 拖动时，机组 LCU 首先选择 1 号 SFC/2 号 SFC 拖动机组，建立机组 LCU 与 SFC 系统之间的搭桥回路，再发出 SFC 启

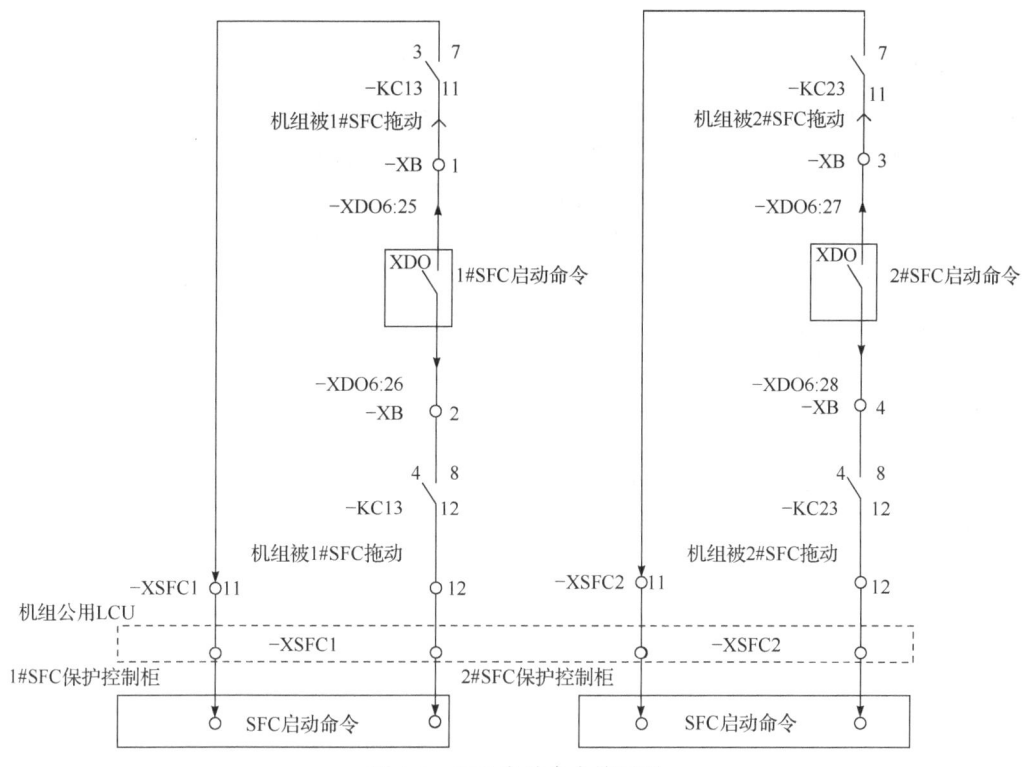

图 4-1　SFC 启动命令接口图

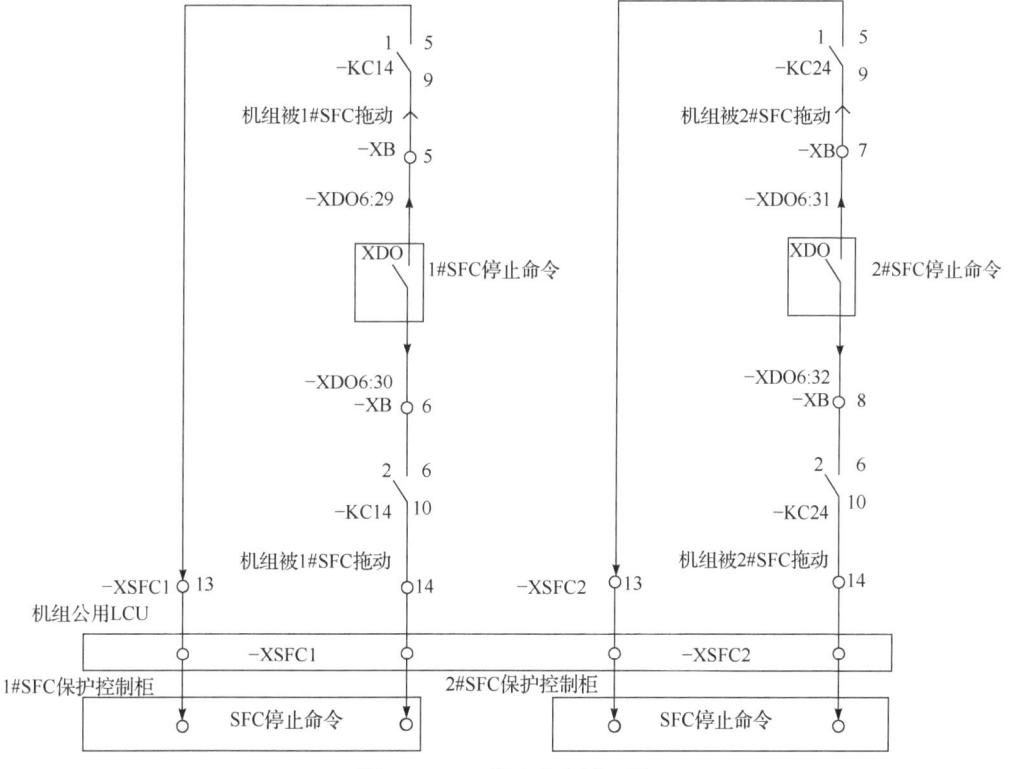

图 4-2　SFC 停止命令接口图

动/停止命令，经搭桥回路发送给 SFC 系统。

当机组采用 1 号 SFC 拖动时，机组 LCU 首先选择 1 号 SFC 拖动，触发 KC13、KC14 继电器动作，KC13、KC14 继电器的两对常开节点会导通，建立机组 LCU 与 1 号 SFC 系统之间的搭桥回路，再发出 1 号 SFC 启动/停止命令，对应 XDO 常开节点会导通，整个回路导通后，1 号 SFC 就会收到启动/停止命令。

当机组采用 2 号 SFC 拖动时，机组 LCU 首先选择 2 号 SFC 拖动，触发 KC23、KC24 继电器动作，KC23、KC24 继电器的两对常开节点会导通，建立机组 LCU 与 2 号 SFC 系统之间的搭桥回路，再发出 2 号 SFC 启动/停止命令，对应 XDO 常开节点会导通，整个回路导通后，2 号 SFC 就会收到启动/停止命令。

(2) 机组同期装置调节 SFC 增/减速功能：当机组采用 SFC 拖动时，机组 LCU 首先选择 1 号 SFC/2 号 SFC 拖动机组，建立机组 LCU 与 SFC 系统之间的搭桥回路，然后机组同期装置发出增/减速命令，经搭桥回路发送给 SFC 系统，具体控制逻辑回路如图 4-3、图 4-4 所示。

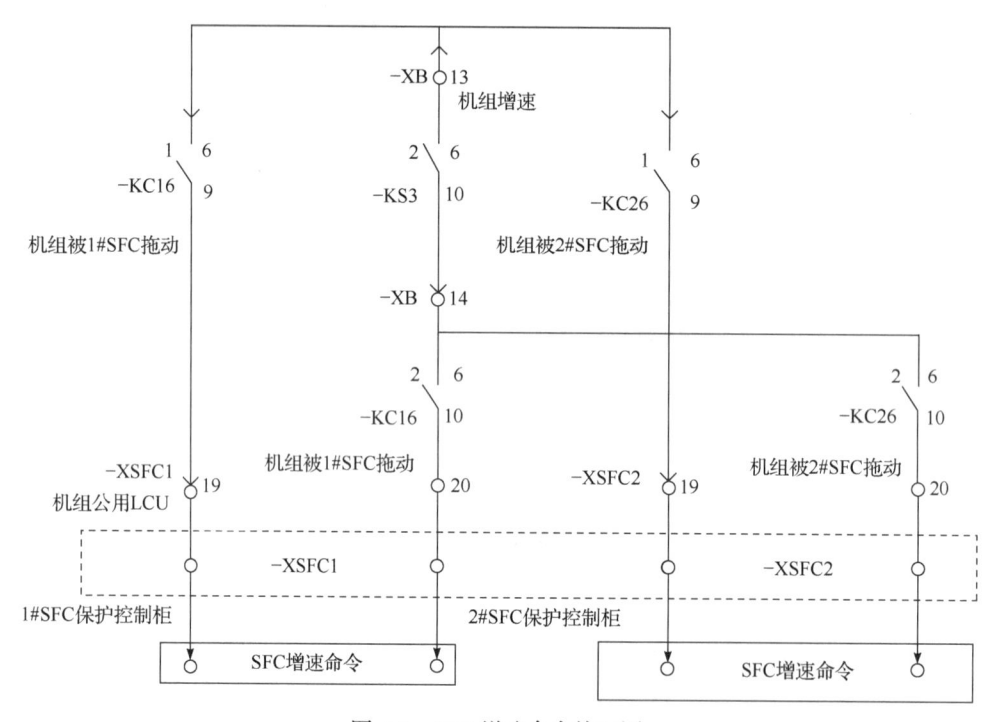

图 4-3　SFC 增速命令接口图

机组选择 1 号 SFC 拖动时，KC16 继电器会被点亮，KC16 继电器的两对常开节点会导通，建立机组同期装置与 1 号 SFC 系统之间的搭桥回路，同期装置增/减速时，对应 KS3/KS4 常开节点会导通，整个回路导通后，1 号 SFC 就会收到增/减速命令。

机组选择 2 号 SFC 拖动时，KC26 继电器会被点亮，KC26 继电器的两对常开节点会导通，建立机组同期装置与 2 号 SFC 系统之间的搭桥回路，同期装置增/减速时，对应 KS3/KS4 常开节点会导通，整个回路导通后，2 号 SFC 就会收到增/减速命令。

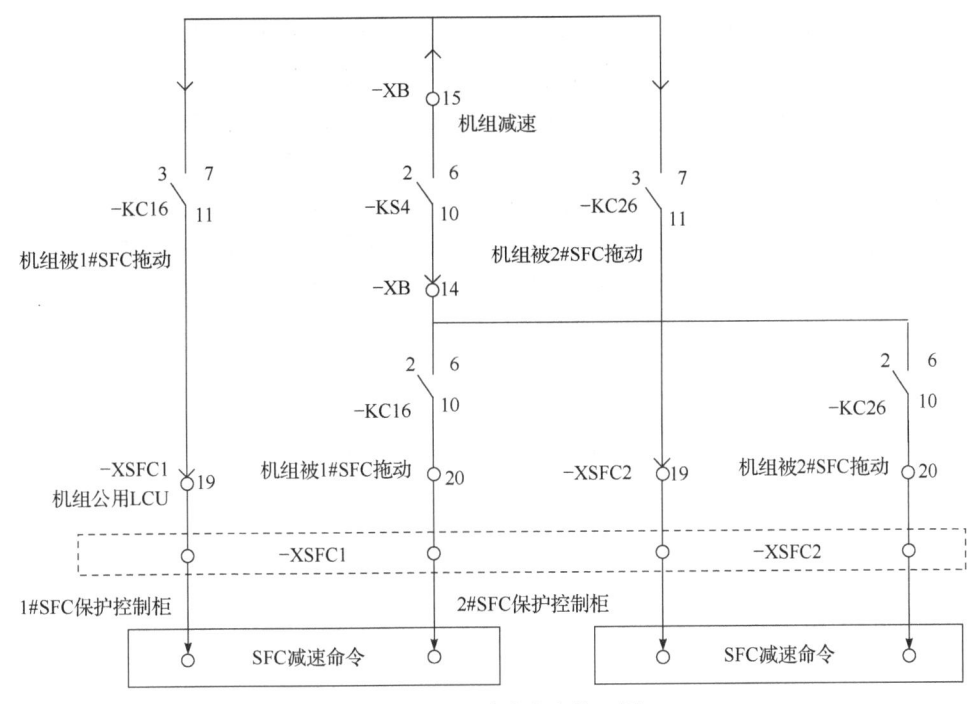

图 4-4 SFC 减速命令接口图

(3) SFC 系统调节励磁电流功能：当机组采用 SFC 拖动时，机组 LCU 首先选择 1 号 SFC/2 号 SFC 拖动机组，建立机组励磁系统与 SFC 系统之间的搭桥回路，然后 SFC 发送励磁电流设定信号(4～20mA 模拟量)，经搭桥回路发送给机组励磁系统，具体控制逻辑回路如图 4-5 所示。

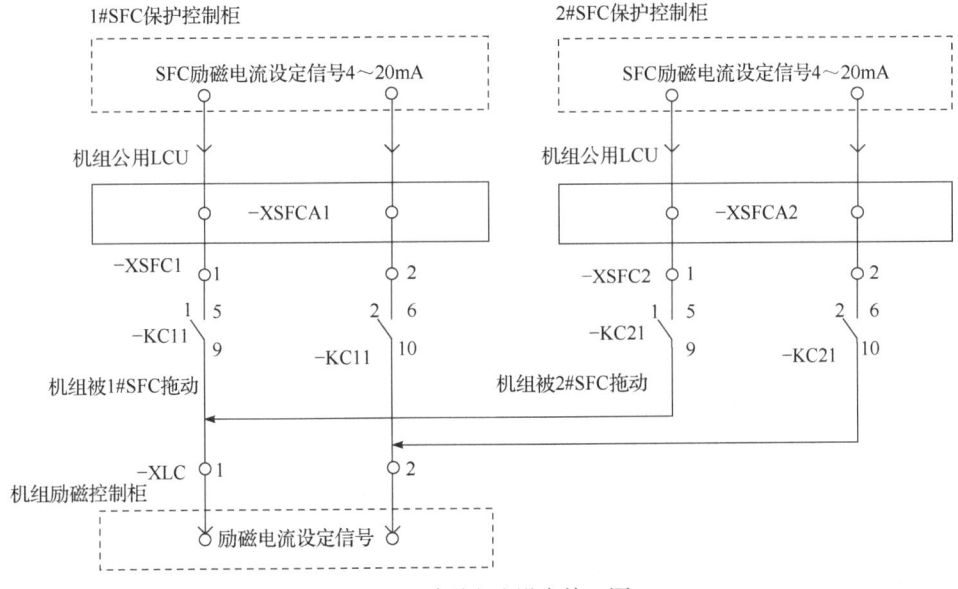

图 4-5 励磁电流设定接口图

机组选择 1 号 SFC 拖动时，KC11 继电器会被点亮，KC11 继电器的两对常开节点会导通，建立机组励磁系统与 1 号 SFC 系统之间的搭桥回路，SFC 发送励磁电流设定信号 (4~20mA 模拟量)，经搭桥回路发送给机组励磁系统，实现调节励磁电流的功能。

机组选择 2 号 SFC 拖动时，KC21 继电器会被点亮，KC21 继电器的两对常开节点会导通，建立机组励磁系统与 2 号 SFC 系统之间的搭桥回路，SFC 发送励磁电流设定信号 (4~20mA 模拟量)，经搭桥回路发送给机组励磁系统，实现调节励磁电流的功能。

(4) SFC 系统联跳机组励磁系统灭磁开关功能：当机组采用 SFC 拖动时，机组 LCU 首先选择 1 号 SFC/2 号 SFC 拖动机组，建立机组励磁系统与 SFC 系统之间的搭桥回路，然后 SFC 系统联跳机组励磁系统灭磁开关命令，经搭桥回路发送给机组励磁系统，具体控制逻辑回路如图 4-6 所示。

机组选择 1 号 SFC 拖动时，KC18 继电器会被点亮，KC18 继电器的两对常开节点会导通，建立机组励磁系统与 1 号 SFC 系统之间的搭桥回路，SFC 系统联跳机组励磁系统灭磁开关命令，经搭桥回路发送给机组励磁系统，实现联跳灭磁开关功能。

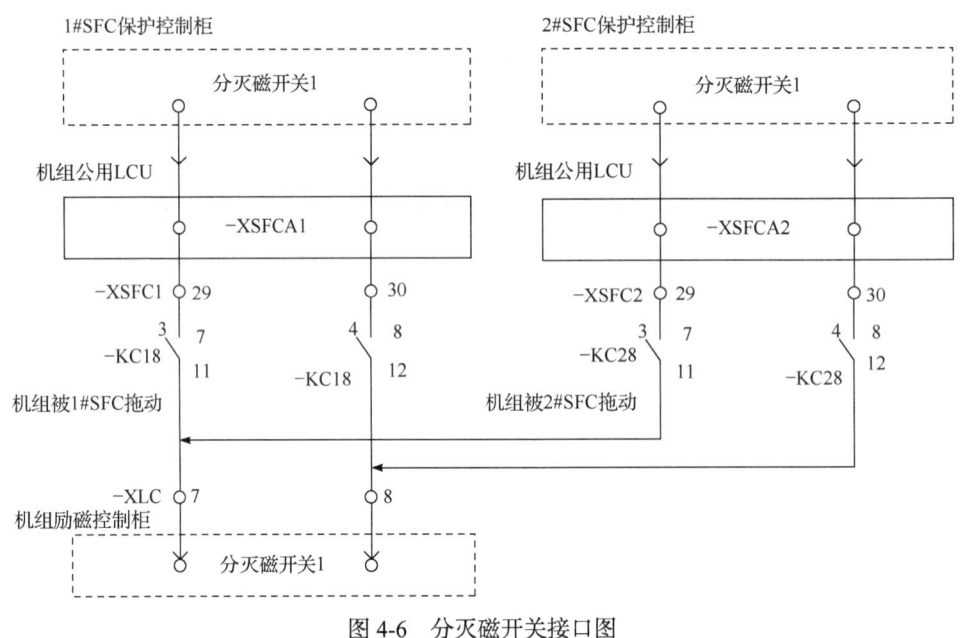

机组选择 2 号 SFC 拖动时，KC28 继电器会被点亮，KC28 继电器的两对常开节点会导通，建立机组励磁系统与 2 号 SFC 系统之间的搭桥回路，SFC 系统联跳机组励磁系统灭磁开关命令，经搭桥回路发送给机组励磁系统，实现联跳灭磁开关功能。

图 4-6 分灭磁开关接口图

2. 启动母线隔离开关操作安全闭锁条件

1) 隔离开关合闸操作安全闭锁条件

隔离开关远方控制；隔离开关在分闸位置；隔离开关控制电源正常；隔离开关联锁解除；隔离开关侧接地开关在分闸位置；机组公用 LCU 远方控制。

2) 隔离开关分闸操作安全闭锁条件

隔离开关远方控制；隔离开关不在分闸位置；隔离开关控制电源正常；隔离开关联锁解除；机组公用 LCU 远方控制。

3. 启动母线隔离开关控制流程框图

1) 隔离开关合闸控制流程

首先判断隔离开关合闸操作安全闭锁条件是否满足，然后执行隔离开关合闸操作。隔离开关合闸流程框图如图 4-7 所示。

2) 隔离开关分闸控制流程

首先判断隔离开关分闸操作安全闭锁条件是否满足，然后执行隔离开关分闸操作。隔离开关分闸流程框图如图 4-8 所示。

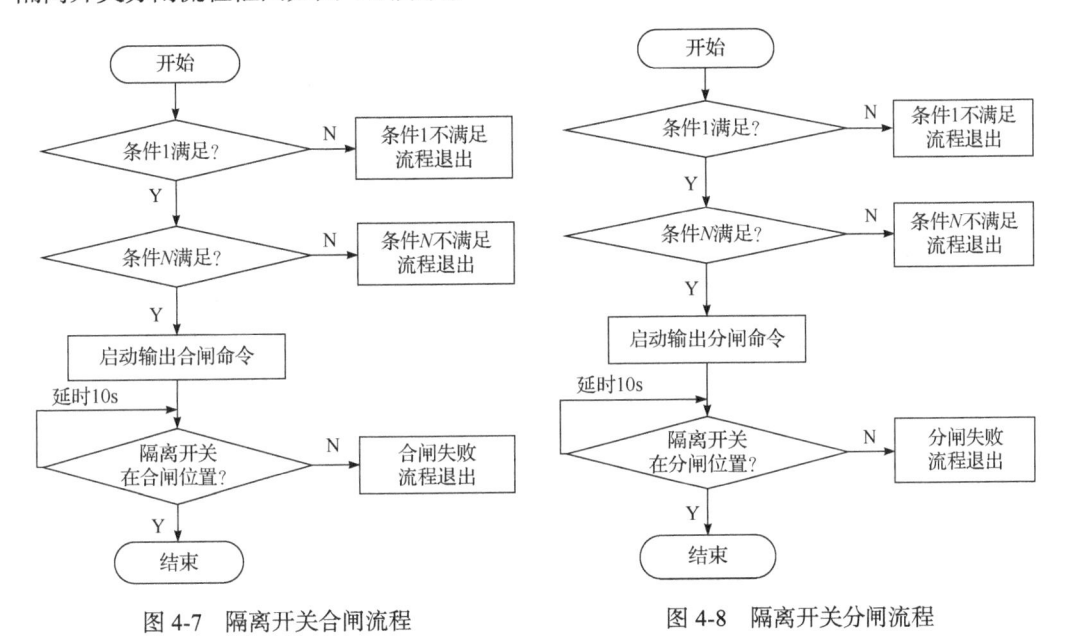

图 4-7　隔离开关合闸流程

图 4-8　隔离开关分闸流程

4. 接地刀闸操作安全闭锁条件

1) 接地刀闸合闸操作安全闭锁条件

接地刀闸远方控制；接地刀闸不在合闸位置；接地刀闸联锁解除；接地刀闸单元隔离开关在分闸位置；机组公用 LCU 远方控制。

2) 接地刀闸分闸操作安全闭锁条件

接地刀闸远方控制；接地刀闸不在分闸位置；接地刀闸单元隔离开关在分闸位置；机组公用 LCU 远方控制。

5. 接地刀闸控制流程框图

1) 接地刀闸合闸控制流程

首先判断接地刀闸合闸操作安全闭锁条件是否满足，然后执行接地刀闸合闸操作。接地刀闸合闸流程框图如图 4-9 所示。

2) 接地刀闸分闸控制流程

首先判断接地刀闸分闸操作安全闭锁条件是否满足，然后执行接地刀闸分闸操作。接地刀闸分闸流程框图如图 4-10 所示。

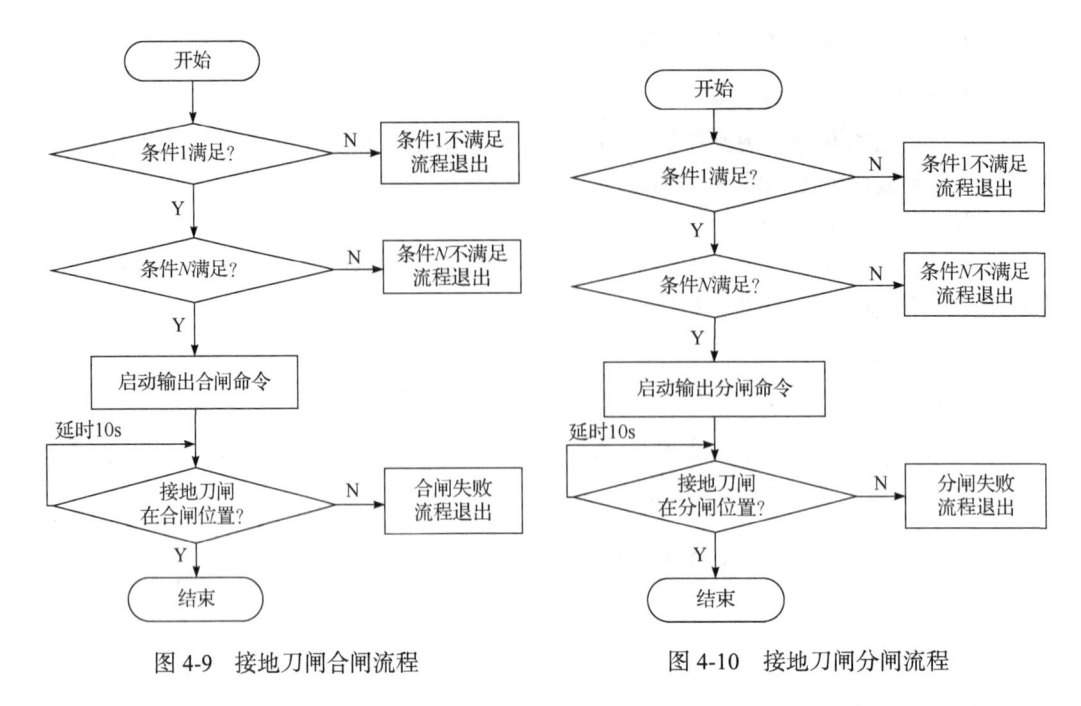

图 4-9　接地刀闸合闸流程　　　　图 4-10　接地刀闸分闸流程

对比图 4-7 和图 4-9、图 4-8 与图 4-10，隔离开关和接地刀闸的操作流程基本相同。

4.2　开关站 LCU

4.2.1　控制要求和功能配置

1. 控制对象及要求

抽水蓄能电站开关站的主要作用是接收抽水蓄能机组发出或吸收的电能，经主变压器升压或降压后，通过输电线路向电网供电或消耗电网电能，主要由变压器、断路器、隔离开关、接地刀闸、避雷器、电压互感器及电流互感器等电气一次设备构成。与常规水电站开关站 LCU 类似，抽水蓄能电站开关站 LCU(以下简称开关站 LCU)主要完成开关站电气一次设备及辅助设备监控、开关设备控制操作等。开关站 LCU 位于开关站电气二次盘室。

抽水蓄能电站开关站的控制要求主要是电气一次设备操作闭锁控制，即断路器、隔离开关、接地刀闸操作闭锁控制。不同的电气一次设备操作闭锁条件也不一样。按照开关站设计要求，开关站操作闭锁分为机械闭锁、电气闭锁和开关站 LCU 软件逻辑闭锁三部分。机械闭锁是利用电气一次设备的辅助触点实施闭锁；电气闭锁是利用继电器硬布线方式进行电气回路操作闭锁；而开关站 LCU 软件逻辑闭锁是采用软件进行操作闭锁；开关站 LCU 软件逻辑闭锁范围要大于机械闭锁和电气闭锁。本书主要介绍通过 PLC 实现开关站 LCU 软件逻辑闭锁的控制要求。

抽水蓄能电站计算机监控系统采用的是分层分布式结构，开关站 LCU 设置现地/远方切换开关。当开关站 LCU 切换至远方时，只能执行计算机监控系统上位机下发的命令；

当开关站 LCU 切换至现地时，只能执行开关站 LCU 触摸屏下发的命令。将现地切换开关作为开关量引入开关量模块，通过 PLC 程序实现现地/远方的闭锁。

2. 设备配置

开关站 LCU 数据采集内容包括电气一次设备的控制选择、设备状态(位置状态、正常、报警或故障)、相关的电气量(电流、电压)及辅助设备的状态，其典型的配置包括供电设备、工控机或触摸屏、自动准同期装置、现地/远方切换开关、交流采样装置、现地交换机、通信管理机、PLC 系统装置、继电器、机柜柜体等。

供电设备主要包括交直流双供电设备、DC24V 开关电源，为开关站 LCU 各相关设备提供电源。

工控机或触摸屏用于人机界面输入与输出接口，监视及操作控制开关站电气设备。

自动准同期装置用于开关站断路器同期合闸控制，开关站在运行过程中，需要通过选择出线线路断路器、主变高压侧断路器(也可选择主变低压侧断路器)进行同期合闸，使电站开关站系统与电网系统进行并列运行。因此开关站进行自动同期时需要选择多对象自动准同期装置。

与机组 LCU 自动准同期装置不同，开关站 LCU 自动准同期装置不进行频率和电压调节，与同步检查继电器装置串联输出，避免由同期装置故障引起非同期合闸。由于电站开关站同期使用频率较小，因此只选配自动准同期装置。自动准同期装置只有在启动同期时，才通过两个继电器分别引入断路器两侧电压，将两侧电压的压差、频率差、相位差作为断路器同期合闸三个必需的判断条件。多对象相同的同期回路共用，多对象不同的同期回路并联，同期结束切断所有同期回路。

现地/远方切换开关实现开关站 LCU 在现地工控机或触摸屏的开关站控制画面，或者在远方中控室的计算机监控系统操作员工作站的开关站控制画面下发断路器、隔离开关、接地刀闸的操作指令。

交流采样装置主要测量开关站出线线路、主变高压侧及主变低压侧的电气量。

现地交换机用于将开关站 LCU 接入电站计算机监控系统，完成开关站 LCU 与上位机通信，从而实现计算机监控系统上位机画面远方监视控制、开关站电气一次设备及辅助设备监控等。

通信管理机主要用于与交流采样装置、继电保护设备等外部串口通信。

开关站 LCU 的 PLC 系统配置包括如下几种。

(1) CPU 模件：采用双机系统，配置两个冗余 CPU 模件及热备冗余电缆。

(2) 安装底板：PLC 的 CPU 模件、I/O 模件及其他模件都必须安装在底板内，根据模件的数量确定安装底板的数量。

(3) 电源模件：给所有 PLC 模件供电，一块安装底板需配置两块电源模件，实现双电源冗余供电，提高 PLC 系统的稳定性。

(4) 开入量模件：包括普通型开入模件和事件顺序记录(SOE)型开入模件，根据工程实际需求数量选择配置。

(5) 开出量模件：用于把 PLC 内部测点的 1/0 状态转换为对外部设备的 ON/OFF 控制信号，开出量模件与继电器配套使用，根据工程实际需求数量选择配置。

(6) 模拟量模件：主要采集自动元件的 4~20mA 电流输出信号或者 0~10V 电压信号，根据工程实际需求数量选择配置。

继电器分为中间继电器和开出继电器，中间继电器主要用于自动准同期装置自动选择对象、同期合闸等控制回路；开出继电器用于开出量模件配套使用，实现对外部设备的控制。

上述各设备安装在开关站 LCU 机柜柜体内。

4.2.2 开关站主要设备的控制逻辑

开关站的主要操作设备有断路器、隔离开关和接地刀闸三种。为保障断路器、隔离开关和接地刀闸的操作安全，通常会设置操作安全闭锁条件，开关站操作安全闭锁设计与电气主接线方式有关，不同的电气主接线方式操作安全闭锁条件不同。本节主要介绍通用操作安全闭锁条件及控制流程，实际工程视实际情况而定。

1. 断路器操作安全闭锁条件

抽水蓄能电站与电网系统之间常用断路器作为同期点，因此开关站断路器需配置自动准同期装置，并且采用具有自动选择同期对象硬接线回路的现地控制单元。开关站断路器同期合闸操作有三种方式：断路器检同期合闸、断路器单侧无压检同期合闸、断路器两侧无压检同期合闸。

1) 断路器合闸操作安全闭锁条件

断路器远方控制；断路器在分闸位置；断路器两侧隔离开关在合闸位置；断路器联锁解除；断路器弹簧已储能；断路器信号电源正常；断路器储能电动机控制回路电源正常；断路器单元 SF6 气压正常，且无 SF6 低气压闭锁信号；断路器电动机正常；断路器电动机电源正常；断路器单元无保护动作信号；断路器操作箱无事故总报警信号；断路器两侧 TV 已投入且无断线报警信号；开关站 LCU 远方控制；断路器自动准同期装置正常且在自动准同期方式。

2) 断路器分闸操作安全闭锁条件

断路器远方控制；断路器不在分闸位置；断路器单元无 SF6 低气压闭锁信号；开关站 LCU 远方控制。

2. 隔离开关操作安全闭锁条件

1) 隔离开关合闸操作安全闭锁条件

隔离开关远方控制；隔离开关在分闸位置；隔离开关信号电源正常；隔离开关控制电源正常；隔离开关联锁解除；隔离开关两侧接地开关在分闸位置；隔离开关单元断路器在分闸位置；开关站 LCU 远方控制。

2) 隔离开关分闸操作安全闭锁条件

隔离开关远方控制；隔离开关不在分闸位置；隔离开关信号电源正常；隔离开关控制电源正常；隔离开关联锁解除；隔离开关两侧接地开关在分闸位置；隔离开关单元断路器在分闸位置；开关站 LCU 远方控制。

3. 接地刀闸操作安全闭锁条件

1) 接地刀闸合闸操作安全闭锁条件

接地刀闸远方控制；接地刀闸不在合闸位置；接地刀闸联锁解除；接地刀闸单元隔离开关在分闸位置；开关站 LCU 远方控制。

2) 接地刀闸分闸操作安全闭锁条件

接地刀闸远方控制；接地刀闸不在分闸位置；接地刀闸单元隔离开关在分闸位置；开关站 LCU 远方控制。

4.2.3 开关站主要设备的操作控制流程

1. 断路器控制流程

1) 断路器同期合闸控制流程

首先判断断路器合闸操作安全闭锁条件是否满足，然后将断路器两侧 PT 引入自动准同期装置，接着启动自动准同期装置同期合闸，最后判断断路器是否在合闸位置。断路器自动准同期装置同期合闸流程框图如图 4-11 所示。

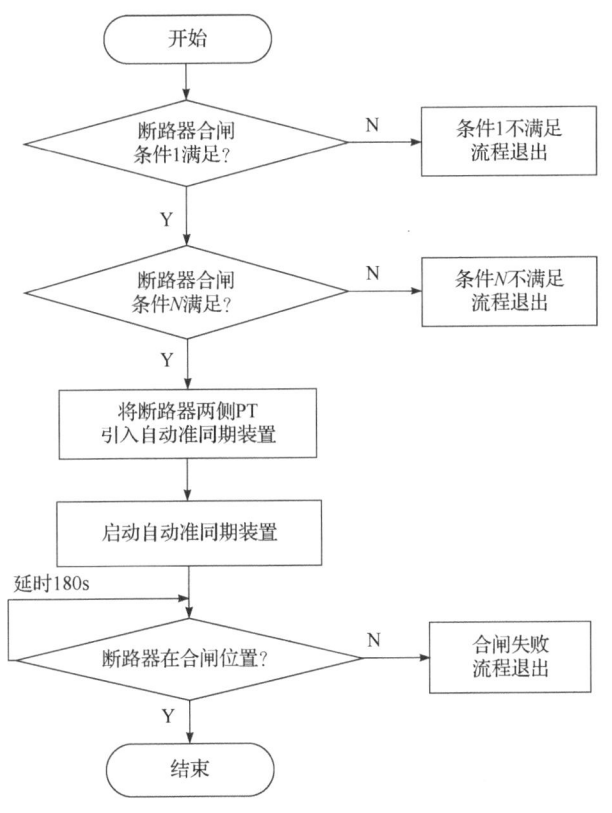

图 4-11 断路器同期合闸流程

2) 断路器无压合闸控制流程

首先判断断路器无压合闸操作安全闭锁条件是否满足，然后将断路器两侧 PT 引入自动准同期装置，接着输出无压合闸方式给自动准同期装置，启动自动准同期装置无压合闸，最后判断断路器是否在合闸位置。

3) 断路器分闸控制流程

首先判断断路器分闸操作安全闭锁条件是否满足，然后执行断路器分闸操作。断路器分闸流程框图如图 4-12 所示。

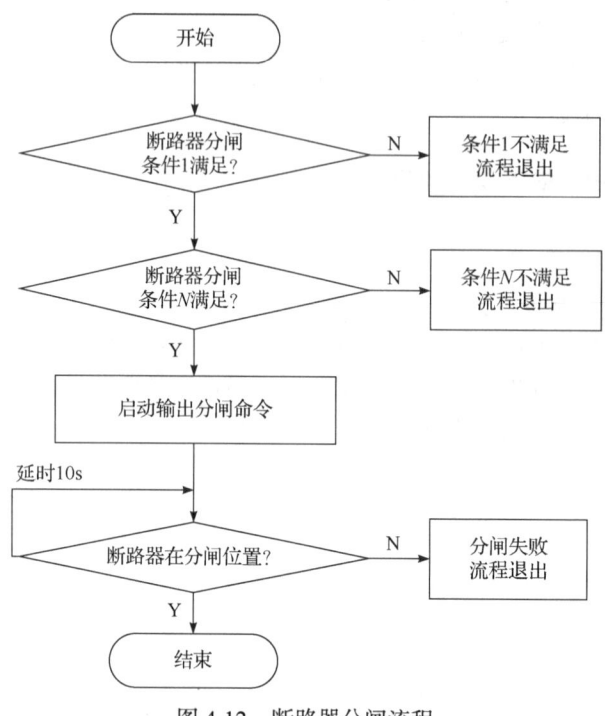

图 4-12　断路器分闸流程

2. 隔离开关控制流程

1) 隔离开关合闸控制流程

首先判断隔离开关合闸操作安全闭锁条件是否满足，然后执行隔离开关合闸操作。隔离开关合闸流程框图与机组公用 LCU 部分操作相同，参见图 4-7。

2) 隔离开关分闸控制流程

首先判断隔离开关分闸操作安全闭锁条件是否满足，然后执行隔离开关分闸操作。隔离开关分闸流程框图与机组公用 LCU 部分操作相同，参见图 4-8。

3. 接地刀闸控制流程

1) 接地刀闸合闸控制流程

首先判断接地刀闸合闸操作安全闭锁条件是否满足，然后执行接地刀闸合闸操作。接地刀闸合闸流程框图与机组公用 LCU 部分操作相同，参见图 4-9。

2) 接地刀闸分闸控制流程

首先判断接地刀闸分闸操作安全闭锁条件是否满足，然后执行接地刀闸分闸操作。接地刀闸分闸流程框图与机组公用 LCU 部分操作相同，参见图 4-10。

4.3 厂用电 LCU

4.3.1 控制要求和功能配置

1. 控制对象及要求

厂用电系统是抽水蓄能电站重要的电源,将电网电压通过厂用高压变压器降到 6.3kV、10kV 等电压,或直接采用外来电源,经过厂用高压变压器降到 400V 电压,再经过厂用馈线柜或者低压配电柜,给电站内机组辅助设备、厂房公用辅助设备、厂房照明和通风等系统提供工作电源。抽水蓄能电站还必须配置柴油发电机作为厂用电的备用电源使用。

与常规水电站类似,厂用电现地控制单元(厂用电 LCU)布置在电站地下厂房低压配电室,主要监视和控制外来电源、高压开关柜、低压开关柜、馈线柜、厂用高压变压器、厂用电备自投及厂用电配电装置等厂用电相关设备的运行工况、位置状态、电压和电流等,其中主要位置状态包括与厂用电相关的各个断路器、隔离开关、接地刀闸的位置信号等。

厂用电 LCU 以可编程逻辑控制器(PLC)为控制核心,由中央处理器(CPU)、存储器、输入/输出(I/O)接口模块、电源等部分组成,具有相对独立性,能脱离厂站控制层直接完成对其监控范围内设备的实时数据采集及处理、设置值修改、单元设备状态监视、控制、事故处理等功能。

2. 信息采集上送

厂用电 LCU 按照数据就地处理的原则自动完成信息处理任务,仅向计算机监控系统上位机传送其运行、控制、监视所必需的信息。

厂用电 LCU 主要负责采集厂用高压变压器、厂用断路器的状态和继电保护动作信息,厂用电配电装置的状态及保护动作信息,以及各段厂用电母线电压等信息,并将采集到的信息量包括报警事件发生的时间、地点和事件性质等参数及时上送至计算机监控系统上位机,同时在现地控制单元工控机上进行报警显示和语音报警。通过 LCU 通信接口接收厂用电数字式电能表提供的电能参数,上送至计算机监控系统上位机。

3. 设备监视与控制

抽水蓄能电站厂用电 LCU 配置用于监视和控制现地设备的人机接口——工控机,主要实现对厂用电所有开关的操作控制及状态监视,厂用电各段母线的运行监视,400V 厂用电(包括机组自用电、检修用电、照明用电、公用电)各段母线进线开关、母联开关的操作控制和运行监视,400V 厂用电各段母线的运行监视等监视功能。

完成 10kV、6.3kV 等厂用电系统各断路器的分/合操作;完成 400V 厂用电进线及母联断路器的分/合操作;完成厂用电系统各种运行方式切换及厂用电备用电源自动投入/退出操作等控制功能。同时接收计算机监控系统上位机下发的控制命令,在具有完善的操作安全闭锁的前提下,完成有关断路器的顺序操作,以及厂用电进线断路器及母联断路器的分/合控制等。

4. 信息通信

厂用电 LCU 与计算机监控系统上位机主机实现网络通信,实时上送计算机监控系统上位机所需的过程信息,接收厂站控制层的控制命令。采用以太网与厂用电保护装置进行通信。对于无法采用数字通信的设备,采用硬布线 I/O 进行连接。

5. 自诊断与自恢复功能

厂用电 LCU 具备自诊断能力,能够在线或离线诊断 PLC 各模件的硬件故障,也可以通过软件自诊断功能模块明确故障性质。软件及硬件具有自恢复功能,当诊断出故障时应能自动闭锁控制输出,并在 LCU 上显示和报警,同时将故障信息及时准确地上送至计算机监控系统上位机。

4.3.2 厂用电系统设计及配置

1. 厂用电系统设计

厂用电系统的可靠性与电厂的安全运行息息相关。厂用电丢失会直接导致机组停运,为保证厂用电系统的可靠性和连续性,厂用电系统需具有备用电源自动投入功能。厂用电系统备用电源自动投入功能主要由备自投装置、基于厂用 LCU 中 PLC 的备自投系统两种方式实现。目前抽水蓄能电站采用基于厂用 LCU 中 PLC 的备自投系统,因此本书主要介绍基于厂用 LCU 中 PLC 的备自投系统。

如图 4-13 所示,抽水蓄能电站厂用电系统由 10kV 和 400V 两个电压等级构成,10kV

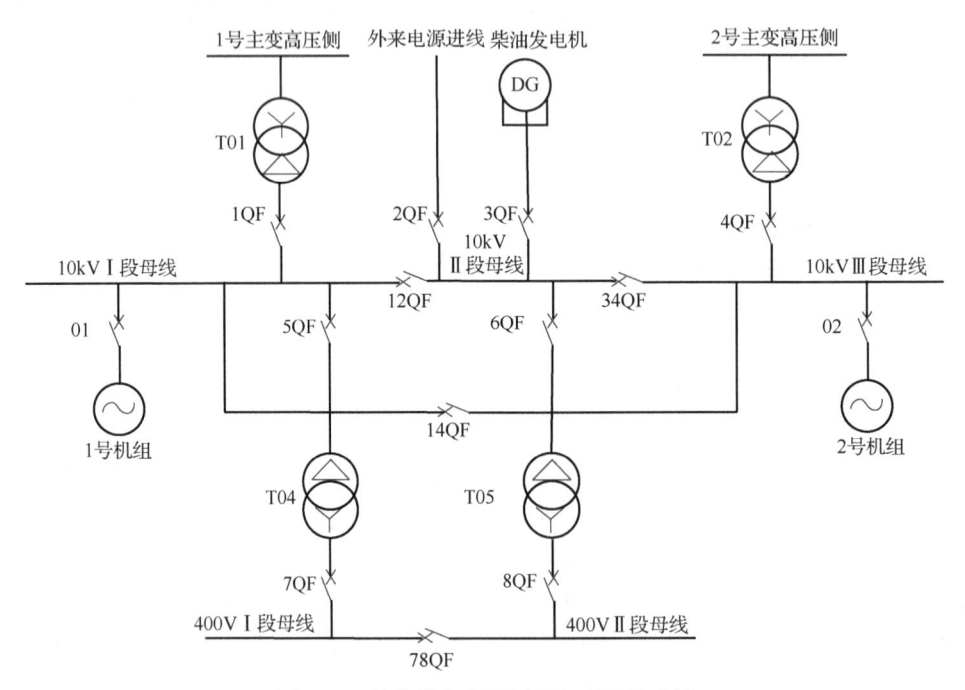

图 4-13 抽水蓄能电站厂用电系统示意图

厂用电由几段10kV母线组成，400V厂用电由厂内各个配电盘组成，每个配电盘由两段母线供电。厂用电LCU的控制核心是实现厂用电备自投系统的控制策略与控制流程。

下面以三段10kV母线供厂用电为实例进行介绍，通过PLC的逻辑控制来实现厂用电的切换。10kV Ⅰ、Ⅲ段母线分别由1、2号机组供电，10kV Ⅱ段母线有两路进线，分别来自外来电源和电站柴油发电机。当外来电源失电时，可由柴油发电机发电，给厂用电短时供电。10kV母线通过负荷开关向各个400V配电盘供电，正常供电时，400V Ⅰ段和Ⅱ段母线分别由各自的厂用高压变压器T04和T05供电，分段联络开关78QF断开运行。该项操作所需测点如表4-2所示。

表4-2 厂用电系统输入测点定义表

序号	DI	测点描述	序号	DI	测点描述
1	I001	10kV Ⅰ母线有压	18	I018	400V Ⅰ段进线开关7QF合位
2	I002	10kV Ⅰ母线有压	19	I019	400V Ⅱ段进线开关8QF合位
3	I003	10kV Ⅱ母线有压	20	I020	400V Ⅰ-Ⅱ段联络开关78QF合位
4	I004	10kV Ⅱ母线有压	序号	DO	测点描述
5	I005	10kV Ⅲ母进线有压	1	Q001	分Ⅲ母线开关4QF
6	I006	10kV Ⅲ母母线有压	2	Q002	分Ⅰ-Ⅲ段联络开关14QF
7	I007	备用I7	3	Q003	分Ⅱ-Ⅲ段联络开关34QF
8	I008	备用I8	4	Q004	合Ⅰ-Ⅲ段联络开关14QF
9	I009	Ⅲ母进线开关4QF合位	5	Q005	合Ⅲ母进线开关4QF
10	I010	Ⅰ-Ⅲ段联络开关14QF合位	6	Q006	合Ⅱ-Ⅲ段联络开关34QF
11	I011	Ⅱ-Ⅲ段联络开关34QF合位	7	Q007	分Ⅰ母进线开关1QF
12	I012	备用I12	8	Q008	分Ⅰ-Ⅱ段联络开关12QF
13	I013	Ⅰ母进线开关1QF合位	9	Q009	合Ⅰ-Ⅱ段联络开关12QF
14	I014	Ⅰ-Ⅱ段联络开关12QF合位	10	Q010	分400V Ⅱ段进线开关8QF
15	I015	备用I15	11	Q011	合Ⅰ-Ⅱ段联络开关78QF
16	I016	400V Ⅰ段母线有压	12	Q012	备用Q12
17	I017	400V Ⅱ段母线有压			

2. 设备配置

与机组LCU类似，厂用电LCU典型配置主要包括可编程逻辑控制器(PLC)、工控机/触摸屏、供电电源、交流采样装置/变送器、现地交换机、通信管理装置、继电器、屏柜等。主要设备功能配置介绍如下。

1) 可编程逻辑控制器(PLC)

厂用电 LCU 尽量选用与电站其他 LCU 相同品牌型号的 PLC,包括电源模件、CPU 模件、开入量模件、开出量模件、模拟量模件等,完成厂用电相关设备的数据采集和处理。

2) 工控机/触摸屏

工控机/触摸屏主要完成现地监视显示、控制命令下发等功能。通过该人机接口设备,可显示设备的运行状态及运行参数、各种事故及事故报警等,也可以下发厂用电开关的相关操作命令。

3) 供电电源

选用交直流双供电装置和 24V 开关电源,为柜内设备提供电源。

4) 交流采样装置/变送器

通过交流采样装置或变送器采集厂用电分段母线、进线和厂用电其他设备的电压、电流等信号。

5) 通信管理装置

通信管理装置完成厂用电测控装置、备自投装置等其他设备的通信,将采集到的数据发送给 PLC。

4.3.3 厂用电备自投控制逻辑及流程

1. 总体结构

根据厂用电系统结构和功能,备自投系统有 10kV 母线和 400V 配电盘备自投两种控制策略,具体为:当 10kV 母线失电时,先执行 10kV 母线备自投,如果 10kV 母线备自投执行成功则不执行 400V 配电盘备自投,如果 10kV 母线备自投执行不成功再执行 400V 配电盘备自投,如图 4-14 所示。

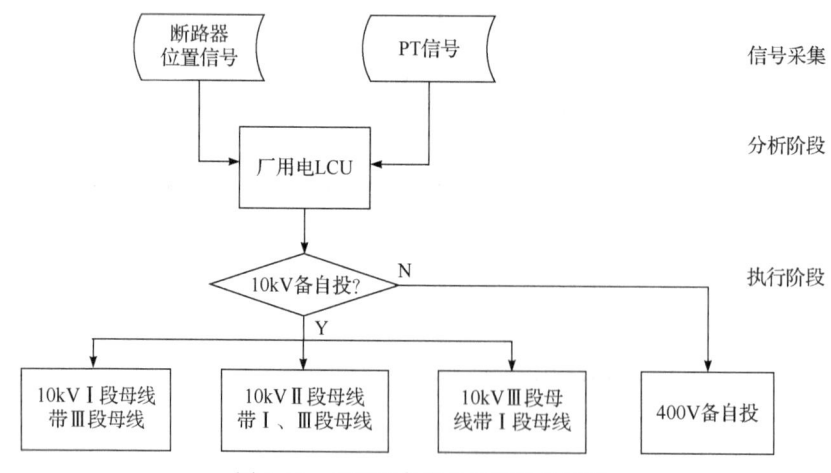

图 4-14 厂用电备自投系统软件框图

下面分别介绍 10kV 和 400V 厂用电备自投系统控制流程。

2. 10kV 备自投系统控制流程

1) 10kV Ⅰ 段母线带 Ⅲ 段母线备自投控制

若 10kV Ⅰ 段母线及 Ⅰ 段进线有电、Ⅲ 段进线及 Ⅲ 段母线无电、10kV 备自投功能投入、当前开关不处于"Ⅰ 带 Ⅲ"的目标状态、无其他 10kV 备自投流程在执行，则触发"Ⅰ 带 Ⅲ"备自投控制流程。10kV Ⅰ 段母线带 Ⅲ 段母线备自投控制流程如图 4-15 所示。

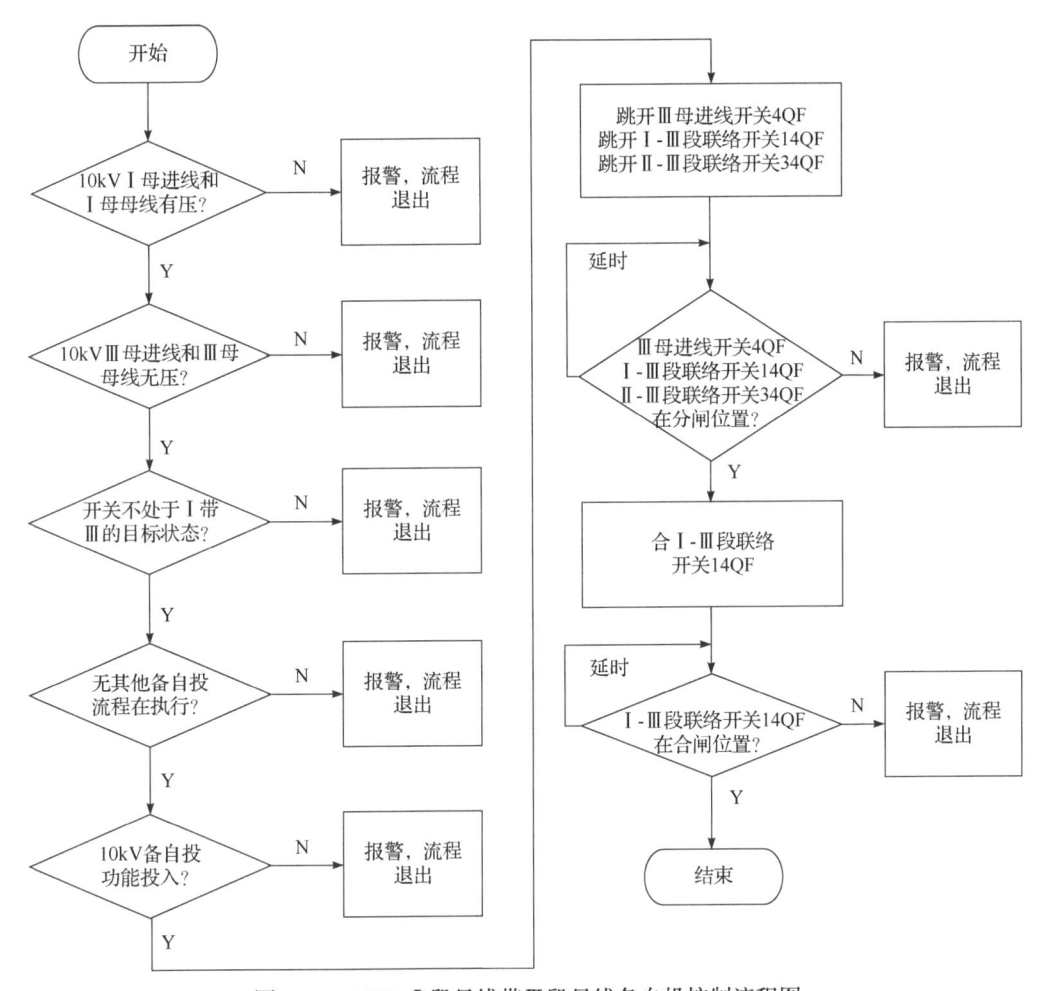

图 4-15 10kV Ⅰ 段母线带 Ⅲ 段母线备自投控制流程图

在图 4-15 所示的备自投控制流程中，值得注意的是，当同时满足 10kV Ⅰ 母进线有电、10kV Ⅰ 母母线有电、10kV Ⅲ 母进线无电和 10kV Ⅲ 母母线无电时，跳开 4QF、14QF 和 34QF，确保安全延时 100ms 再合 14QF，此部分逻辑由图 4-16 所示的 PLC 梯形图程序实现：

(1) Ⅰ 母有电(I001、I002)且 Ⅲ 母无电(I005、I006)，跳开 Ⅲ 母进线开关(Q001)、Ⅰ-Ⅲ 段联络开关(Q002)和 Ⅱ-Ⅲ 段联络开关(Q003)，置位中间变量(M0011)；

(2) 确定 Ⅲ 母进线开关(I009)、Ⅰ-Ⅱ 和 Ⅱ-Ⅲ 段联络开关(I010、I011)在分位后，复归

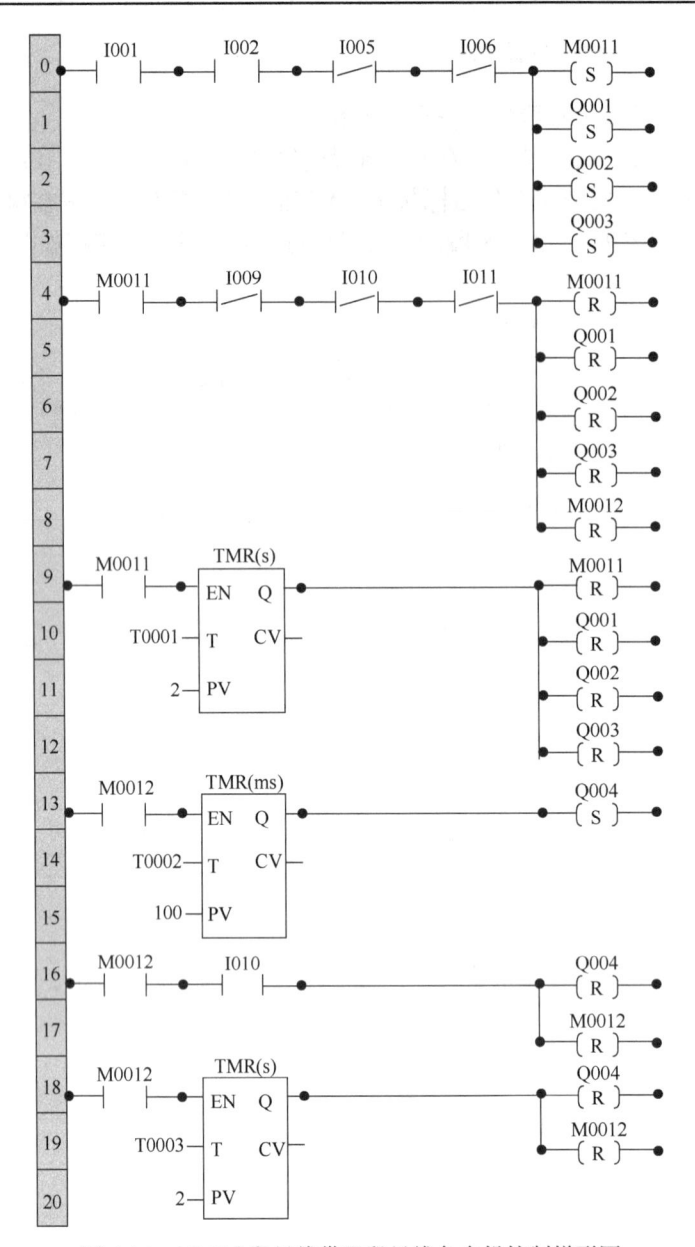

```
 0 ─┤├──I001──┤├──I002──┤/├──I005──┤/├──I006──(S)──M0011
                                            ├──(S)──Q001
 1                                          ├──(S)──Q002
 2                                          └──(S)──Q003
 3
 4 ─┤├──M0011──┤├──I009──┤/├──I010──┤/├──I011──(R)──M0011
                                            ├──(R)──Q001
 5                                          ├──(R)──Q002
 6                                          ├──(R)──Q003
 7                                          └──(R)──M0012
 8
 9 ─┤├──M0011──[TMR(s) EN Q]──(R)──M0011
10              T0001 T CV     ├──(R)──Q001
11              2     PV       ├──(R)──Q002
12                             └──(R)──Q003
13 ─┤├──M0012──[TMR(ms) EN Q]──(S)──Q004
14              T0002 T CV
15              100   PV
16 ─┤├──M0012──┤├──I010──(R)──Q004
17                       └──(R)──M0012
18 ─┤├──M0012──[TMR(s) EN Q]──(R)──Q004
19              T0003 T CV    └──(R)──M0012
20              2     PV
```

图 4-16　10kV I 段母线带 III 段母线备自投控制梯形图

(1) 中 DO 开出(Q001、Q002、Q003)和中间变量 M0011，并置位中间变量(M0012)；

(3) 否则在延时 2s 后，复归(1)中 DO 开出(Q001、Q002、Q003)和中间变量 M0011；

(4) 延时 100ms 后，合 I - III 段联络开关(Q004)；

(5) 收到 I - III 段联络开关合位(I010)后，则备自投合闸成功，复归 DO 开出(Q004)和中间变量(M0012)；

(6) 否则在延时 2s 后，复归 DO 开出(Q004)和中间变量(M0012)。

2) 10kV II 段母线带 I 和 III 段母线备自投控制

若 10kV I、III 段母线及 I、III 段进线无电、II 段母线有电、10kV 备自投功能投入、当前开关不处于"Ⅱ带Ⅰ、Ⅲ"的目标状态、无其他10kV备自投流程在执行,则触发"Ⅱ带Ⅰ、Ⅲ"备自投控制流程。10kVⅡ段母线带Ⅰ、Ⅲ段母线备自投控制流程如图4-17所示。

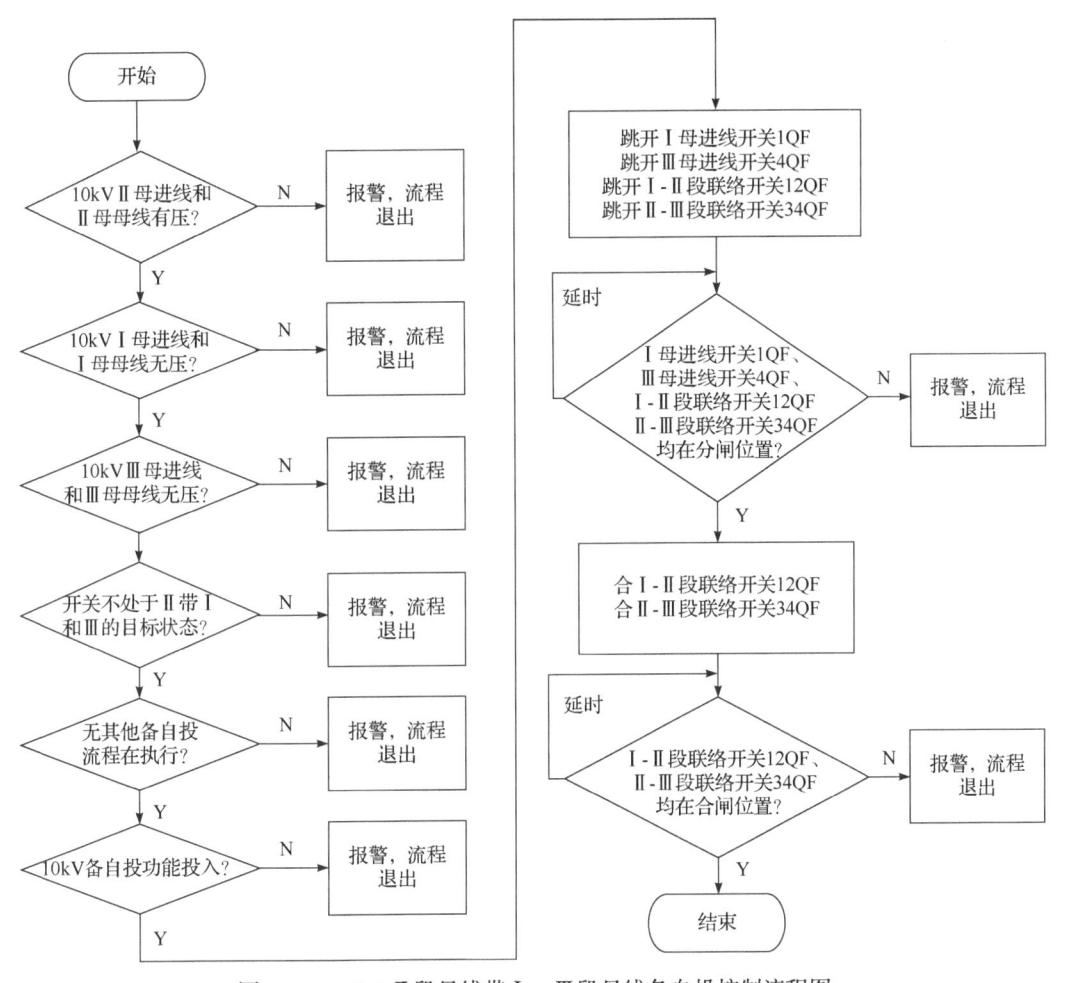

图4-17 10kVⅡ段母线带Ⅰ、Ⅲ段母线备自投控制流程图

在图4-17所示的备自投控制流程中,值得注意的是,当同时满足10kVⅡ母进线有电、10kVⅡ母母线有电、10kVⅠ母进线无电、10kVⅠ母母线无电、10kVⅢ母进线无电和10kVⅢ母母线无电时,跳开1QF、4QF、12QF和34QF,确保安全延时100ms再合12QF、34QF,此部分逻辑由图4-18所示的PLC梯形图程序实现:

(1) Ⅱ母有电(I003、I004)且Ⅲ母无电(I005、I006)和Ⅰ母无电(I001、I002),跳开Ⅲ母进线开关(Q001)、Ⅱ-Ⅲ段联络开关(Q003)、Ⅰ母进线开关(Q007)、Ⅰ-Ⅱ段联络开关(Q008),置位中间变量(M0021);

(2) 确定Ⅰ母进线开关(I013)、Ⅲ母进线开关(I009)、Ⅰ-Ⅱ段联络开关(I014)和Ⅱ-Ⅲ段联络开关(I011)在分位后,复归(1)中DO开出(Q001、Q003、Q007、Q008)和中间变量M0021,并置位中间变量(M0022);

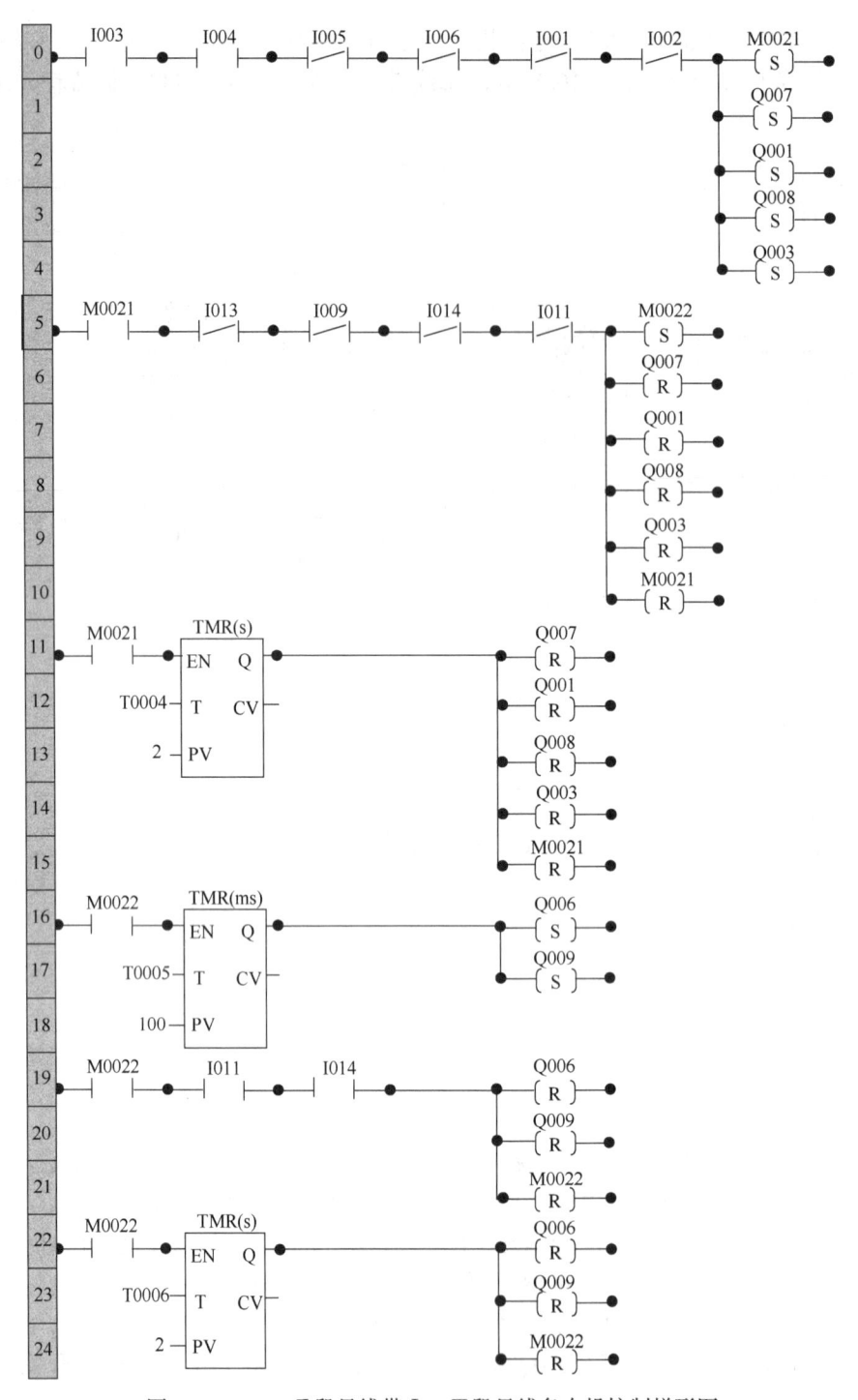

图 4-18　10kV Ⅱ段母线带Ⅰ、Ⅲ段母线备自投控制梯形图

(3) 否则在延时 2s 后，复归(1)中 DO 开出(Q001、Q003、Q007、Q008)和中间变量 M0021；

(4) 延时 100ms 后，合Ⅱ-Ⅲ段联络开关(Q006)，合Ⅰ-Ⅱ段联络开关(Q009)；

(5) 收到Ⅱ-Ⅲ段联络开关合位(I011)和Ⅰ-Ⅱ段联络开关合位(I014)后,则备自投合闸成功,复归 DO 开出(Q006、Q009)和中间变量(M0022);

(6) 否则在延时 2s 后,复归 DO 开出(Q006、Q009)和中间变量(M0022)。

3) 10kV Ⅲ段母线带Ⅰ段母线备自投控制

10kV Ⅲ段母线带Ⅰ段母线备自投控制流程同 10kV Ⅰ段母线带Ⅲ段母线备自投控制流程,这里不再赘述。

3. 400V 备自投系统控制流程

400V 配电盘由两段母线组成,故备自投逻辑较为简单。但需要注意的是,为避免 10kV 备自投执行过程中的短暂失电,需对 400V 备自投启动条件做适当延时处理,延时时间根据现场试验情况整定。

若 400V Ⅱ段母线无电、Ⅰ段母线有电、400V 备自投功能投入、当前开关不处于"Ⅰ带Ⅱ"的目标状态、无其他备自投流程在执行,则触发"Ⅰ带Ⅱ"备自投控制流程。400V Ⅰ段母线带Ⅱ段母线备自投控制流程如图 4-19 所示。400V Ⅱ段母线带Ⅰ段母线备自投控制流程同 400V Ⅰ段母线带Ⅱ段母线备自投控制流程。

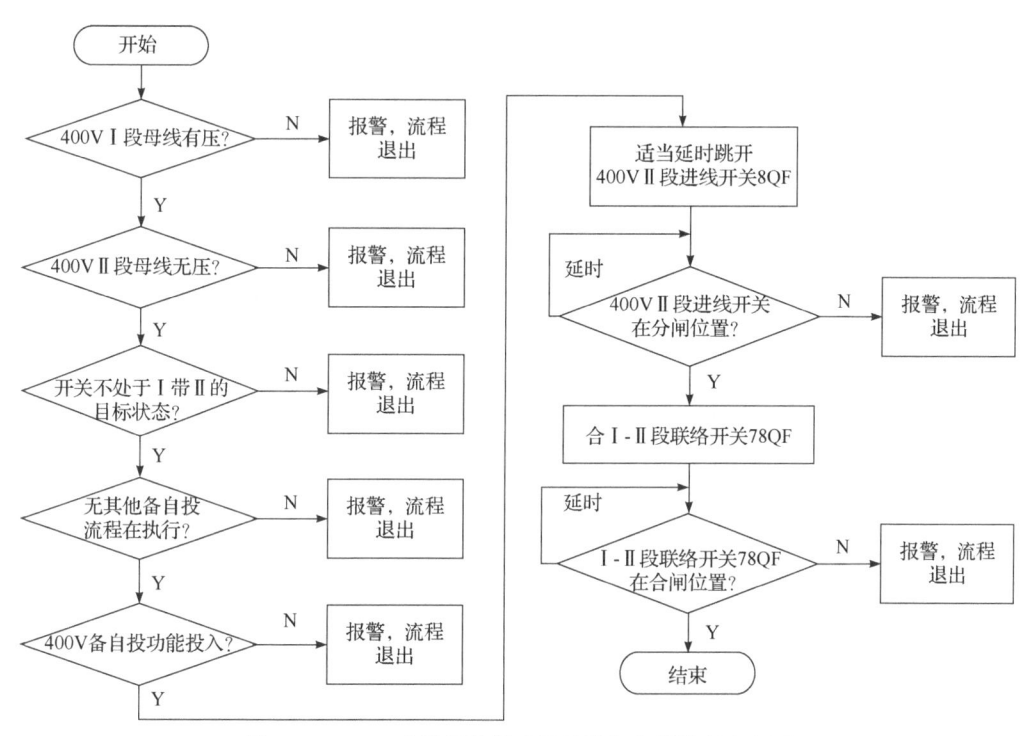

图 4-19 400V Ⅰ段母线带Ⅱ段母线备自投控制流程图

在图 4-19 所示的备自投控制流程中,值得注意的是,当同时满足 400V Ⅰ段母线有电、400V Ⅱ段母线无电时,跳开 8QF,确保安全延时 100ms 再合 78QF,此部分逻辑由图 4-20 所示的 PLC 梯形图程序实现:

(1) 400V Ⅰ母有电(I016)且Ⅱ母无电(I017),跳开Ⅱ段进线开关(Q010),置位中间变量(M0031);

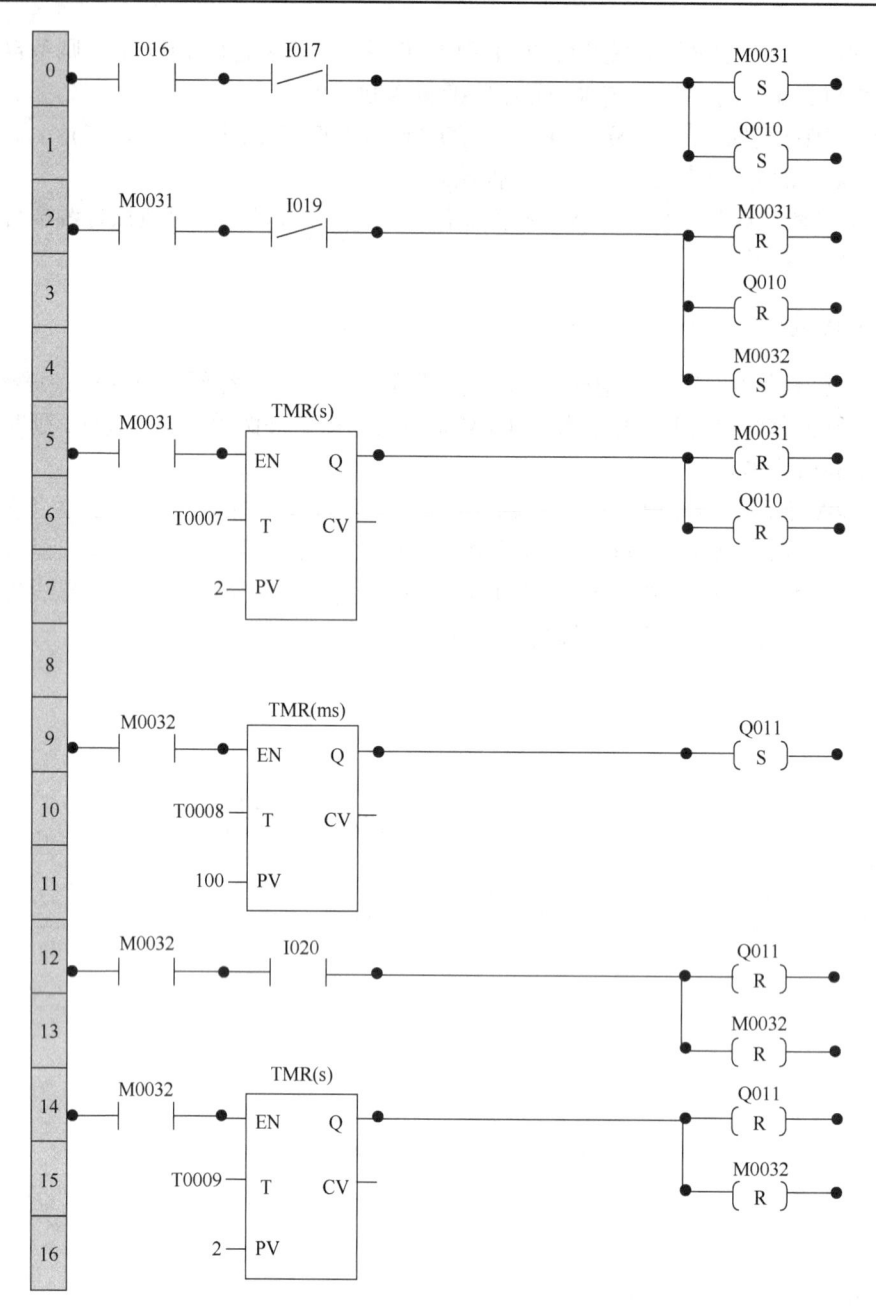

图 4-20　400V Ⅰ段母线带Ⅱ段母线备自投控制梯形图

(2) 确定Ⅱ段进线开关(I019)在分位后，复归(1)中 DO 开出(Q010)和中间变量 M0031，并置位中间变量(M0032)；

(3) 否则在延时 2s 后，复归(1)中 DO 开出(Q010)和中间变量 M0031；

(4) 延时 100ms 后，合Ⅰ-Ⅱ段联络开关(Q011)；

(5) 收到Ⅰ-Ⅱ段联络开关合位(I020)后，则备自投合闸成功，复归 DO 开出(Q011)和中间变量(M0032)；

(6) 否则在延时 2s 后，复归 DO 开出(Q011)和中间变量(M0032)。

4.4 辅助设备 LCU

4.4.1 控制要求和功能配置

与常规水电站类似，抽水蓄能电站的辅助设备控制系统主要包括技术供水系统、厂内排水系统、压缩空气系统、油系统，位于辅助设备附近，就地完成对被控对象的实时监视和控制。技术供水系统主要为机组冷却、轴承润滑、大轴密封和变压器冷却及一些水冷设备提供水源。厂内排水主要包括渗漏排水和检修排水，渗漏排水是将水电站厂房渗漏集水井内的积水排出厂房；检修排水是检查、维修机组或厂房内水下部分的设备时，将水轮机蜗壳、尾水管和压力钢管内的积水排出。压缩空气系统分为低压和高压两种系统，LCU 控制任务主要是维持低压和高压储气罐的气压正常，以保证用气设备能够安全、可靠运行。油系统主要指油冷却和润滑系统、调速器油压装置、主阀油压装置。油系统不需要实时监控，不纳入计算机监控系统。

对于抽水蓄能电站，各子系统配置较为复杂，通常是将辅助设备分别配置相应的 LCU，主要包括机组技术供水 LCU、厂内排水 LCU(渗漏排水 LCU、检修排水 LCU)、压缩空气 LCU(高压气系统 LCU、低压气系统 LCU)。

1. 机组技术供水 LCU

抽水蓄能电站每台机组配置两台技术供水泵、一套技术供水 LCU，包括一面控制系统机柜、两面启动机柜。当采用水泵供水时，水泵的启停由机组等主设备的开停机进行联动，水泵运行台数由总耗水量决定，水泵将随机组等设备的运行而连续工作。当供水总管的水压或流量不足的时候，自动投入备用泵。

1) 技术供水 LCU 控制要求

(1) 技术供水 LCU 以可编程逻辑控制器(PLC)为核心控制元件，根据供水池水位，供水总管的液位开关、压力开关、切换开关，示流器等采集的水位、压力信号来自动控制接触器或软启动器，从而控制技术供水泵的运行。PLC 根据机组启动和设定的流程发出指令，驱动软启动器等执行元件动作。

(2) 技术供水 LCU 设置为自动、切除和手动三种运行方式。在设备调试、检修阶段，以及 PLC 故障、自动操作失灵的紧急情况下，采用手动操作方式，可通过供水泵和供水阀的手动启停按钮实现控制；当控制设备切换开关置于自动位置时，PLC 才能根据技术供水总管的压力信号或机组开停机信号和控制流程输出控制命令，否则闭锁控制命令的输出。

(3) 供水总管压力检测采用模拟量信号与压力开关量信号相互校验。

(4) 在自动运行方式时，PLC 实时检测技术供水总管压力和机组开机信号，机组开机时，启动对应的技术供水泵，当工作泵故障或供水总管压力低于设定值时，自动启动备用技术供水泵，并报警。

(5) 当机组发出停机令，机组完成停机后，技术供水泵自动停泵。

(6) 各水泵可自动地进行主/备轮流倒换，自动轮换的条件应根据现场情况设定为按运行时间或启动次数可选，以实现水泵运行时间或启动次数均衡的要求。PLC 自动记录每台水泵的启动次数和累计运行时间，并根据水泵的启动次数或累计运行时间，自动轮换为主用/备用泵。

2) 技术供水 LCU 配置

技术供水 LCU 配置主要包括供电设备、可编程逻辑控制器(PLC)、工控机/触摸屏、接触器或软启动器、继电器、屏柜等。

2. 厂内排水 LCU

抽水蓄能电站厂内排水 LCU 包括渗漏排水 LCU 和检修排水 LCU，两者的控制要求及功能配置基本一致，下面主要介绍渗漏排水 LCU 的相关内容。

抽水蓄能电站厂房的渗漏排水经排水管或排水沟集中排放到集水井内，利用排水泵自动将其排出厂房。当集水井水位上升到上限值时，主用排水泵启动；当水位继续上升到高限值时，自动投入备用排水泵；待水位恢复正常后，排水泵停止。为均衡水泵运行，延长水泵的使用寿命，要求将主用泵和备用泵自动轮流倒换运行。与常规水电站类似，厂房内配置一套渗漏排水 LCU，设置 4 面控制屏，控制屏内主要布置 3 台潜水深井泵及 1 台潜水排污泵的软启动器、接触器、可编程逻辑控制器、触摸屏、控制开关、操作按钮、信号指示灯、中间继电器等设备。渗漏排水 LCU 控制渗漏排水泵的要求主要包括以下内容。

每台水泵的运行方式均可通过一个控制开关进行设置，运行方式包括：手动/自动/切除/工作/备用/工备自转。在后 3 种运行方式下，均能实现各水泵的自动启/停和远方启/停控制。在手动控制方式下，能通过控制屏上的自复式控制开关(或触摸屏)实现各水泵的"手动"启/停操作；工备自转状态下，各排水泵的"工作/备用"状态可进行自动轮换设置，自动轮换的条件应根据现场情况设定为按运行时间或启动次数可选，以实现 3 台水泵运行时间或启动次数均衡的要求。

每台水泵的运行工况要求如下。

(1) 在自动运行方式下(1 台工作，2 台备用)，根据厂内渗漏集水井水位自动启停工作水泵及备用水泵：当厂内渗漏集水井水位升至一限整定值时，启动工作水泵；当厂内渗漏集水井水位继续升至二限整定值时，启动备用水泵，并发备用水泵启动信号；当厂内渗漏集水井水位降至正常水位时，停运各水泵。

(2) 在运行过程中，当厂内渗漏集水井水位继续上升至过高水位时，发厂内渗漏集水井水位过高信号，并依次启动所有水泵。

(3) 在运行过程中，当厂内渗漏集水井水位继续下降至过低水位时，发厂内渗漏集水井水位过低信号，并停止所有水泵。

3. 压缩空气 LCU

抽水蓄能电站压缩空气 LCU 分为低压气系统 LCU 和高压气系统 LCU，这两种 LCU 主要控制低压气机和高压气机的运行，当储气罐压力低于下限值时，主用空压机启动；当气压继续下降达到过低值时，自动投入备用空压机；当气压恢复正常时，空压机停止运行。

低压气系统压力为 0.7~0.8MPa，主要用于机组停机的机械制动、机组调相压水、机组检修，以及水轮机大轴密封围带和进水阀密封围带充气等。

高压气系统压力为 2.0~8.0MPa，主要用于和进水阀油压装置补气。

低压气系统都实行自动操作。低压气系统 LCU 通过电接点压力表和压力变送器监视储气罐压力，自动控制工作与备用空压机的启动和停止，控制减压阀的自动开关。水冷式空压机在冷却水管上装设电磁阀，空压机启动前自动开启供水、停机后自动关闭停水。空冷机润滑油温度过高时或排气温度过高时均应自动停机并发出信号。

高压气系统的组成和控制方式与低压气系统相同，用于调速器油压装置油罐补气，在油罐油位下降到一定高度，罐内压力下降时，自动打开补气阀，将高压空气补入油罐内。高压气系统 LCU 的控制作用是监视高压储气罐的压力，低于规定压力时启动空压机进行补气，在压力过低或过高时向运行人员报警。

抽水蓄能电站全厂只配置一套低压气系统 LCU 和高压气系统 LCU，控制空压机的要求如下。

每台空压机的运行方式均可通过一个控制开关进行设置，运行方式包括：手动/自动/切除/工作/备用/工备自转。在后 3 种运行方式下，均能实现各空压机的自动启/停控制。在手动控制方式下，能通过成组控制柜上的触摸屏或单机控制柜上的自复式控制开关实现各空压机的"手动"启/停操作；工备自转状态下，2 台空压机的"工作/备用"状态可进行自动轮换设置，自动轮换的条件应根据现场情况设定为按运行时间或启动次数可选，以实现各空压机运行时间或启动次数均衡的要求。

在自动运行方式下，根据供气干管的压力自动启/停工作空压机及备用空压机：当压力下降时，根据不同的压力值依次启动工作空压机、备用空压机并发备用空压机启动信号；当供气干管的压力升至正常值时，停运各空压机；当供气干管的压力降至报警整定值时，发低压气系统管路压力偏低故障信号。

当供气干管的压力升至过高压力时，发空气系统管路压力过高故障信号。

空压机成组控制系统对供气总管压力进行实时监视和控制：当供气总管压力为低限值时，直接依次启动所有空压机并发出供气总管压力过低信号；当供气总管压力为高限值时，直接停运各空压机并发出供气总管压力过高信号。

4.4.2 控制逻辑及 PLC 程序实现

1. 辅助设备 LCU 控制逻辑

抽水蓄能电站机组技术供水 LCU、厂内排水 LCU(渗漏排水 LCU、检修排水 LCU)、压缩空气 LCU(高压气系统 LCU、低压气系统 LCU)的控制对象为水泵或空压机，其控制逻辑及流程基本一致，典型的控制主流程如图 4-21 所示。

2. 辅助设备 LCU 控制逻辑 PLC 程序实现

根据上述渗漏排水系统的控制要求列出相应 I/O 点表，如表 4-3 所示。

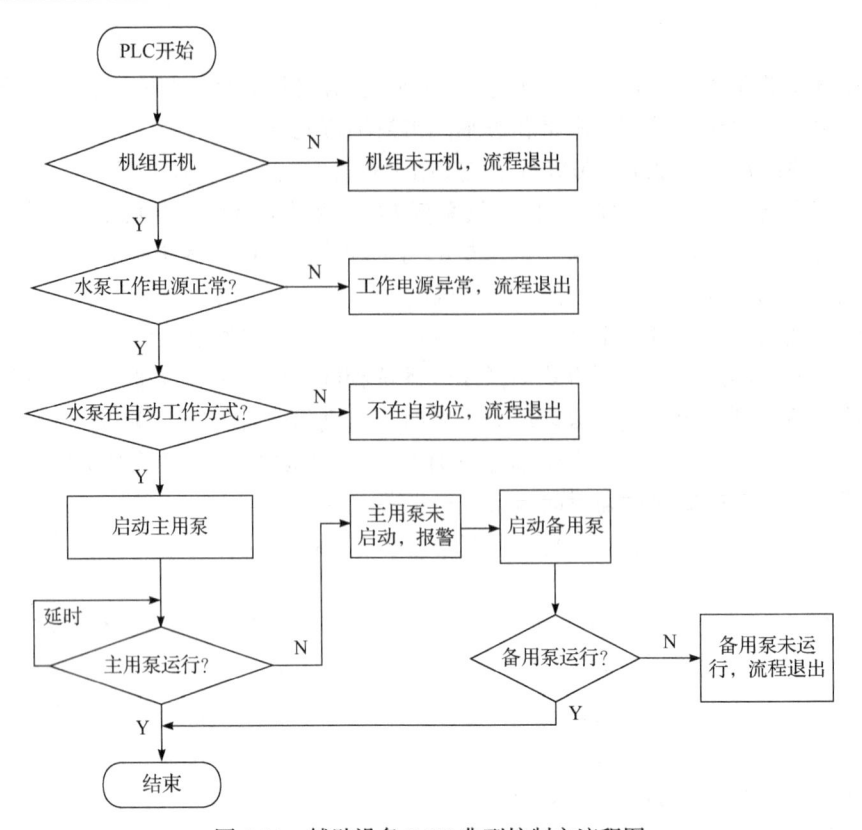

图 4-21 辅助设备 LCU 典型控制主流程图

表 4-3 渗漏排水系统 I/O 点表

DI	测点描述	DI	测点描述	DO	测点描述	AI	测点描述
1	交流电源消失	14	3#泵控制电源消失	1	1#泵启停	1	集水井水位
2	直流电源消失	15	3#泵手动位置	2	2#泵启停		
3	事故总清按钮动作	16	3#泵自动位置	3	3#泵启停		
4	1#泵控制电源消失	17	3#泵运行信号	4	综合故障(点灯)		
5	1#泵手动位置	18	3#泵故障信号				
6	1#泵自动位置	19	1#润滑水自动				
7	1#泵运行信号	20	2#润滑水自动				
8	1#泵故障信号	21	3#润滑水自动				
9	2#泵控制电源消失	22	集水井停泵水位				
10	2#泵手动位置	23	集水井启泵水位				
11	2#泵自动位置	24	集水井启备用泵水位				
12	2#泵运行信号						
13	2#泵故障信号						

注：DI 表示数字量输入；DO 表示数字量输出；AI 为模拟量输入。

1) 硬件配置

控制系统采用南瑞 N500 智能可编程逻辑控制器，可配置扩展模块，具体配置如图 4-22 所示。

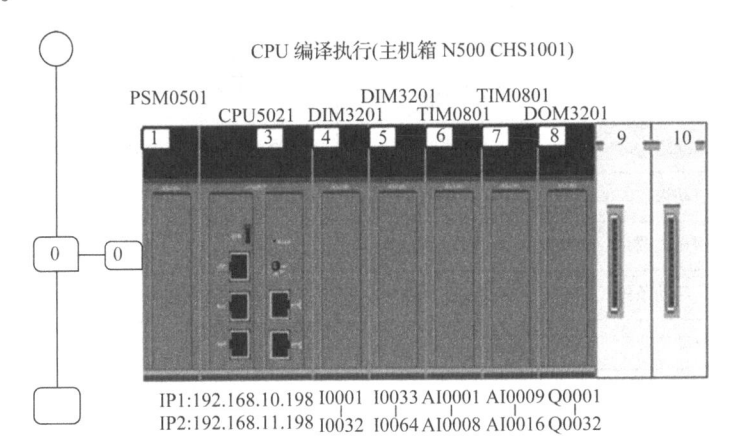

图 4-22 渗漏排水 PLC 配置图

根据图 4-22 列出 PLC 模块数量如下。

(1) 电源模件：N500 PSM0501　1 块
(2) 单机 CPU 主控模件：N500 CPU5021　1 块。
(3) 32 点开关量输入模块：N500 DIM3201　2 块。
(4) 8 通道模拟量输入模块(4～20mA)：N500 TIM0801　2 块。
(5) 32 点开关量输出模块：N500 DOM3201　1 块。

2) PLC 程序设计

采用南瑞 NPro 编程软件，根据设计流程使用梯形图来对 3 台排水泵控制进行编程。设计变量如表 4-4 所示，启动主泵入口条件判断流程如图 4-23 所示，启动备 1 泵入口条件判断流程如图 4-24 所示，启动备 2 泵入口条件判断流程如图 4-25 所示，泵启动流程如图 4-26 所示，泵停止流程如图 4-27 所示。

表 4-4 渗漏排水系统设计变量

编号	变量定义	变量名称	计算方式
1	启动主泵信号	LEVEL_H1	(DI[23]==1 OR AI_REAL[1]>=7.0) 延时 2s
2	启动备用 1 泵信号	LEVEL_H2	(DI[24]==1 OR AI_REAL[1]>=8.0) 延时 2s
3	启动备用 2 泵信号	LEVEL_H3	(DI[25]==1 OR AI_REAL[1]>=9.0) 延时 2s
4	停泵信号	LEVEL_OK	(DI[22]==1 OR AI_REAL[1]<=5.0) 延时 2s
5	1#泵自动位置	P1_AUTO	DI[6]==1
6	1#泵运行状态	P1_RUN	DI[7]==1
7	1#泵故障	P1_FLT	DI[8]==1 OR DI[4]==1 OR P1_STR_FLT==1
8	1#泵启动失败	P1_STR_FLT	
9	1#泵停止失败	P1_STP_FLT	

续表

编号	变量定义	变量名称	计算方式
10	1#泵满足启动条件	P1_CAN_STR	P1_AUTO==1 AND P1_FLT==0
11	2#泵自动位置	P2_AUTO	DI[11]==1
12	2#泵运行状态	P2_RUN	DI[12]==1
13	2#泵故障	P2_FLT	DI[13]==1 OR DI[9]==1 OR P2_STR_FLT==1
14	2#泵启动失败	P2_STR_FLT	
15	2#泵停止失败	P2_STP_FLT	
16	2#泵满足启动条件	P2_CAN_STR	P2_AUTO==1 AND P2_FLT==0
17	3#泵自动位置	P3_AUTO	DI[16]==1
18	3#泵运行状态	P3_RUN	DI[17]==1
19	3#泵故障	P3_FLT	DI[18]==1 OR DI[14]==1 OR P3_STR_FLT==1
20	3#泵启动失败	P3_STR_FLT	
21	3#泵停止失败	P3_STP_FLT	
22	3#泵满足启动条件	P3_CAN_STR	P3_AUTO==1 AND P3_FLT==0

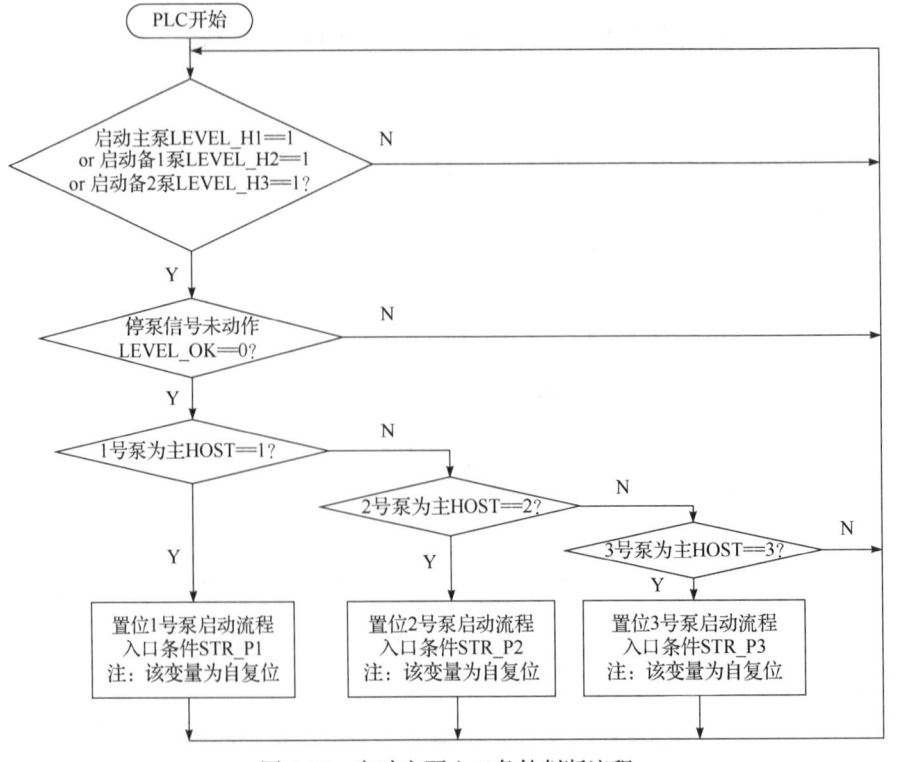

图 4-23 启动主泵入口条件判断流程

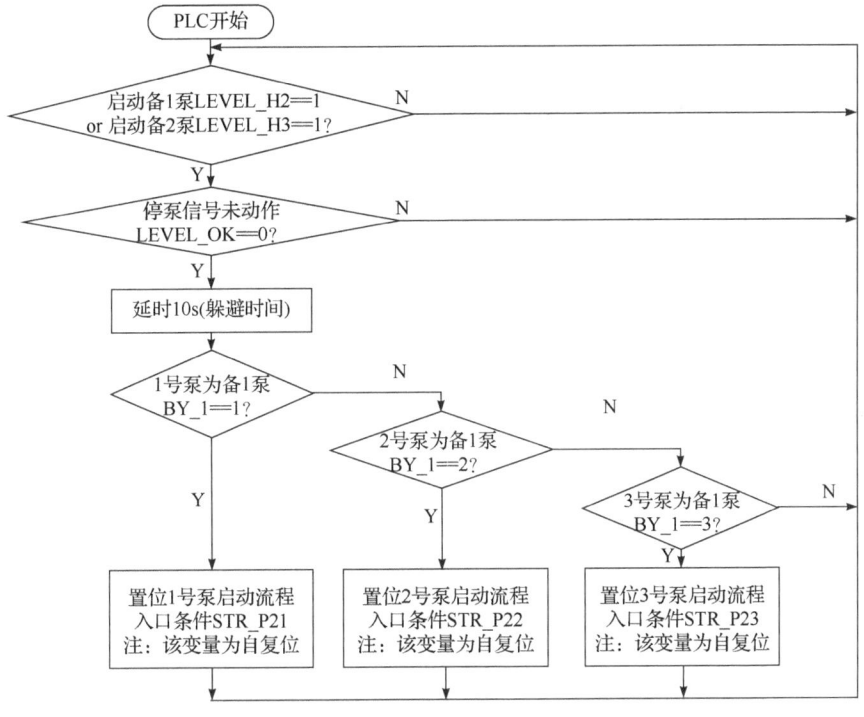

图 4-24　启动备 1 泵入口条件判断流程

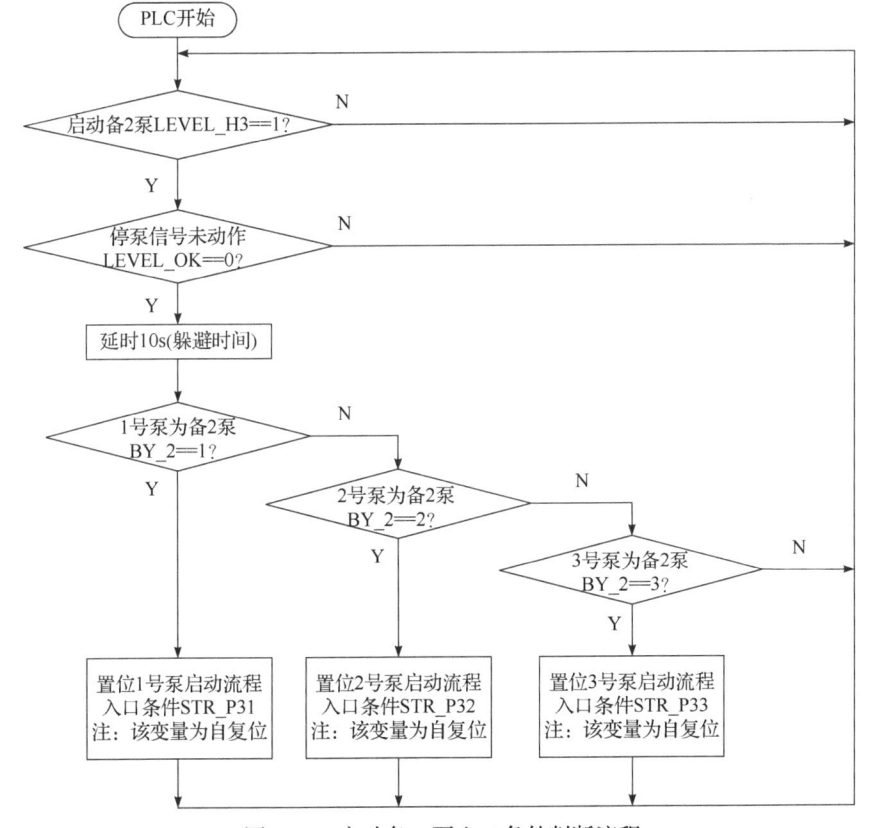

图 4-25　启动备 2 泵入口条件判断流程

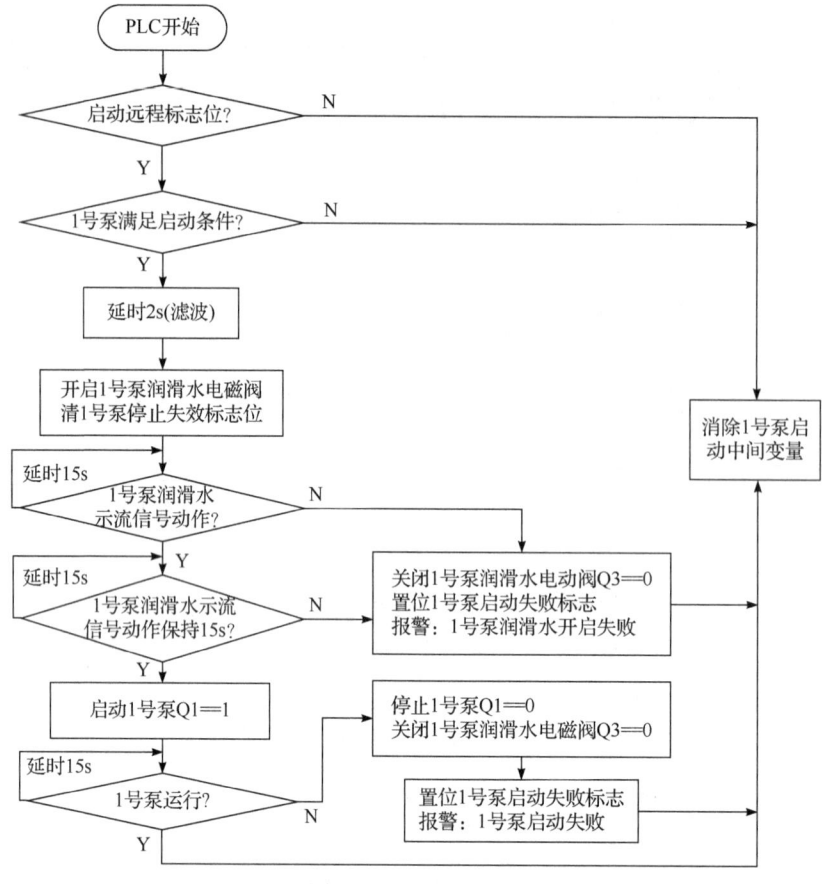

图 4-26 泵启动流程

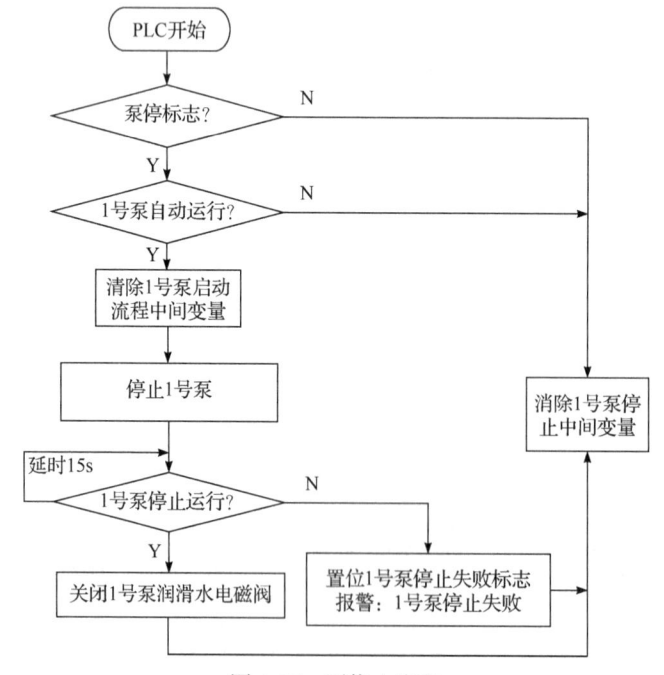

图 4-27 泵停止流程

3) PLC 梯形图说明

(1) PLC 采集泵状态信号，由图 4-28 所示的 PLC 梯形图程序实现。

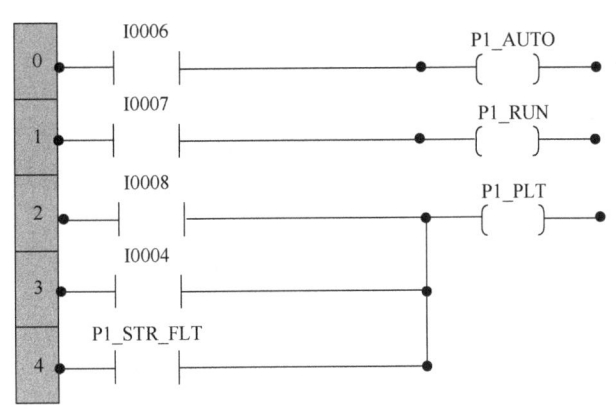

图 4-28 泵状态采集程序

(2) PLC 采集启停泵信号，泵启动由图 4-29 所示的 PLC 梯形图程序实现，泵停止由图 4-30 所示的 PLC 梯形图程序实现。这里排水泵的启停由启泵开关量和水位模拟量同时参与判断。

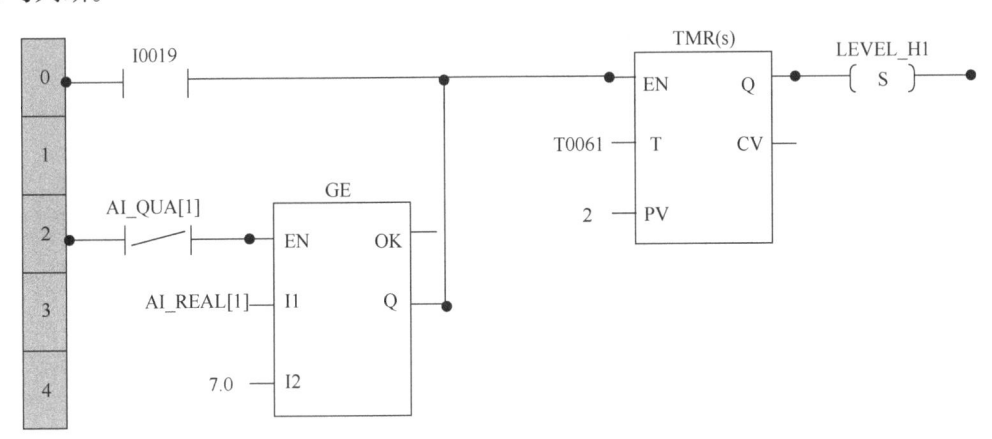

图 4-29 泵启动程序

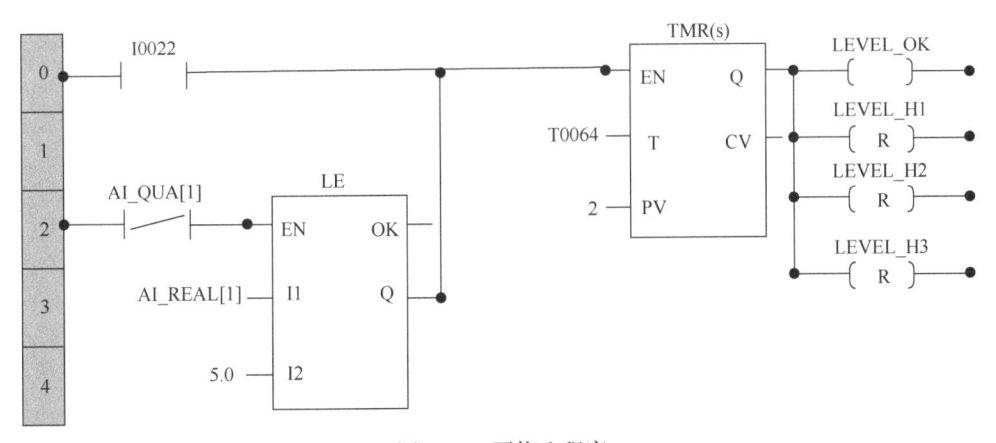

图 4-30 泵停止程序

(3) 启泵入口条件判断流程由图 4-31 所示的 PLC 梯形图程序实现。寄存器 HOST、BY_1、BY_2 内的数据是由轮换程序功能块经过计算得出的数据，存放的分别是主泵泵号、备 1 泵泵号和备 2 泵泵号，例如，如果 HOST=1 则表明 1#泵为主泵，若 BY_1=1 则表明 1#泵为备 1 泵，若 BY_2=1 则表明 1#泵为备 2 泵。

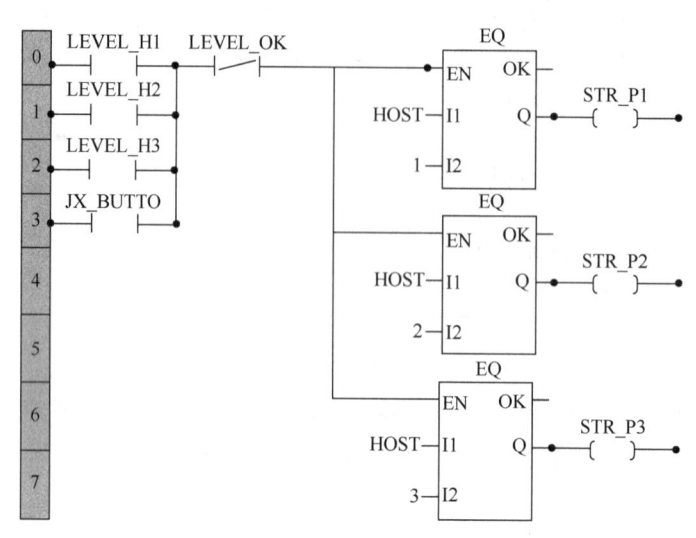

图 4-31 启泵入口条件判断程序

(4) 启泵流程由图 4-32 所示的 PLC 梯形图程序实现。

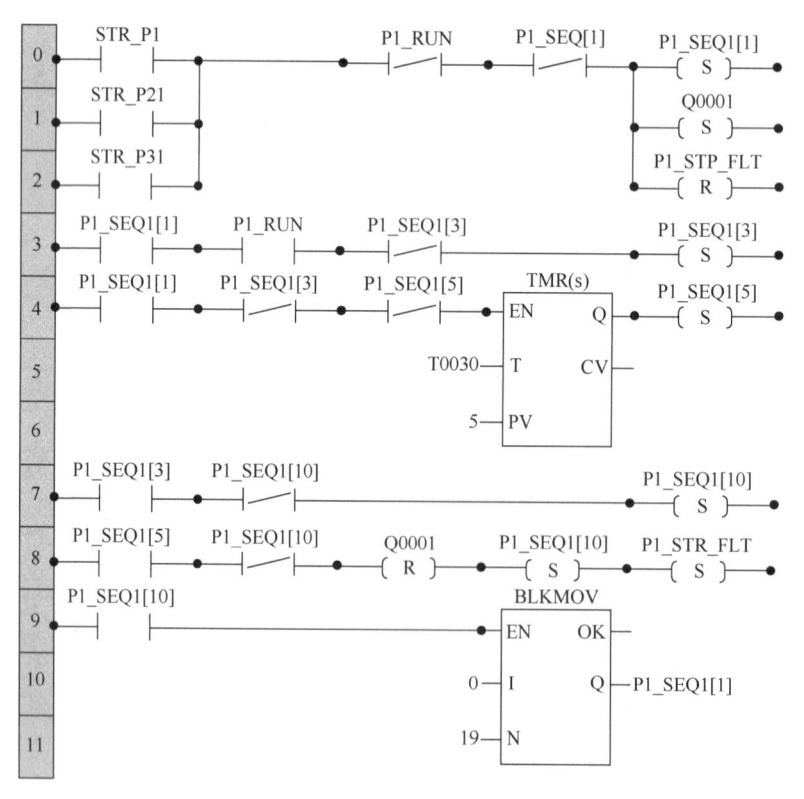

图 4-32 启泵程序

(5) 停泵流程由图 4-33 所示的 PLC 梯形图程序实现。

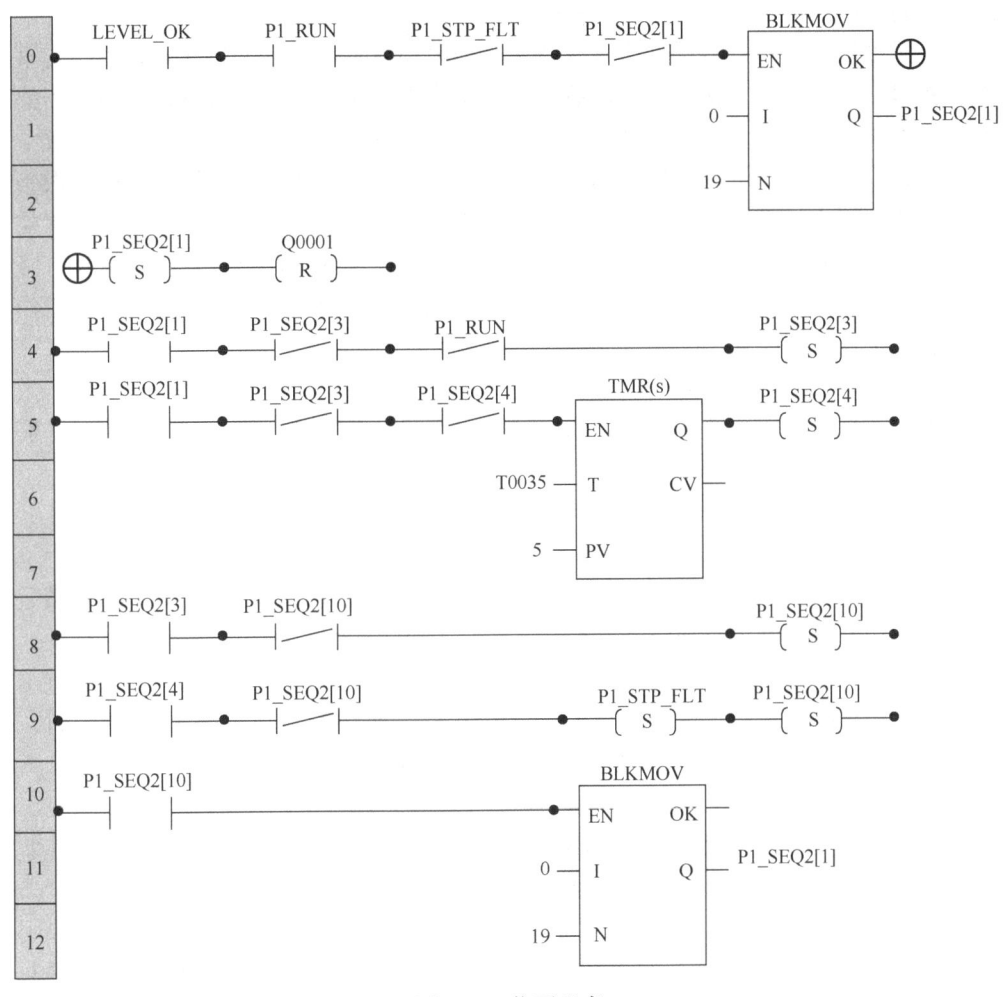

图 4-33 停泵程序

4.5 闸门 LCU

4.5.1 控制要求和功能配置

与常规水电站类似，闸门是抽水蓄能电站中必不可少的设备，承担着防洪、进出水等任务，由于闸门系统承担的任务不同，故闸门的类型也多样。本节仅介绍常见的一些闸门及其控制特点。

闸门的主要作用是调节抽水蓄能电站上、下水库的水位和流量，为相关建筑物和设备的检修提供必要条件。在取水供水工程的输水管道上设置有节制闸门，用于根据需要调节控制流量；在泵站进水口和一些引水钢管等的进、出水口设置有检修闸门，为检修水工建筑物和泵组提供条件；在上、下水库泄洪洞上设置有泄洪洞工作闸门，用于泄放水库多余的水量，最大限度地发挥水库的功能效益。

抽水蓄能电站的闸门包括上水库进出水口检修闸门、下水库进出水口检修闸门、下水库泄洪洞工作闸门和机组尾水事故闸门。

上水库进出水口检修闸门处于全开状态，当电站发生水淹厂房事故时，为防止事故扩大，要求在动水条件下快速关闭；或者上水库水工建筑物或有关设备检修时，需要在静水条件下关闭。上水库LCU实现上水库进出水口检修闸门的控制要求及功能配置。

同理，下水库进出水口检修闸门处于全开状态，当下水库水工建筑物或有关设备检修时，需要在静水条件下关闭。下水库泄洪洞工作闸门处于全关状态，当下水库水位过高容易发生水位溢出大坝的问题时，该闸门打开，使下水库的水通过泄洪洞放掉，降低水位，保证水库安全。下水库LCU实现下水库进出水口检修闸门和下水库泄洪洞工作闸门的控制要求及功能配置。

机组尾水事故闸门处于全开状态，当电站发生水淹厂房事故时，为防止事故扩大，要求在动水条件下快速关闭；或者尾水事故闸门有关设备检修和机组球阀检修时，需要在静水条件下关闭。机组LCU实现尾水事故闸门的控制要求及功能配置。

4.5.2 控制逻辑

进水口闸门主要用来控制机组进水口启闭。为了保证机组和厂房安全，必须满足快速关闭这一功能，采用快速闸门。

进水口闸门提起，水流通过进水口管道进入水轮机中。由于落差大，若闸门直接提起，冲击水轮机的水压过大，会对水轮机造成伤害。为了避免这个问题，在提门时，先提一小段，打开充水阀，向管路中充水，当监测到闸门前后压差达到平压要求后，再将闸门提至全开高度。

进水口闸门提至全开后，除非遇到紧急事故或者相应机组长时间没有发电任务才关闭，进水口闸门要求可以长时间保持全开状态。

为了保证进水口闸门可以长时间保持全开状态，通常设置闸门下滑200mm点和闸门下滑300mm点这两个位置点。通过这两个点启动闸门，启动闸门下滑程序，重新提起闸门到全开位置。

通常闸门下滑200mm点，启动主用油泵；闸门下滑300mm点，启动备用油泵。

进水口闸门关闭时，通常是打开落门阀，闸门依靠自身重力下落。进水口闸门从全开到全关的时间是有要求的，可以通过控制泄油量调整闸门下落的速度，改变闸门的关闭时间。

抽水蓄能电站各种闸门的控制流程与常规水电站闸门的控制流程基本一致，主要包括闸门开启流程、闸门关闭流程和闸门停止流程。这三种典型的控制流程图分别如图4-34～图4-36所示。

闸门开启流程：流程开始 → 闸门满足开启条件 → 启动液压泵电机 → 开启建压阀 → 压力正常 → 开启开门阀 → 闸门上升 → 闸门达到全开位置 → 关闭开门阀 → 关闭建压阀 → 停止液压泵电机 → 流程结束。

闸门关闭流程：流程开始 → 闸门满足关闭条件 → 启动液压泵电机 → 开启建压阀 → 压力正常 → 开启落门阀 → 闸门下降 → 闸门达到全关位置 → 关闭落门阀 → 关闭建压阀 → 停止液压泵电机 → 流程结束。

图 4-34 闸门开启流程

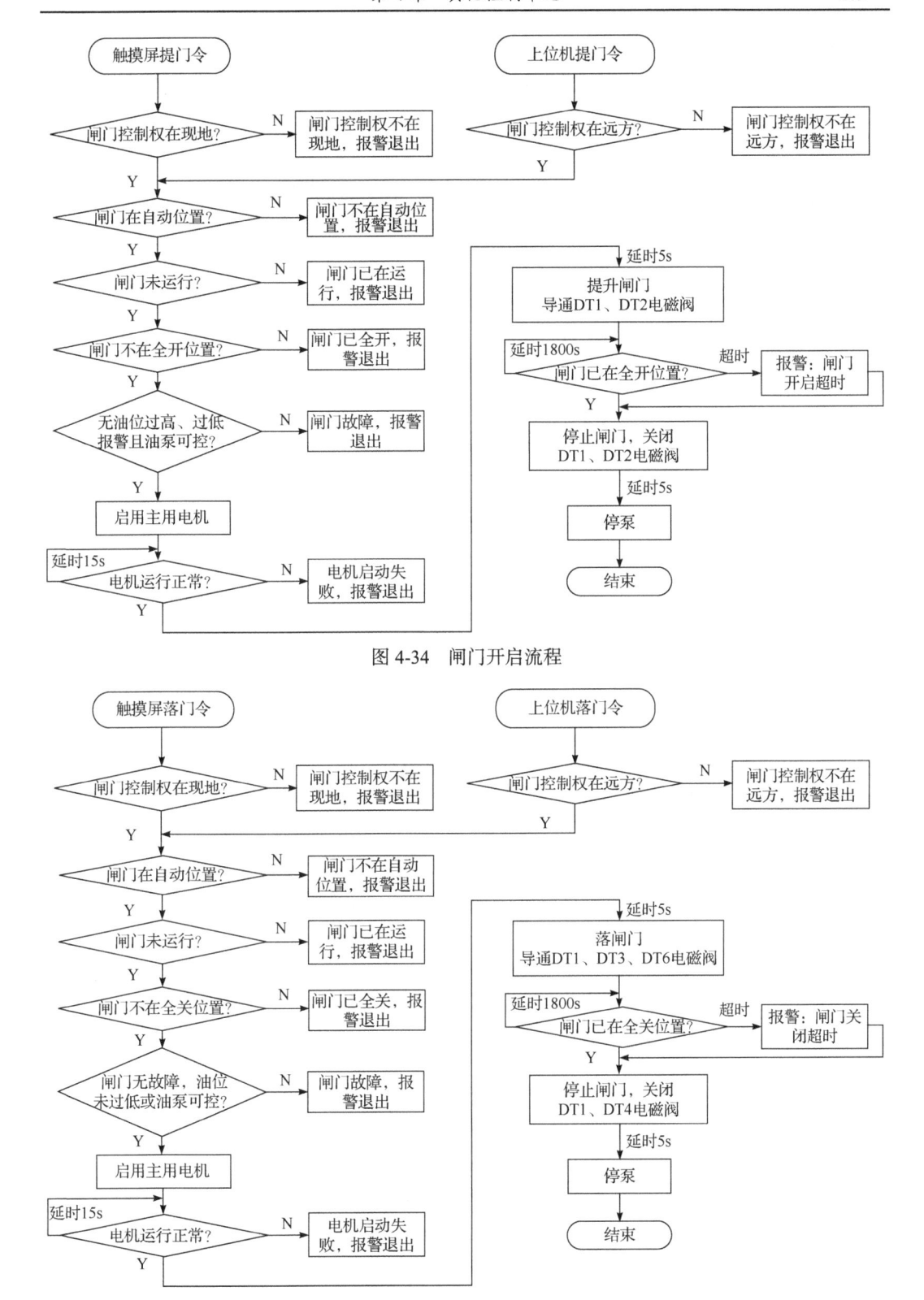

图 4-35 闸门关闭流程

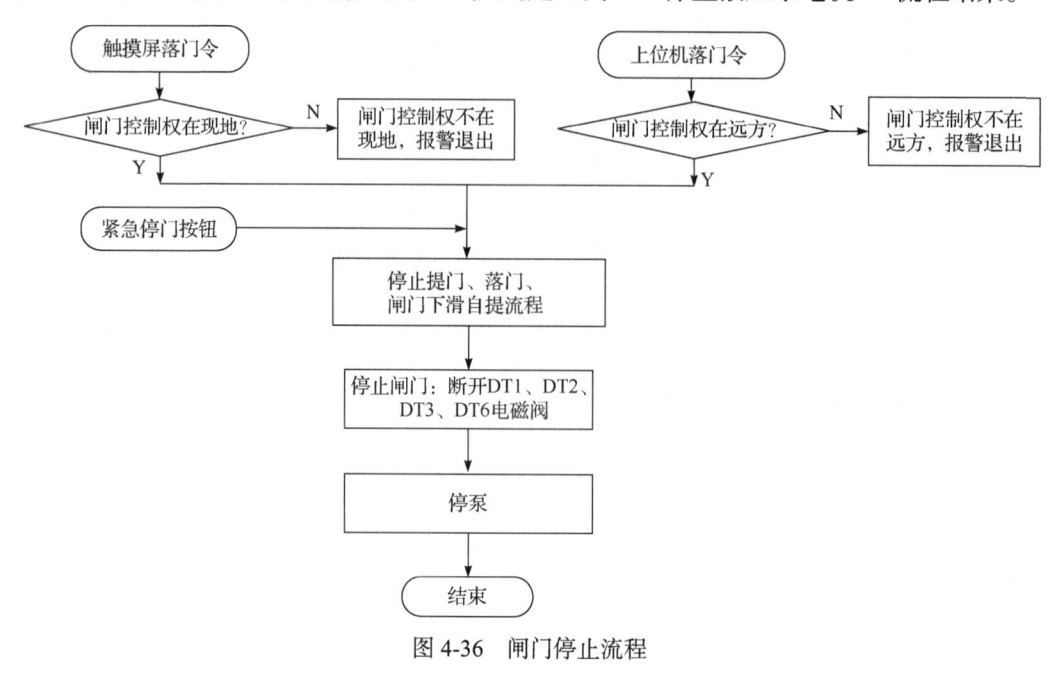

闸门停止流程：流程开始 → 闸门满足停止条件 → 终止闸门开启/关闭/下滑自提流程 → 关闭开门阀 → 关闭落门阀 → 关闭建压阀 → 停止液压泵电机 → 流程结束。

图 4-36　闸门停止流程

4.6　防水淹厂房系统

为了尽可能地防止发生水淹厂房事故，设置防水淹厂房系统。防水淹厂房功能设计用于地下厂房水位升高事故处理，该控制系统检测到地下厂房水位异常升高时，首先在电厂站控层所有人机接口站和现地控制层所有 LCU 立即发出报警信号，经操作人员确认或自动确认水位过高后，执行机组和附属、辅助设备停机，机组尾水事故闸门、上水库进出水口事故闸门下降等操作，同时联动消防进行音响报警和语音自动告警。

4.6.1　防水淹厂房系统的控制要求和功能配置

防水淹厂房系统作为提高水电站运行安全水平的一项技术措施，作为"无人值班"水电站的一项重要技术条件，在出现水淹厂房事故时要能及时报警并处理，防水淹厂房系统需要直接动作为紧急停机和关闭闸门，控制对象为上水库闸门、尾水事故闸门、全厂机组，同时事故发生时会将信号发送给消防广播等系统，进行联动报警。

防水淹厂房系统设备主要包括独立 PLC、光端机光缆、水淹厂房紧急按钮控制箱、紧急按钮控制箱、水位计等，整体系统结构如图 4-37 所示。

独立 PLC 是防水淹厂房系统的大脑机构，设置在全厂公用 LCU 柜，也可增加防水淹厂房 LCU 柜。PLC 主要实现水淹厂房信号采集，根据采集信号自动进行逻辑判断并动作继电器，通过继电器回路输出指令到各个 LCU 执行机构：机组 LCU、上水库闸门、尾水事故闸门、消防设施，从而实现防水淹厂房系统的功能。

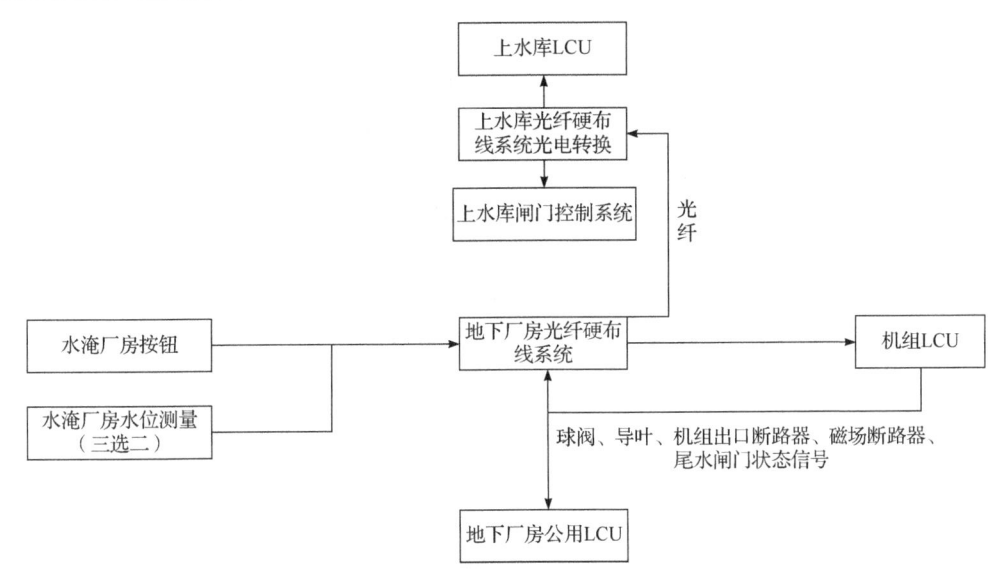

图 4-37 防水淹厂房系统结构示意图

光端机作为联络设备，分布比较散，在中控楼 LCU 中设立点对点光端机等设备，采集中控室电站紧急按钮控制箱上的机组紧急停机按钮、上水库进出水口事故闸门和尾水事故闸门紧急关闭按钮等发出的信号；在机组公用 LCU 中设立点对点光端机等设备；在上水库 LCU 中设立点对点光端机等设备。上述各设备在柜内的安装位置也应相对独立；点对点光端机之间的通信介质为独立光缆，并进行冗余通信。

两个水淹厂房紧急按钮控制箱布置于地下厂房发电机层主要疏散通道上，每个水淹厂房紧急按钮控制箱上设置一个紧急按钮，紧急按钮动作信号分别输出至地下机组公用 LCU 独立光纤硬布线紧急操作系统 PLC 数字量输入(DI)回路及机组公用 LCU 数字量输入(DI)回路。通过按钮控制箱可实现一键所有机组紧急停机、关闭上水库进出水口事故闸门、关闭尾水事故闸门功能。

紧急按钮控制箱布置在中控楼，中控楼电站紧急按钮控制箱上设置多个按钮，分别是 1～N 号机组紧急停机按钮、上水库 1～N 号进出水口事故闸门紧急关闭按钮、1～N 号机组尾水事故闸门紧急关闭按钮、水淹厂房按钮、复归按钮。中控楼电站紧急按钮控制箱上的紧急按钮动作信号分别输出至中控楼LCU独立光纤硬布线紧急操作系统点对点光端机及中控楼 LCU 数字量输入(DI)回路，通过光端机传输给水淹厂房独立 PLC 系统和上水库进出水口事故闸门，整体系统结构如图 4-38 所示。

水位计设置在水轮机层以下和集水井层之间，每个测点设置 3 个水位监测装置。当水位监测装置中的 1 个动作时，发出报警信号，当 2 个或 2 个以上水位监测装置动作时，发送信号给防水淹厂房系统独立 PLC。当防水淹厂房系统独立 PLC 收到水淹厂房停机信号后，输出上水库各进出水口事故闸门紧急关闭命令至上水库各进出水口事故闸门控制柜，输出各机组紧急停机命令至各机组 LCU 内的机组紧急停机硬布线回路，各机组执行紧急事故停机，并判断导叶、球阀在全关位置后，输出机组尾水事故闸门紧急关闭命令至各机组尾水事故闸门现地控制柜。

报警联动功能：当地下厂房公用设备 LCU 独立光纤硬布线紧急操作系统 PLC 收到

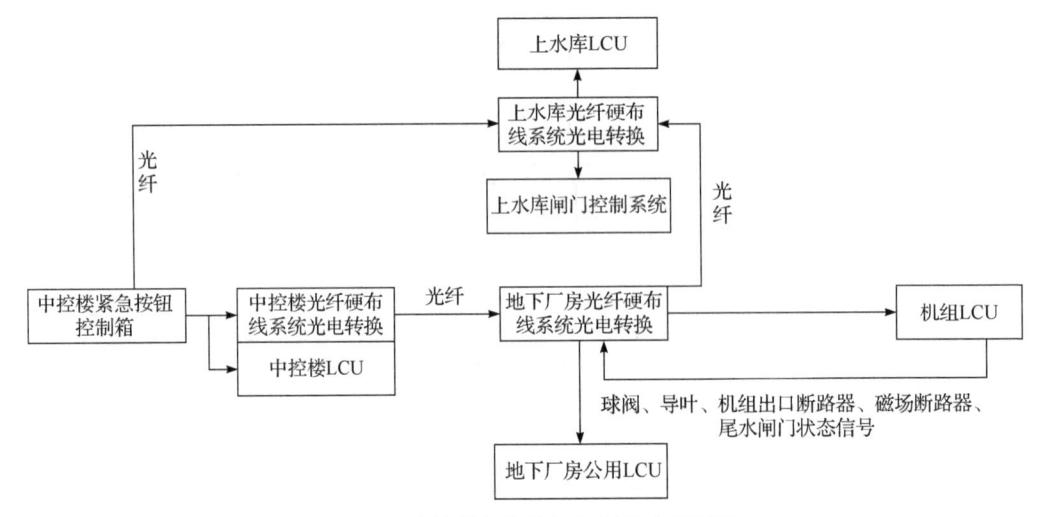

图 4-38 中控楼紧急按钮控制箱功能框图

水淹厂房停机信号后，一方面，通过独立光纤硬布线将水淹厂房信号传送至中控楼中控室的消防广播柜，启动水淹厂房的逃生广播，另一方面，将水淹厂房信号传送至地下厂房的区域火灾报警控制柜，启动各区域水淹厂房的声光报警，同时电站计算机监控系统的各 LCU 也启动水淹厂房的声光报警。

4.6.2 防水淹厂房系统的控制逻辑

防水淹厂房的控制逻辑比较简单直接，下面将对几个动作控制要求进行介绍。

1. 机组紧急停机控制逻辑

当收到下面任何一个信号后，启动机组紧急停机操作指令给机组 LCU 本体及水机 PLC 回路，触发条件如下：

机组停机按钮信号动作；对应上水库进水口闸门紧急关闭按钮信号动作；防水淹厂房按钮 1 信号动作；防水淹厂房按钮 2 信号动作；中控室水淹厂房按钮信号动作；水位升高(三选二)信号动作；对应尾水事故闸门紧急关闭按钮信号动作。

2. 机组尾水事故闸门紧急关闭控制逻辑

当收到下面任何一个信号后，启动机组尾水事故闸门紧急关闭操作指令给尾水事故闸门 LCU，触发条件如下：

对应尾水事故闸门紧急关闭按钮信号动作；对应上水库进水口闸门紧急关闭按钮信号动作；防水淹厂房按钮 1 信号动作；防水淹厂房按钮 2 信号动作；中控室水淹厂房按钮信号动作；水位升高(三选二)信号动作。

3. 上水库闸门紧急关闭控制逻辑

当收到下面任何一个信号后，启动上水库闸门紧急关闭操作指令给上水库闸门 LCU，触发条件如下：

对应上水库进水口闸门紧急关闭按钮信号动作；防水淹厂房按钮1信号动作；防水淹厂房按钮2信号动作；中控室水淹厂房按钮信号动作；水位升高(三选二)信号动作。

4. 水淹厂房动作冗余控制逻辑

当收到下面任何一个信号后，启动全厂控制操作冗余开出回路给各个机组LCU及消防联动设备，触发条件如下：

防水淹厂房按钮1信号动作；防水淹厂房按钮2信号动作；中控室水淹厂房按钮信号动作；水位升高(三选二)信号动作。

当防水淹厂房系统收到全厂水淹厂房信号后，输出控制指令至各个机构，主要如下：
(1) 1~N号机组水机PLC停机(冗余开出回路)；
(2) 1~N号机组监控PLC停机(冗余开出回路)；
(3) 消防广播柜；
(4) 水淹厂房声光报警器。

探索与思考

1. 油气水系统中控制的主体设备相似，油系统——油泵，水系统——水泵，气系统——空压机，控制流程非常相似。选择其中两个系统，对比分析异同点，分析有何更好的措施提高系统控制的可靠性。

2. 思考厂用电、辅助设备系统与计算机监控系统的协同和配合问题,有何新的思路?

3. 设置中控楼紧急按钮回路、水淹厂房紧急停机回路有何意义？有何更好的解决方案？还可设置怎么样的控制回路以保障机组和电厂的安全。

4. 开关站操作设备类型少(如断路器、隔离开关、接地刀闸)，数量多，在开关站LCU中按PLC程序顺序检测执行。显然，程序循环执行的时间远大于电磁暂态过程。这种操作与继电保护系统的操作有何不同？

5. 在长期的工程实践和各类惨烈教训的基础上，开关站设备的闭锁操作已形成相应的规范。结合本章给出的示例，分析若不设置闭锁可能出现的问题。分析在控制设计和设备状态检测中，如何进一步提高可靠性。

6. 本章介绍的是经典的测控问题，在开关站巡检中采用机器人巡检、无人机线路巡检等技术，如何引入经典计算机监控系统，两者之间有何关联？

第5章 抽水蓄能电站监控系统运行维护

5.1 抽水蓄能电站监控系统运行

为了使抽水蓄能电站能够安全稳定运行，需要电站的运行人员具备监控系统的画面监视、测点查询、简报监视、一览表查询、曲线查询、报表查询、机组控制操作、机组负荷调节操作、断路器刀闸操作、辅机设备操作等技能。

1. 画面监视

抽水蓄能电站监控系统的各系统重要数据以画面的形式展示出来，监盘人员通过巡视画面可以监视抽水蓄能电站运行是否正常。操作方法如下：单击左侧功能导航栏中的"画面"，便可弹出画面，通过画面下方的"画面索引""主接线""发电机监视"等切换到不同的画面。主接线监视画面如图5-1所示。

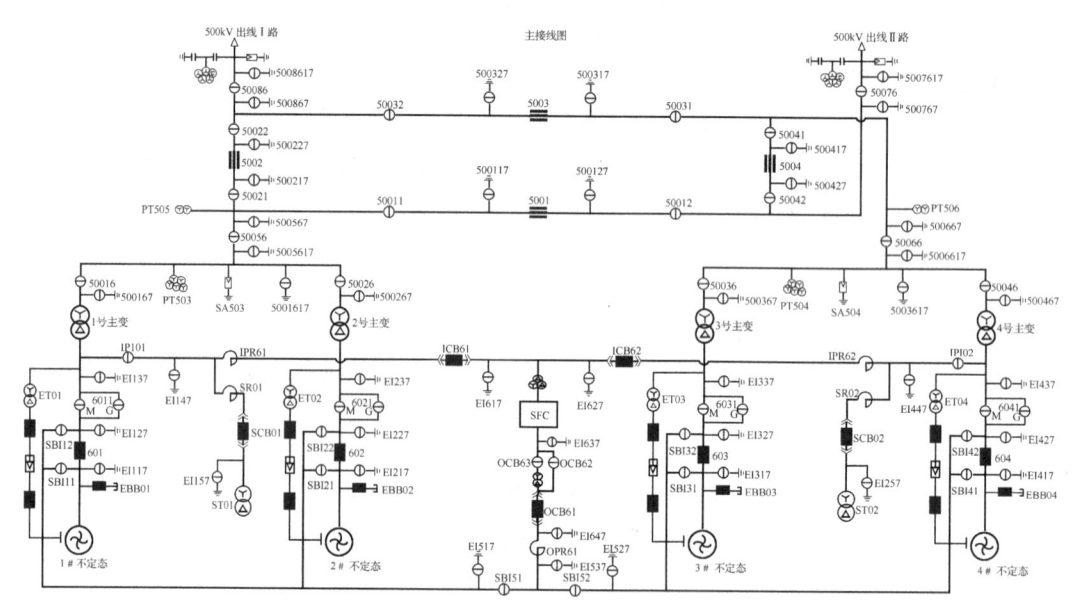

图5-1 主接线监视画面

2. 测点查询

测点查询功能是对监控系统中的测点值进行查询，查询方法如下。

单击左侧导航栏中的"测点索引"，会在右侧区域显示测点索引，根据测点所在的位置(如1号机组SOE量的第241点)查询测点的值，如图5-2所示。

在关键词栏中输入关键字，单击"搜索"即可查询到与关键字匹配的第一个测点，

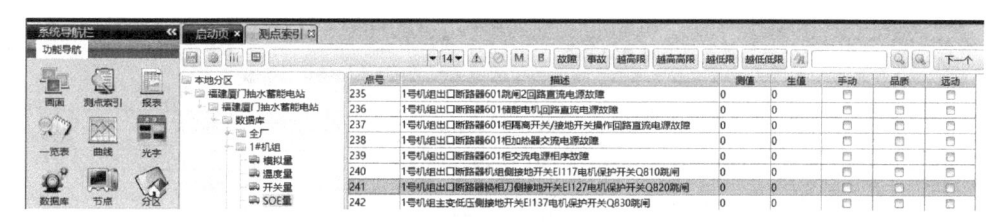

图 5-2 测点查询界面

之后可以通过"下一个"和"上一个"来定位到其他满足条件的测点，如图 5-3 所示。

图 5-3 测点查询结果界面

3. 简报监视

简报窗口状态栏分为"全部"、"操作"、"自诊断"、"事故"、"故障"、"越复限"、"状变"、"辅设启停表"、"AGC 操作表"、"流程信息表"、"保护动作信息表"、"异常"、"综合故障"和"当前报警"，如图 5-4 所示。

图 5-4 简报窗口界面

在窗口上方的工具条中可进行各种设置或操作，如图 5-5 所示。

：："显示对象树"，选中此项之后，简报右侧区域会显示"对象树"，里面排列了本工程对应的设备树，可以通过在树上勾选的方式来选择需要显示简报的设备(默认全勾选)，如图 5-6 所示。

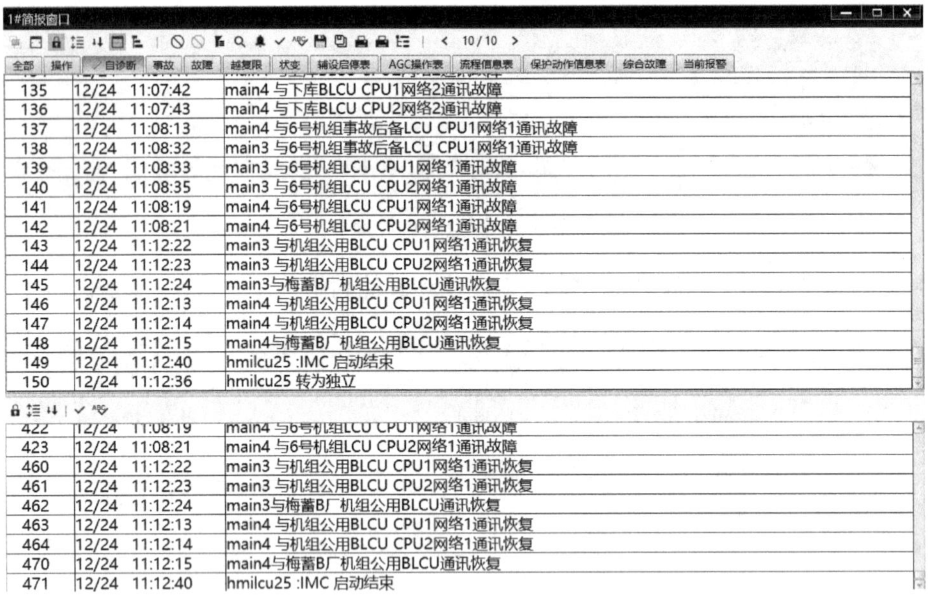

图 5-5 简报显示分栏界面

图 5-6 简报显示对象树界面

Ⓢ："测点屏蔽"，将所选测点置为"检修"，使这些测点不产生告警信息，也不计入一览表，但是测值变化会正常入库，如图 5-7 所示。

Ⓢ："测点过滤"，将所选测点的告警信息在当前客户端界面中进行过滤，不显示出来，但是这些信息依然会在其他节点中显示，且会计入一览表。

▦："抖动过滤"，当由于某些原因(如接点抖动等)引起简报频繁报某条信息，而监视人员又不希望看到时，可使用简报过滤器。过滤器根据一定时限内相同告警出现的频率来过滤简报。

第5章 抽水蓄能电站监控系统运行维护

图 5-7 简报测点屏蔽界面

 : "条件筛选"，根据所设定的条件，只显示满足条件的简报，如图 5-8 所示。

图 5-8 简报条件筛选界面

根据图 5-8 中的筛选条件，应用过滤后简报窗口中显示内容如图 5-9 所示。

图 5-9　应用过滤后简报窗口

4. 一览表查询

对抽水蓄能电站数据库的开关量测点采用一览表查询，如图 5-10 所示。一览表查询可方便地看到几小时、几天、几个月、几年前的数据，查询方法如下：在 IMC 左侧的导航栏中选择"一览表"，在右侧显示的一览表查询窗口中选择"选择 LCU"、"选择分类"、"单页显示记录数"、"指定查询时段"、"起始时间"和"结束时间"，最后单击"查询"。

一览表查询操作

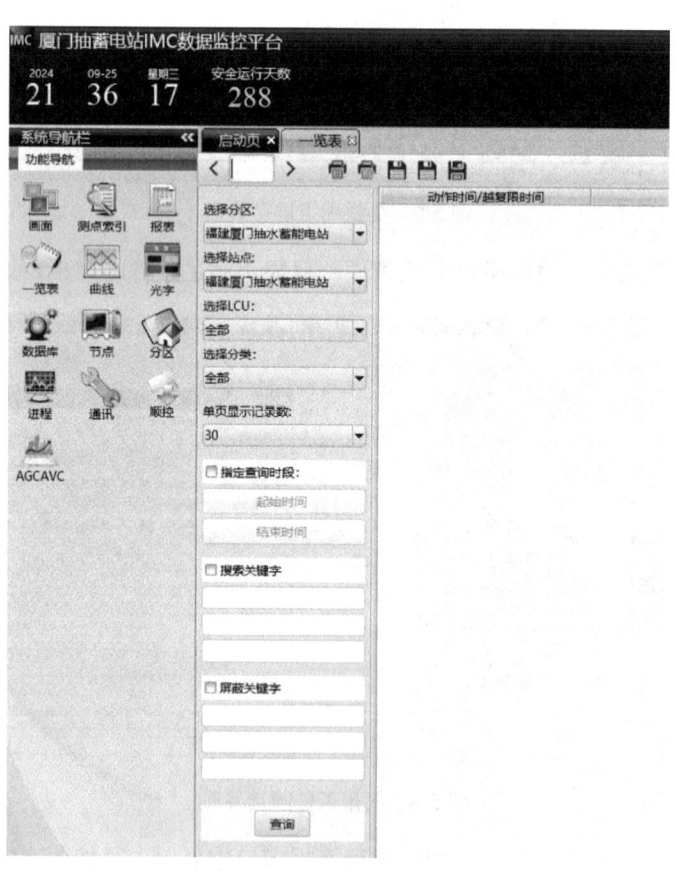

图 5-10　一览表查询界面

5. 曲线查询

对抽水蓄能电站数据库的模拟量测点采用曲线查询，曲线查询可方便地查看一个月内的数据，如图 5-11 所示。查询方法如下：在 IMC 左侧的导航栏中选择"曲线"，在右侧显示曲线查询窗口。

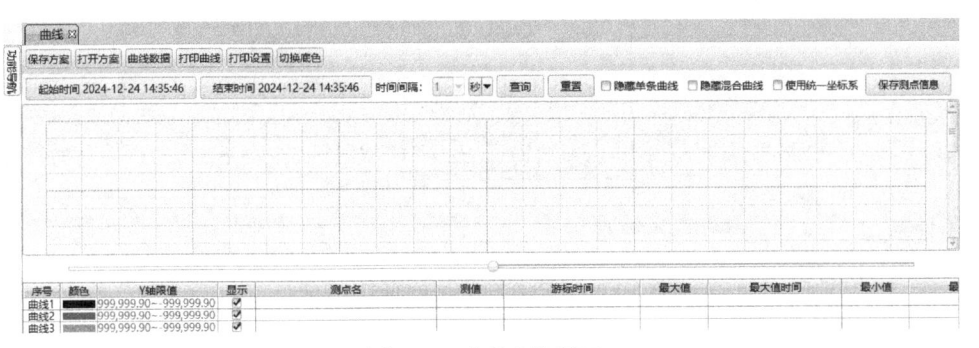

图 5-11 曲线查询界面

1) 选择查询对象

单击"曲线指定区"中的"序号"栏的单元格，如"曲线 1"，系统弹出"测点选择"窗口。

依次单击"测点选择"窗口左侧的各级树枝名称，如"1#机组"、"公用"和"主变洞"等，或者单击树枝名称前的树枝标识符，再单击树叶名称(通常取模拟量)，则在"测点选择"窗口右侧出现测点列表，如图 5-12 所示。

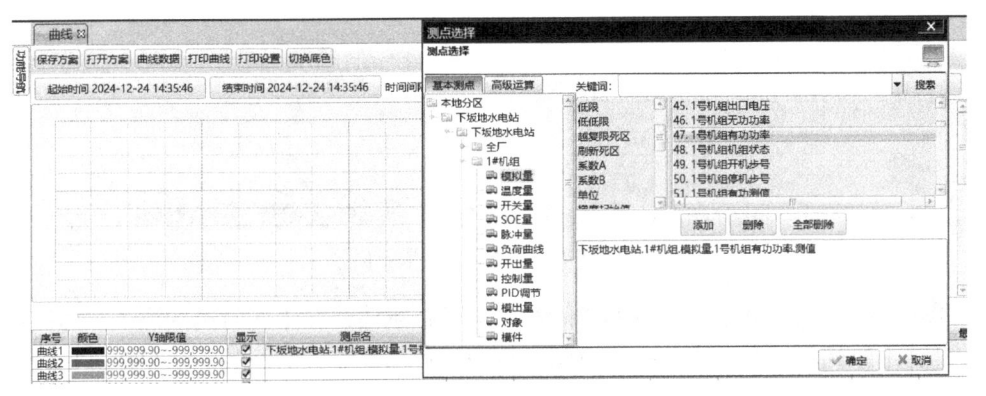

图 5-12 曲线查询测点选择界面

在测点列表中选择某一测点名称。

单击"测点选择"窗口下方的"添加"按钮，将此测点选为曲线 1 的查询对象；单击"删除"按钮，取消所选测点，曲线 1 的查询对象为空；单击"取消"按钮，放弃曲线测点的设置。

2) 设定查询时间

单击曲线查询窗口中的"起始时间"栏，系统弹出"日期/时间"窗口，如图 5-13 所示。起始时间设置后，单击"日期/时间"窗口中的"确认"按钮，起始时间设置有效；或单击"日期/时间"窗口中的"取消"按钮，取消对查询时间的设置。

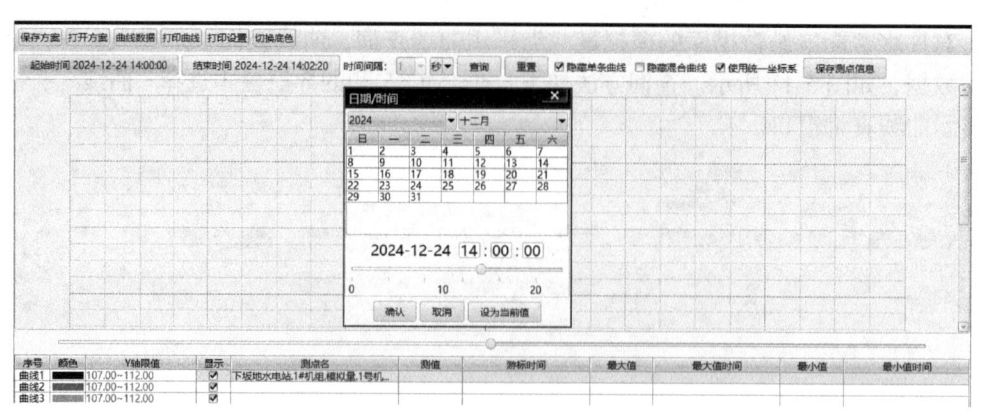

图 5-13 曲线查询设定查询时间界面

单击曲线查询窗口中的"结束时间"栏，系统弹出"日期/时间"窗口，其设置方式与"开始时间"相同。

3) 查询曲线

单击曲线查询窗口中的"查询"按钮，历史曲线查询结束后，曲线显示区以不同的颜色显示各条曲线，如图 5-14 所示。

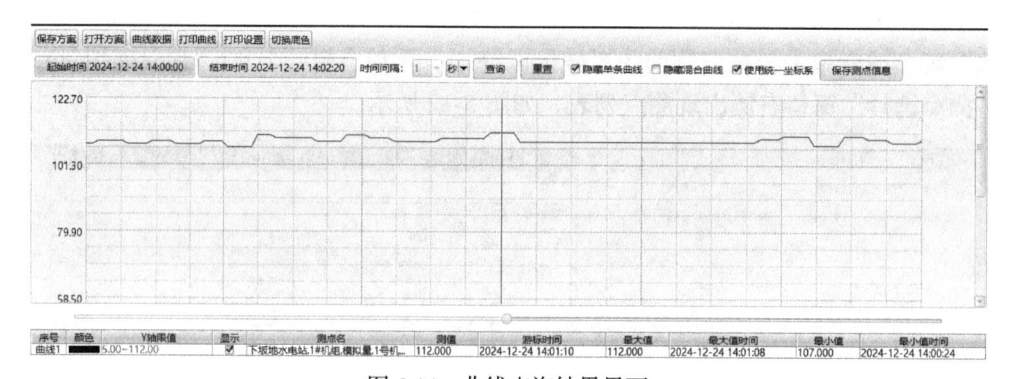

图 5-14 曲线查询结果界面

单击并拖动曲线显示区下方的时间游标，可查看曲线在不同时刻的测值。时间游标对应的详细时间显示在"当前查询时间"栏中；各曲线查询时间的测值显示在曲线显示区的"测值"栏中。整个查询时间段内曲线的"最大值""最大值时间""最小值""最小值时间"显示在曲线设定区中。单击并拖动曲线设定区下侧的滚动条，可以查看曲线测点的各项参数。

6. 报表查询

报表查询方法如下。

(1) 在 IMC 左侧的功能导航栏中选择"报表"，在右侧显示报表查询界面，如图 5-15 所示。

第 5 章　抽水蓄能电站监控系统运行维护

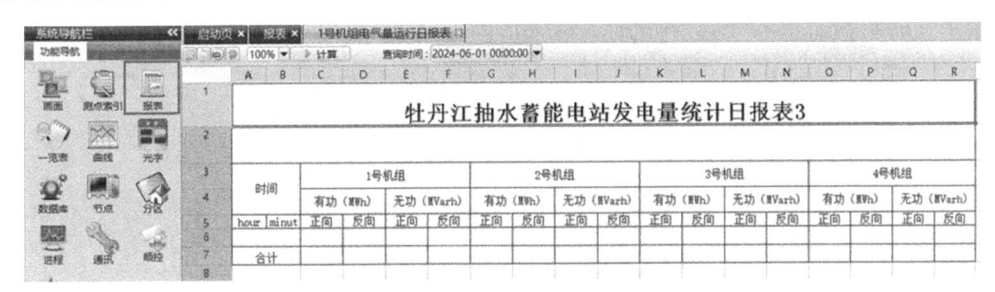

图 5-15　报表查询界面

(2) 在 IMC 右侧显示的菜单栏中选择"打开",找到对应的报表,如图 5-16 所示。

图 5-16　报表查询打开界面

(3) 在 IMC 右侧显示的菜单栏中选择"查询时间",设定时间的年月日,然后单击"√"确定,如图 5-17 所示。

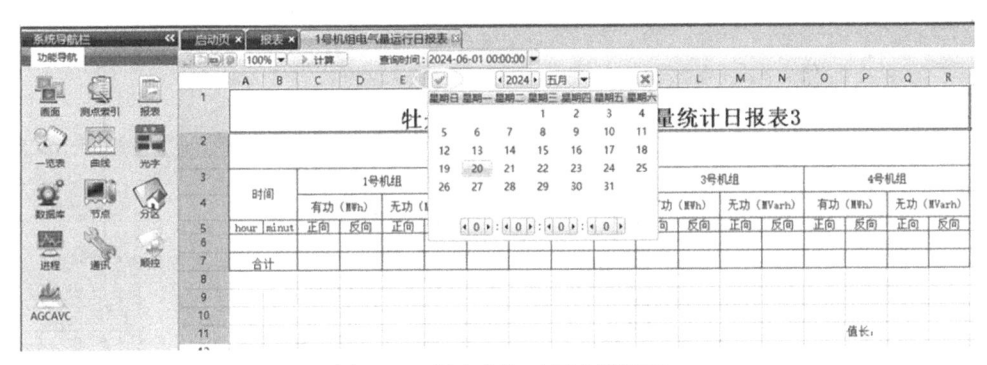

图 5-17　报表查询时间选择界面

(4) 在 IMC 右侧显示的菜单栏中单击"计算"进行报表查询,如图 5-18 所示。

7. 机组控制操作

抽水蓄能机组控制操作主要有停机、空转、空载、发电、发电调相、抽水调相、抽水、电气事故停机、紧急事故停机、机械事故停机。常用的机组控制操作有停机、发电、抽水调相、抽水。

以机组停机控制操作为例,其控制操作过程如下。

机组抽水调相(SFC)控制操作

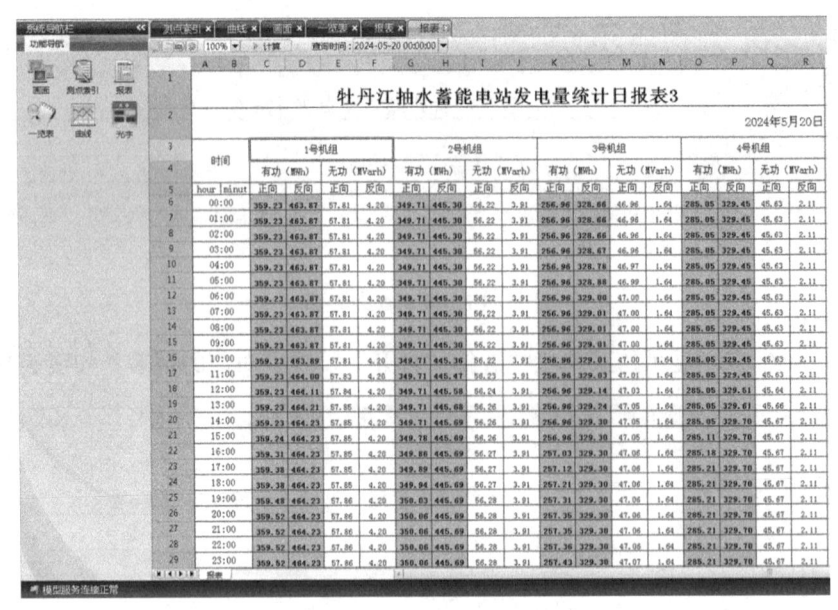

图 5-18 报表查询结果界面

(1) 单击机组图标"■",弹出控制操作对话框,如图 5-19 所示,黑色字体的控制是可以操作的,灰色字体的控制是操作不了的,当机组某一控制操作的工况转换条件满足时,控制令的字体变为黑色,否则为灰色。单击"停机",接着单击"执行"。

(2) 在机组停机操作后,可在上位机画面中监视机组停机控制操作流程,如图 5-20 所示。

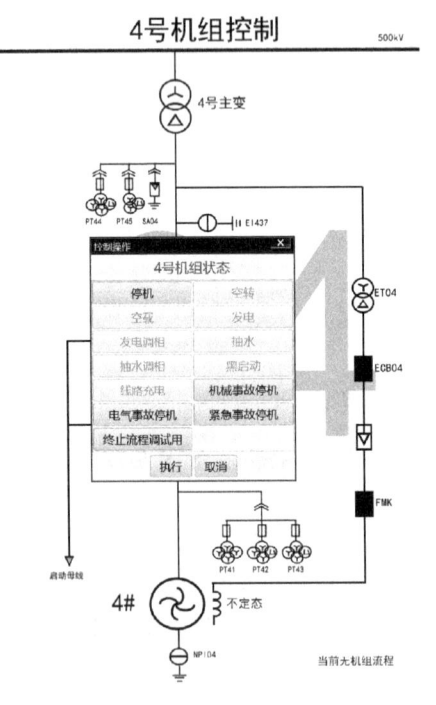

图 5-19 机组停机控制操作界面　　图 5-20 机组停机控制操作流程监视画面

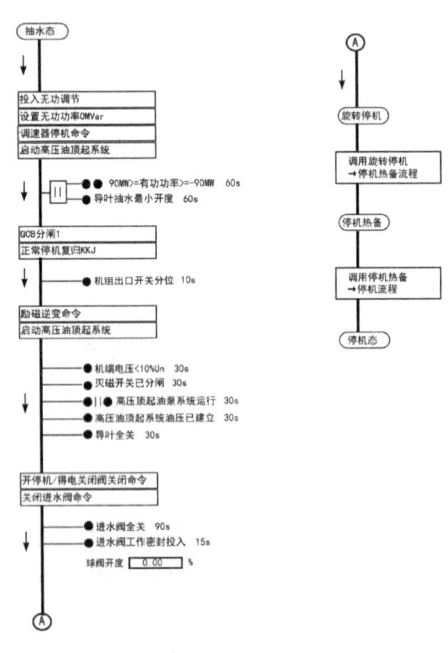

8. 机组负荷调节操作

抽水蓄能电站各机组负荷需要根据调度的要求进行调节，负荷调节包括有功负荷调节和无功负荷调节，机组负荷调节操作在图 5-19 的画面中。

机组有功功率调节操作过程如下：

(1) 先检查机组有功功率调节是否为可调状态，不可调时，无法进行有功功率的投入和退出操作；

(2) 若有功功率调节为可调状态，单击投入，投入成功后，反馈状态的退出会变为投入；

(3) 若有功功率调节反馈状态为投入，便可在"设定值"里面设定有功功率值；

(4) 在设定有功功率值后，机组开始调节有功功率到设定值，若调节超时，机组 LCU 会自动退出有功功率调节，此时画面显示有功功率调节退出的状态。

9. 断路器刀闸操作

断路器控制操作有同期合闸、无压合闸和分闸。刀闸的控制操作是合闸和分闸。断路器控制操作在图 5-19 的画面中，过程如下：

(1) 单击断路器图标"■"，弹出控制操作对话框，例如，进行断路器的同期合闸操作，单击"同期合"，接着单击"执行"；

(2) 在弹出窗口中单击"确认"，完成断路器同期合闸操作。

刀闸具体操作与断路器操作类似。

10. 辅机设备操作

抽水蓄能机组开停机过程涉及的辅助设备无须单独操作，但考虑到检修，有些辅助设备需要单独测试其功能，监控系统配置辅助设备操作功能。以球阀操作为例，其控制操作过程如下：

(1) 单击球阀图标""，弹出控制操作对话框，如图 5-21 所示。例如，进行球阀开启操作，单击"球阀开启"，接着单击"执行"；

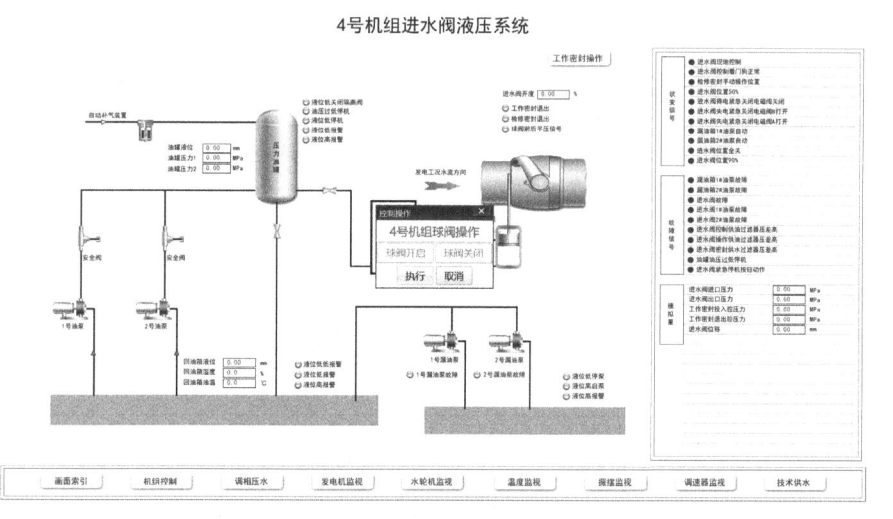

图 5-21 球阀控制操作画面

(2) 在弹出窗口中单击"确认",完成球阀开启控制操作。

5.2 抽水蓄能电站监控系统维护

随着计算机技术和自动化技术的不断发展,抽水蓄能电站逐渐采用计算机监控系统,综合自动化应用越来越广泛。计算机监控系统具有数据采集、数据处理、数据查询、设备状态监视、故障报警、人机交互、机组与线路开关操作、自动电压控制、自动发电控制、时间顺序记录事故等各种功能,计算机监控系统的运行可靠与否,直接关系到抽水蓄能电站的安全运行。为满足"无人值班,少人值守"的需求,同时随着新设备、新技术的不断产生,以及对抽水蓄能电站自动化水平的要求越来越高,对抽水蓄能电站计算机监控系统的运行安全性、稳定性的要求也越来越高,必须加强计算机监控系统的维护工作。通过有效的维护可以最大限度地减少计算机监控系统的故障,提高整个电站的运行效率。

5.2.1 厂站层设备维护

抽水蓄能电站计算机监控系统厂站层设备是抽水蓄能电站监控系统的中央控制级设备,包括主机、工作站和网络设备等,厂站层设备也常称为计算机监控系统上位机。厂站层设备中,计算机服务器根据功能划分为不同的上位机节点,包括实时数据服务器、历史数据服务器、操作员工作站、工程师工作站、培训工作站、语音报警工作站、Web服务器等。厂站层设备还包括与现地层设备连接的网络设备,如核心交换机等,与其他系统相连接的安全隔离设备,如加密装置、隔离装置、防火墙、入侵检测装置等,以及为厂站层设备运行供电的 UPS 系统。厂站层设备统一处理电站计算机监控系统的数据并对外发布,作为直接与电站运行人员连接的人机接口,其友好的界面、集中快捷的数据发布与查询功能,为抽水蓄能电站的安全运行提供了可靠保障。

厂站层设备主要为各种计算机服务器和网络设备,随着投产时间的推移,设备老化会带来一系列的问题和挑战,厂站层设备的运行可靠性将不断降低,除了使用冗余配置的方式,如双机、双网络等提高计算机监控系统的可靠性,必要的维护对于计算机监控系统的厂站层设备也是必不可少的。

厂站层设备集中布置于监控计算机机房中,设备维护需要日常巡检,同时根据设备运行情况和电站检修计划等做好定期维护,为设备做好停电除尘、程序备份、固件更新等工作。

厂站层维护的设备主要涉及抽水蓄能电站全厂的上位机系统。

维护周期与工期表如表 5-1 所示。

表 5-1 维护周期与工期表

序号	维护类别	维护周期	维护工期	备注
1	巡回检查	1 天	1 天	例行
2	定期维护	1 季度	2 天	例行
3	定期检修	1 年	7 天	随计划实施

1. 日常巡检内容

日常巡检工作内容包括：检查计算机房空调设备运行情况和机房温湿度是否在规定的范围内；检查计算机机柜内有无明显异常气味；检查计算机机柜内上位机系统各设备工作状态指示是否正常；检查计算机机柜内有无设备异常连续报警声；检查 UPS 系统工作状态指示是否正常；检查上位机网络设备状态，如交换机等工作指示是否正常；在上位机工程师工作站上检查上位机系统各网络节点状态是否正常；检查操作员工作站服务器与显示器有无异常报警，显示是否正常，颜色是否正常；与运行人员检查确认操作员工作站操作显示是否正常。

2. 定期维护内容

除日常巡检内容外，定期维护工作内容包括：检查标准时钟是否正常，各设备的时钟是否同步；检查上位机系统 UPS 系统电源部分的输入电压、输出电压、输出电流是否正常；检查报表生成与打印、报警及事件打印、语音等功能是否正常；检查历史数据库备份装置是否工作正常，并检查磁盘空间，保持足够的磁盘空间裕量；检查计算机设备 CPU 负荷率、内存使用情况、应用程序进程或服务的状态；检查计算机监控系统通信程序、驱动程序，包括站内通信和调度通信是否正常；对服务器的显示器、键盘、鼠标进行清洁；检查计算机监控系统中数据定值与实际运行设备信息是否一致；对数据库等监控系统软件进行程序备份，确保保存最近三个版本的程序备份；与现地层下位机系统核对数据采集、报警等信息是否正常；与现地层下位机系统核对控制命令能否正常执行；对主从配置的主机系统做切换运行。

3. 定期检修内容

定期检修工作内容包括：对上位机监控计算机主机及网络设备进行停电除尘；检查 UPS 系统，对蓄电池进行一次充放电维护；对上位机监控计算机进行冷启动，以消除系统软件的隐含缺陷对系统运行产生的不利影响。

4. 维护说明

做好每次维护的工作记录，结合维护的实际工作内容生成对应的维护工作文档，如日常巡检文档、定期维护文档和定期检修文档，统一管理，建立资料清单。

做好安全防护措施，确保监控系统具有适当的安全措施，包括强密码策略、访问控制列表、防火墙和入侵检测系统等，以防止未经授权的访问和数据泄漏。

针对消缺性维护工作，需要做好处理前后的程序备份，做好修改记录，做好时间、地点、维护责任人、修改原因等详细记录，实事求是，做到后续有据可查，并有助于追踪系统问题并提供参考资料，以便日后维护和升级。

维护过程中，发现问题，需要及时处理，当无法处理的情况发生时，需要采取适当措施，防止问题扩大化。

对设备运行生命周期需要了解，准备好适当的备品备件，发现故障设备，及时更换处理。

5.2.2 现地层设备维护

抽水蓄能电站计算机监控系统现地层设备以现地控制单元(LCU)为核心，采集处理所在单元的所有机电设备的相关数据信息，并控制机电设备的运行，现地层设备也常称为计算机监控系统下位机。现地控制单元(LCU)以PLC为核心，并配置相应的自动化设备与仪表，如温度采集装置、测速装置、同期装置、交采表、电能表、标准时钟装置等，全面采集所在单元机电设备的运行实时数据，经初步处理后传输至厂站层设备，同时执行厂站层设备下发的各种机电设备的控制命令，保证可以快速安全地启动或者停止相关设备运行。

抽水蓄能电站一般设置机组、主变洞、开关站、厂房公用、上水库、下水库、中控楼等现地控制单元，每个现地控制单元中配置的自动化仪表和设备使得计算机监控系统的现地层系统规模更大，涉及范围更广，对于现地层设备的安全稳定运行的要求越来越高，现地层设备的维护也越来越必要。

现地层设备涉及范围广且设备分散，设备维护需要考虑日常巡检，同时根据设备运行情况、程序修改情况做好定期维护，还需要根据电站的各机组、公用开关站等设备进行相应的定期检修工作。

现地层维护的设备主要涉及抽水蓄能电站的现地控制单元。

维护周期与工期表如表5-2所示。

表5-2　维护周期与工期表

序号	维护类别	维护周期	维护工期	备注
1	巡回检查	1天	1天	例行
2	定期维护	1季度	2天	例行
3	定期检修	1年	7天	随检修计划进行

1. 日常巡检内容

日常巡检工作内容包括：检查现地控制单元设备机柜等外观；检查现地控制单元设备机柜内有无异常气味；检查现地控制单元机柜内温、湿度是否在规定的范围内；检查现地控制单元PLC各模件工作状态指示是否正常；检查现地控制单元网络设备运行是否正常；检查现地控制单元触摸屏等人机接口数据是否正常刷新，数据是否正常；检查现地控制单元自动化仪表，如电能表、交采表等工作状态指示是否正常；检查现地控制单元自动化设备，如测速、测温、同期装置等工作状态指示是否正常；检查现地控制单元通信管理设备通信状态指示是否正常；检查现地控制单元标准时钟装置工作指示灯是否正常。

2. 定期维护内容

除日常巡检内容外，定期维护工作内容包括：备份现地控制单元 PLC 程序；备份现地控制单元触摸屏等人机接口程序；备份现地控制单元通信管理设备程序；检查现地控制单元机柜供电是否正常，输入电压、输出电压、输出电流是否正常；与厂站层上位机系统核对数据采集、报警信息是否正常；与厂站层上位机系统核对下行控制命令能否正常执行；检查现地控制单元标准时钟是否正常；检查现地控制单元冗余配置 CPU 主从切换功能是否正常；此外除定期维护外，所有的程序修改前后也需做好备份。

3. 定期检修内容

定期检修工作内容包括：现地控制单元工作电源检测并试验；模拟量输入模件通道检查；开关量输入模件通道检查；开关量输出模件检查；事件顺序记录模件通道检查；测速装置通道检查；测温模件通道检查；同期装置参数检查；网络连接线缆(含光纤通道)检查。独立光纤硬布线紧急停机回路光端机、光纤通道与独立电源检查；现地控制单元与远程 I/O 柜的连接、通信检查与处理；现地控制单元与上位机系统通信通道的检查与处理；现地控制单元与其他系统的通信检查与处理；I/O 接口连线检查、端子排接线紧固；I/O 接口连线绝缘检查；开出继电器检查；控制流程的检查与模拟试验；时钟同步检查测试；电能表、交采表等通信通道检查、工作状态检查及与上位机系统数据核对；对现地控制单元设备进行停电除尘。

4. 维护说明

做好每次维护的工作记录，结合维护的实际工作内容生成对应的维护工作文档，如日常巡检文档、定期维护文档和定期检修文档，统一管理，建立资料清单。

针对消缺性维护工作，需要做好处理前后的程序备份，做好修改记录，做好时间、地点、维护责任人、修改原因等详细记录，实事求是，做到后续有据可查。

对设备运行生命周期需要了解，准备好适当的备品备件，发现故障设备，及时更换处理。

5.2.3 常见监控系统故障处理

1. 模拟量测点异常

退出与该测点相关的控制与调节功能；采用标准信号源检测对应现地控制单元模拟量采集通道是否正常；检查相关电量变送器或非电量传感器是否正常；检查数据库中的相关模拟量组态参数是否正确。

2. 温度量测点异常

退出与该测点相关的控制与调节功能；用标准电阻检验对应现地控制单元温度量采集通道是否正常；检查温度传感元件；检查现地控制单元数据库中的相关温度量组态参数是否正确。

3. 开关量测点异常

退出与该测点相关的控制与调节功能；短接或开断对应现地控制单元开关量采集通道，以检测模块是否正常；检查现场开关量输入回路是否短接或断线；检查现场设备是否正常。

4. 上位机设备与现地控制单元通信中断

退出与该现地控制单元相关的控制与调节功能；检查上位机与对应现地控制单元的通信进程；检查现地控制单元的工作状态；检查现地控制单元的网络接口模件和相关网络设备；检查通信连接介质；必要时，做好相关安全措施后在上位机设备和现地控制单元侧分别重启通信进程。

5. 控制命令发出后现场设备拒动

检查开关量输出模件是否故障；检查开关量输出继电器是否故障；检查开关量输出工作电源是否未投入或故障；检查柜内接线是否松动；检查控制回路电缆或连接是否故障；检查被控设备本身是否故障。

6. 控制流程退出

检查相应判据条件是否出现测值错误；检查判据条件所对应的设备状态是否不满足控制流程要求；检查判据条件限值是否错误。

7. 机组有功、无功功率调节异常处理

退出该机组的自动发电控制、自动电压控制，退出该机组的单机功率调节功能；检查调节参数是否正常；检查现地控制单元有功、无功功率控制调节输出通道(包括 I/O 通道和通信通道)是否工作正常；检查调速器或励磁调节器是否工作正常。

8. 报表无法正常自动生成

检查历史数据库的数据记录功能；检查报表功能是否正常；检查报表功能生成定义是否正确。

5.3 抽水蓄能电站监控系统信息安全

近年来国际上信息安全事件频发，发生了乌克兰大面积停电事件、美国东部互联网服务瘫痪、勒索病毒全球暴发等信息安全事件。电力作为重要基础设施，已被不少国家视为"网络战"的首选攻击目标，抽水蓄能电站监控系统的信息安全形势异常严峻，亟须加强安全监管。

5.3.1 信息安全总体原则

电力监控系统等级保护工作主要流程如图 5-22 所示。

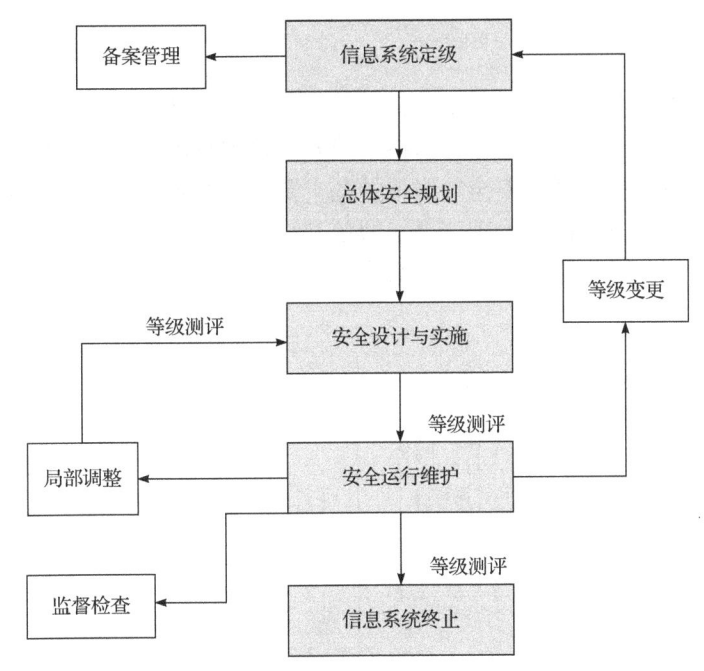

图 5-22　电力监控系统等级保护工作主要流程

总则：抽水蓄能电站计算机监控系统(以下简称"计算机监控系统")中采用的信息安全防护设备为专项设备，是计算机监控系统信息安全防护实施方案的主要组成部分，应采用专项管理办法保证信息安全防护工作独立、合规和有效开展。

专项设计：应按照国家法律法规等相关要求，独立开展计算机监控系统信息安全防护方案设计。按《电力监控系统安全防护规定》和《电力二次系统安全管理若干规定》相关要求，开展防护方案中计算机监控系统的型式评估工作。

专项审查：信息安全防护方案(含型式评估)需通过抽水蓄能电站主管单位和电网调度等上级机构的审查。

同步实施：信息安全防护方案实施应做到与电站自动化系统建设"三同步"，即同步设计、同步实施、同步验收。计算机监控系统上线投运前完成上线评估和等保测评工作，保证运行的计算机监控系统的信息安全防护合规、有效；配置的信息安全防护设备应满足《网络关键设备和网络安全专用产品目录(第一批)》等国家相关强制性要求，禁止选用经国家相关管理部门检测认定并经国家能源局通报存在漏洞和风险的系统及设备。设备通报存在漏洞和风险后，应采取有效措施避免漏洞和风险，并取得国家权威信息安全检测机构出示的最新检测报告以证明其安全性。

专项报告：将信息安全防护方案的设计、审查、实施、评估和等保测评等全过程实施工作记录及相关成果等形成专项报告，为信息安全防护合规性审查与验收提供依据。

专项验收：方案实施完成后，需通过电站信息中心网络安全处等上级机构的信息安全防护专项验收。

人员管理：对从事信息安全防护实施工作的技术人员的身份背景、专业资格和资质进行严格审查和登记备案，对其开展保密教育并签署保密协议等。

5.3.2 安全防护体系

根据《中华人民共和国网络安全法》、《关键信息基础设施安全保护条例》、《电力监控系统安全防护规定》、《电力监控系统安全防护总体方案等安全防护方案和评估规范》和《电力行业信息系统安全等级保护基本要求》的规定，抽水蓄能电站自动化系统安全防护应包含以下方面：物理安全、通信网络安全、区域边界防护、主机安全、应用系统安全、数据备份与恢复安全等，如图 5-23 所示。

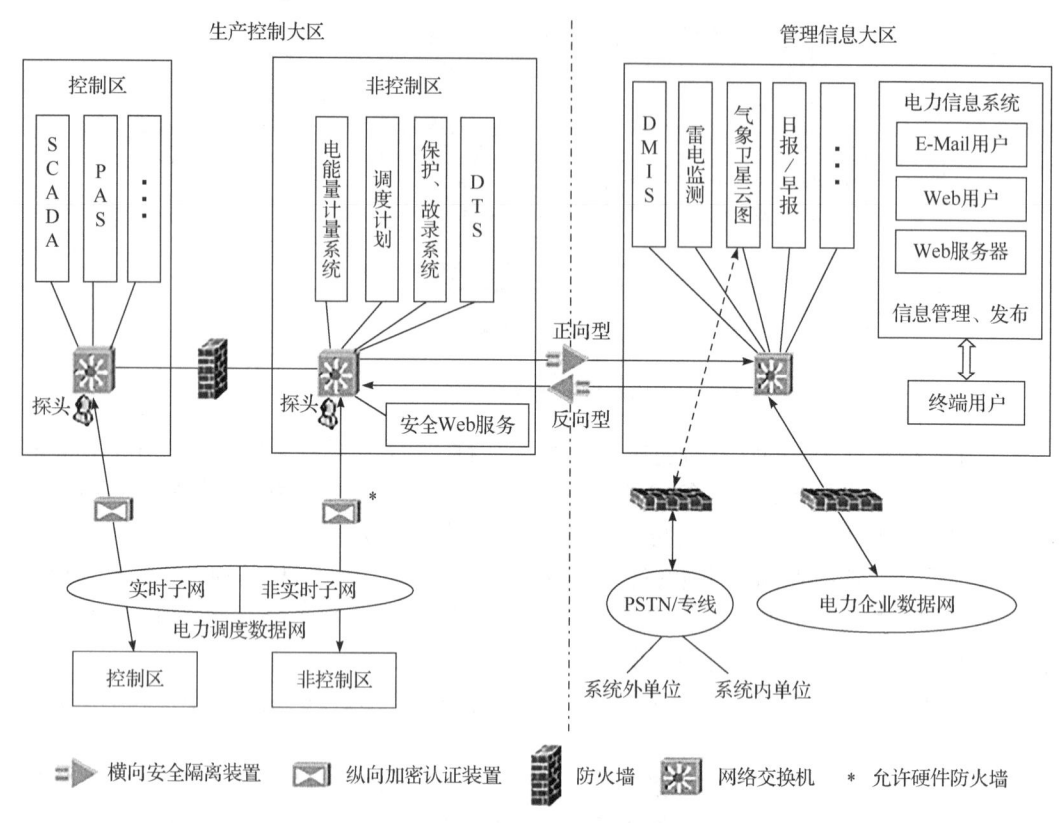

图 5-23 电力监控系统安全防护总体策略

抽水蓄能电站自动化系统应具有安全防护功能，防范黑客、病毒、恶意代码等各种形式的破坏和攻击，防止内部或外部用户的非法访问、非法操作及非法获取信息，防止操作人员的过失影响或破坏自动化系统的正常工作。抽水蓄能电站自动化系统安全防护的具体措施包括安全分区、横向隔离、纵向认证、网络专用和入侵监测、主机与网络设备加固、内网安全审计及恶意代码防护等综合安全防护。

5.3.3 安全分区

安全分区是电力监控系统安全防护体系的结构基础。发电企业、电网企业内部基于计算机和网络技术的业务系统，原则上划分为生产控制大区和管理信息大区。生产控制大区可以分为控制区(又称安全Ⅰ区)和非控制区(又称安全Ⅱ区)。在满足安全防护总体原则的前提下，可以根据业务系统的实际情况，简化安全区的设置，但是应当避免形成不同安全区的纵向交叉连接。

典型电力监控系统安全防护拓扑如图 5-24 所示。

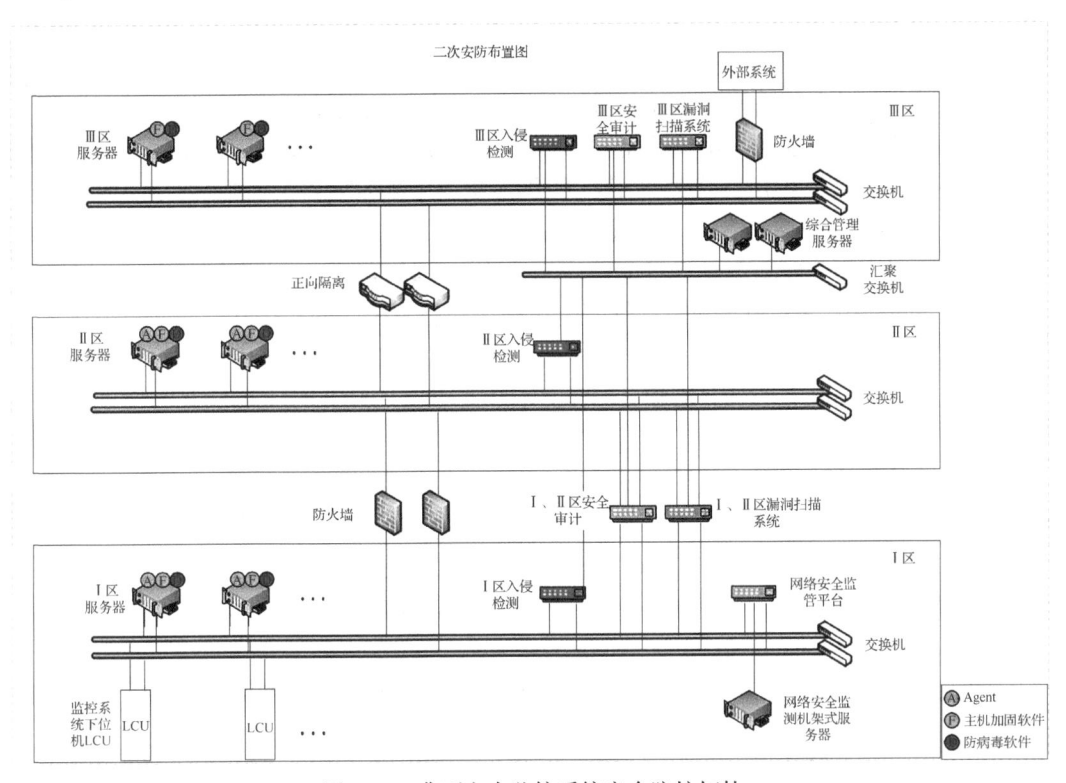

图 5-24 典型电力监控系统安全防护拓扑

5.3.4 边界防护

抽水蓄能电站自动化系统的各业务系统或其功能模块(或子系统)间应采取有效的边界防护措施。边界防护包括横向隔离、纵向认证、逻辑隔离等措施。

1) 横向隔离

电力专用横向单向安全隔离装置作为生产控制大区与管理信息大区之间的必备边界防护措施，是横向防护的关键设备。安全隔离装置可以实现两个不同安全区之间的非网络方式的安全数据交换，并保证应用数据的单向传输，其中正向安全隔离装置用于安全Ⅰ/Ⅱ区到安全Ⅲ区的单向数据传递，反向安全隔离装置用于安全Ⅲ区到安全Ⅰ/Ⅱ区的单向数据传递。

2) 纵向认证

纵向加密认证是抽水蓄能电站自动化系统安全防护体系的纵向防线，通过采用认证、加密、访问控制等技术措施实现数据的远程安全传输和纵向边界的安全防护。在生产控制大区与广域网的纵向连接处应当设置经过国家指定部门检测认证的电力专用纵向加密认证装置，实现双向身份认证、数据加密和访问控制。

3) 逻辑隔离(防火墙)

抽水蓄能电站自动化系统控制区、非控制区、管理信息大区内部和控制区与非控区之间需通过 VLAN 或部署安全可靠的硬件防火墙实现逻辑隔离、报文过滤、访问控制等功能。

5.3.5 安全区内部防护

禁止生产控制大区内部的 E-Mail 服务，禁止控制区内通用的 Web 服务。

允许非控制区内部业务系统采用 B/S 结构，但仅限于业务系统内部使用。允许提供纵向安全 Web 服务，但应当优先采用专用协议和专用浏览器的图形浏览技术，也可以采用经过安全加固且支持 HTTPS 的安全 Web 服务。

生产控制大区重要业务的远程通信应当采用加密认证机制；生产控制大区内的业务系统间应该采取 VLAN 和访问控制等安全措施，限制系统间的直接互通；生产控制大区禁止使用拨号访问服务和无线网络服务；生产控制大区边界上应采用入侵检测措施；生产控制大区应当采取安全审计措施。

5.3.6 综合安全防护

结合国家信息安全等级保护工作的相关要求，从入侵检测、主机与网络设备加固、应用安全控制、安全审计、计算机访问控制、恶意代码防范、硬件设备选型与漏洞防护、备份与容灾等多个层面对电力监控系统进行信息安全防护。

1) 入侵检测

检测计算机监控系统的网络边界，入侵检测系统通过合理设置检测规则，能够及时捕获网络异常行为、分析潜在威胁、进行安全审计。

2) 主机与网络设备加固

主机与非控制网络设备自主可控，安装自主可控的操作系统，并通过主机安全加固措施满足对抽水蓄能电站自动化系统生产控制大区数据服务器、应用服务器、外部通信服务器，以及网络边界处的通信网关机的主机加固要求。

3) 应用安全控制

对用户登录应用系统、访问系统资源等操作进行身份认证，提供登录失败处理功能，根据身份与权限进行访问控制，并且对操作行为进行安全审计。

4) 安全审计

在生产控制大区部署安全审计系统，能够对网络运行日志、操作系统运行日志、数据库访问日志、业务应用系统运行日志、安全设施运行日志等进行集中收集、自动分析，及时发现各种违规行为及病毒和黑客的攻击行为。

各类审计和日志保存时间不低于 6 个月，日志记录形式和内容满足国家、行业相关要求，并通过 syslog、snmp、trap 等标准接口进行采集。

5) 计算机访问控制

对用户登录本地操作系统、访问系统资源等操作进行身份认证，根据身份与权限进行访问控制，并且对操作行为进行安全审计。系统应具备用户登录双因子认证功能。系统服务器及存储设备均采用自主可控设备，并安装自主可控的安全操作系统。系统主机及操作系统实现基于国密技术的 USB Key 或指纹 Key 用户认证，满足双因子认证要求。

6) 恶意代码防范

生产控制大区对于采用 Linux 操作系统的设备，安装自主可控的安全操作系统并进行安全加固，进行恶意代码的防范。

生产控制大区对于采用 Windows 操作系统的设备，加装安全加固软件，并安装自主可控的防病毒软件，进行恶意代码的防范。

7) 硬件设备选型与漏洞防护

生产控制大区应当选用安全可靠的硬件防火墙，其功能、性能、电磁兼容性必须经过国家相关部门的检测认证。

利用漏洞扫描系统对网络中所有设备及相关协议服务进行实践性扫描、分析和评估，检测与分析系统中存在的安全弱点和漏洞，评估安全风险，建议补救措施。系统管理员根据安全评估报告的结果进行整改，及时安装升级包、补丁包，或者修改防火墙和隔离设备的访问控制规则，以避免黑客利用系统安全漏洞进行攻击。漏洞扫描只在出厂前进行一次。

8) 备用与容灾

系统提供完善的数据安全和备份恢复功能，可有效保证数据安全和备份恢复的有效性。采用以下保障措施。

系统配置数据备份及保护一体机，用于对计算机操作系统、应用软件系统等进行数据备份保护。建立跨平台的、多应用备份保护的统一安全备份，支持主流操作系统、异构硬件平台一体化的备份解决方案。支持关键业务数据库的持续数据保护和定时热备，支持恢复到任意时间点。

系统选用的数据库系统支持多种备份还原方式，包括物理和逻辑的备份与还原、全部及增量的备份与还原、基于时间点的备份与还原、联机与脱机的备份与还原等；支持按照全库、用户(模式)和数据表等多级的备份和恢复方式；具备良好的灾后恢复能力，当数据库因断点或主机故障异常关闭，再次启动时，数据库可以自动进行故障恢复，不会丢失所有已提交的数据。

探索与思考

1. 抽水蓄能电站计算机监控系统硬件大多采用集成度较高的板卡和模件，硬件的检修和维护更多地涉及底层的传感器、变送器和传输电缆，如何降低检修维护工作量？

2. 计算机监控系统只是对运行设备进行监视和控制，在抽水蓄能电站中还有大量的静默设备和设施，如引水/排水管路系统、隧洞、地下洞室等，将这些设施的检修维护或状态纳入监控系统是否恰当？

3. 抽水蓄能电站油气水辅助设备系统有大量的中小生产设备，如泵、电机等，检修维护工作量也比较大，是否可以将这些辅助设备系统也构建为一些局部的状态监测系统，以减小电站的维修工作量？

4. 在水电站受到网络攻击的时候，对于无人值班和有人值班情况，有何不同？有什么可能的应对措施？

第 6 章　抽水蓄能电站高级功能及趋势

6.1　抽水蓄能电站 AGC/AVC 控制

AGC 和 AVC 这两项高级应用功能是在水轮发电机组自动控制的基础上，实现全电厂自动化的一种方式，已经在抽水蓄能电站中得到了广泛的应用。图 6-1 为抽水蓄能电站常见的 AGC/AVC 结构配置。

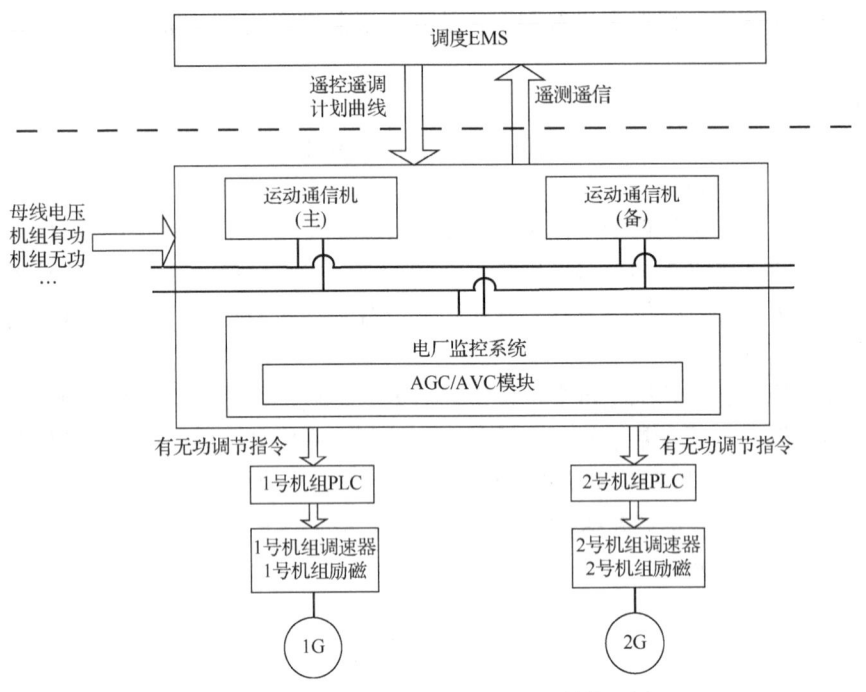

图 6-1　抽水蓄能电站 AGC/AVC 结构配置

监控系统实时数据服务器负责实时采集各下位机 LCU 数据并发送给系统内其他节点或者模块，AGC/AVC 模块实时读取监控系统中的机组有功、机组无功等数据。

AGC/AVC 模块接收实时数据服务器或者远动通信服务器转发过来的电厂调节指令或者调度调节指令，并按照一定的分配策略进行运算。

监控系统实时数据服务器负责将 AGC/AVC 模块运算分配后的调节指令下发到相应的机组 LCU，机组 LCU 通过 PLC 程序进行自动开停机和功率调节。

6.1.1　抽水蓄能电站 AGC 控制

AGC 是指按预定条件和要求，以快速、经济的方式自动调整抽水蓄能电站有功功率来满足系统需要的技术。根据水库上游来水量和电力系统的要求，考虑电厂及机组的运行限制条件，在保证电厂安全运行的前提下，以经济运行为原则，确定电厂机组运行台数、机组运行组合和机组间负荷分配。

简言之，AGC 实现的功能是根据调度开停机需求完成机组的自动启停，根据调度负荷需求完成机组间有功分配调节。

1. AGC 控制模式

1) 负荷控制模式

AGC 负荷控制模式有三种：电厂定值方式、调度定值方式、电厂曲线方式。

AGC 可以通过负荷控制方式切换实现调度和电厂控制方式，通过负荷给定方式切换选择定值或曲线方式。

电厂定值方式：运行人员可直接在 AGC 画面上设置全厂总有功目标值，而后 AGC 模块依据预定分配原则将这个目标值分配到各台参加 AGC 的机组进行有功调节。

调度定值方式：调度 EMS 能量管理系统通过电厂远动通信定时下发全厂总有功目标值，而后 AGC 模块依据预定分配原则将这个目标值分配到各台参加 AGC 的机组进行有功调节。

电厂曲线方式：AGC 模块依据调度预先下发的全厂日负荷曲线计算出各个时间点的全厂总有功目标值，而后按预定分配原则将这个目标值分配到各台参加 AGC 的机组进行有功调节。

2) 开停机控制模式

抽水蓄能电站开停机控制模式常见的有四种：单机直控模式、开机容量模式、开机台数模式、计划曲线模式。

不同地区电网调度针对抽水蓄能电站采用的开停机控制模式有所差异。

单机直控模式：调度 EMS 通过电厂远动通信下发单机直控开停机指令，电厂监控系统收到开停机指令调用机组开停机流程执行开停机。

开机容量模式：调度 EMS 通过电厂远动通信下发全厂总开机容量指令，AGC 模块根据开机容量指令计算出开机台数，并根据预设的机组开停机优先级控制机组开停机。

开机台数模式：调度 EMS 通过电厂远动通信下发全厂总开机台数指令，AGC 模块根据开机台数指令解析出开机台数，并根据预设的机组开停机优先级控制机组开停机。

计划曲线模式：AGC 模块依据调度预先下发的全厂日负荷曲线计算出下一负荷点的计划值，根据计划值计算出开机台数，并根据预设的机组开停机优先级控制机组开停机。

2. AGC 控制策略

1) 负荷分配策略

AGC 通常采用的负荷分配策略为等比例分配策略+小负荷分配策略，遵循的基本原则是全厂有功给定值减去未加入联控机组的有功实发值，剩余的值在联控可调机组间进行分配。负荷分配遵从下述安全原则。

(1) 机组不能运行在振动区；

(2) 不能频繁跨越振动区；

(3) 分配过程中机组不得超过最大最小有功限制和振动区限制；
(4) 机组不能频繁调节，负荷变化由尽可能少的机组进行调节。

等比例分配策略是较为简单且常用的一种负荷分配原则，在机组的特性曲线不全或不够精确的前提下，采用该原则比较合理，公式如下：

$$P_i = P_{\text{AGC}} \times \frac{P_{i\max}}{\sum_{i=1}^{n} P_{i\max}} \qquad (i=1,2,\cdots,n) \tag{6-1}$$

式中，P_i 为第 i 台机组的有功分配值；P_{AGC} 为全厂 AGC 有功分配值；$P_{i\max}$ 为第 i 台机组在当前水头下的最大出力。

小负荷分配策略是为了更好地配合等比例分配策略，当相邻两次电网调度设值较小，小于小负荷门槛值时，AGC 可选择一台机组进行小负荷调整。若一台机组进行小负荷调整不能满足负荷要求，可再增加一台机组参与调整。如果多台机组均无法满足小负荷分配要求，则自动执行等比例分配策略。通过小负荷调节，可以实现有功设定变幅在一定范围内时，只有一台或两台机组进行有功调节，可以防止机组调节过于频繁。

AGC 除以上两种最常见的负荷分配策略外，还可以结合电站的实际需求，在给定目标函数和约束条件下，通过一定的优化算法，寻求最优的负荷分配策略。其中，最经典的是动态规划算法。通过动态规划衍生了多种改进算法，如增量动态规划算法、逐步优化算法、逐次逼近算法等，通过这些算法可以实现不同分配策略需求，提高全厂的调节精度。

2) 开停机控制策略

AGC 根据调度下发的指令遵照事先设定的机组开停机优先级，在开停机条件满足时，自动/半自动(经操作员确认)下发机组开停机命令控制机组开停机。

(1) 自动开机策略。

开机容量模式：AGC 模块根据调度下发的开机容量指令计算出需要的运行机组台数，如果大于当前运行机组台数，则 AGC 选择开机优先级高的机组执行自动开机。

开机台数模式：AGC 模块根据调度下发的开机台数编码指令解析出需要的运行机组台数和开机方向(发电方向或抽水方向)，如果大于当前运行机组台数，则 AGC 选择开机优先级高的机组执行自动开机。

计划曲线模式：AGC 模块根据调度预先下发的全厂当日计划曲线中下一个负荷点(每 15min 一个负荷点)的计划值，计算出需要的运行机组台数。当需要增加一台机组开机时，提前 T_1 分钟 AGC 发出开机令；当需要增加两台机组同时开机时，第一台机组提前 T_1 分钟发出开机令，提前 T_2 分钟再开第二台机组；当需要增加三台机组同时开机时，第一台机组提前 T_1 分钟开机，第二台机组提前 T_2 分钟开机，第三台机组提前 T_3 分钟开机。

(2) 自动停机策略。

开机容量模式：AGC 模块根据调度下发的开机容量指令计算出需要的运行机组台数，如果小于当前运行机组台数，则 AGC 选择停机优先级高的机组执行自动停机。

开机台数模式：AGC 模块根据调度下发的开机台数编码指令解析出需要的运行机组

台数和开机方向(发电方向或抽水方向),如果小于当前运行机组台数,则 AGC 选择停机优先级高的机组执行自动停机。

计划曲线模式:AGC 模块根据调度预先下发的全厂当日计划曲线中下一个负荷点(每 15min 一个负荷点)的计划值,计算出需要的运行机组台数。当需要减少一台机组开机时,提前 T_1 分钟 AGC 发出停机令;当需要减少两台机组开机时,第一台机组提前 T_1 分钟发出停机令,提前 T_2 分钟再停第二台机组;当需要减少三台机组开机时,第一台机组提前 T_1 分钟停机,第二台机组提前 T_2 分钟停机,第三台机组提前 T_3 分钟停机。

3. AGC 安全闭锁策略

(1) 防主站目标错误保护。当 AGC 检测到非法主站目标时,报警提醒设值非法,维持原值。

(2) 振动区自动躲避策略。AGC 分配时,不得将机组分配到振动区内运行。

(3) 水头滤波处理策略。当 AGC 采集的水头值发生故障或跳变时,AGC 要进行告警处理并保持原值不变,防止异常水头影响 AGC 的正常运行。

(4) 联合控制自动退出策略。当发生有可能影响系统安全的事件时,立刻退出 AGC 联控功能。

(5) 母线频率故障。该故障包括频率测量通道故障、频率越限,立刻退出 AGC 联控功能。

(6) 机组有功测值故障。此时无法确定机组有功测值是否准确,为了避免全厂有功设定值受此影响,要退出 AGC 联控功能。

(7) 发电态时机组 LCU 通信故障。由于发电态时机组 LCU 通信故障会导致上送机组有功值可能为零,为避免此台机组有功功率为零,影响全厂 AGC 分配,造成厂站层负荷与网调设定值偏离过大,要退出 AGC 联控功能。

(8) 发电态机组有功功率品质变坏。此时无法确定机组有功测值是否准确,为了避免其他机组有功设定值受此影响,无论该机组是否参加 AGC,都要退出 AGC 联控功能。

(9) 如果机组由发电态突变(一个 AGC 扫描周期)为其他状态,或者由抽水态突变(一个 AGC 扫描周期)为其他状态,且机组有功功率大于某个定值,则无论该机组是否参加 AGC,都要立刻退出 AGC 联控功能。

4. AGC 控制软件

AGC 控制软件由数据采集模块、预处理模块、开停机模块、负荷分配模块、输出处理模块等组成。AGC 控制软件程序框图如图 6-2 所示。

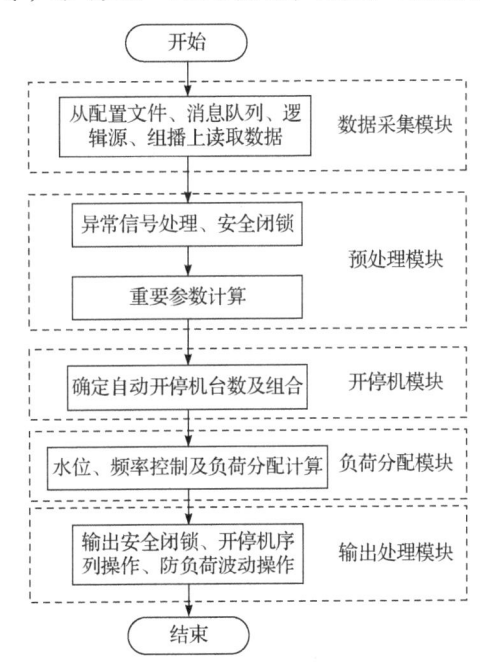

图 6-2 AGC 控制软件程序框图

数据采集模块从多个数据源读取参数或实时数据，例如，读取工程配置文件，完成静态参数初始化；通过实时数据库访问接口，刷新动态参数；或通过仿真组播接口，刷新动态参数；接收并处理消息，获取所有参数的设值指令。

预处理模块对输入数据进行有效性判断，对异常信号进行安全闭锁处理，对运行方式切换进行安全闭锁处理，之后对重要参数进行计算(例如，根据运行方式进行全厂控制令的选择和计算，根据有效水头进行机组及全厂可运行区间的计算等)，将计算结果作为后续模块的输入。

开停机模块根据全厂控制令、控制策略及相关约束条件，确定自动开停机台数及组合。

负荷分配模块根据全厂控制令、控制策略及相关约束条件，进行水位、频率控制，同时在现有参加 AGC 的发电机组间进行负荷分配。

输出处理模块对输出控制令进行有效性判断，对异常进行安全闭锁处理；根据开停机模块的计算结果进行开停机序列操作，以通信方式启动相应的顺控流程操作；根据负荷分配模块的计算结果进行防负荷波动操作等，以通信方式给机组 LCU 或智能监控装置下发负荷分配设值指令；以消息方式发送报警信息(运行方式切换、接收新的负荷指令等操作报警和发生异常时的提示报警)。

5. AGC 控制示例

1) 软件界面

图 6-3、图 6-4 为某抽水蓄能电站 AGC 控制软件人机界面及调试界面。

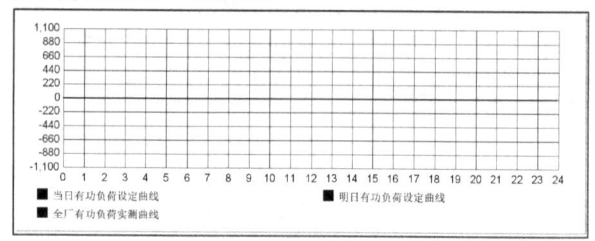

图 6-3 AGC 控制软件人机界面

2) 调试说明

在 AGC 功能正式投入使用之前，需要制定详细的 AGC 试验方案，依据试验方案逐项进行 AGC 相关试验，先进行厂内测试，再进行调度测试。其中，主要测试项目如表 6-1 所示，具体可以根据不同地区的调度要求进行补充完善。

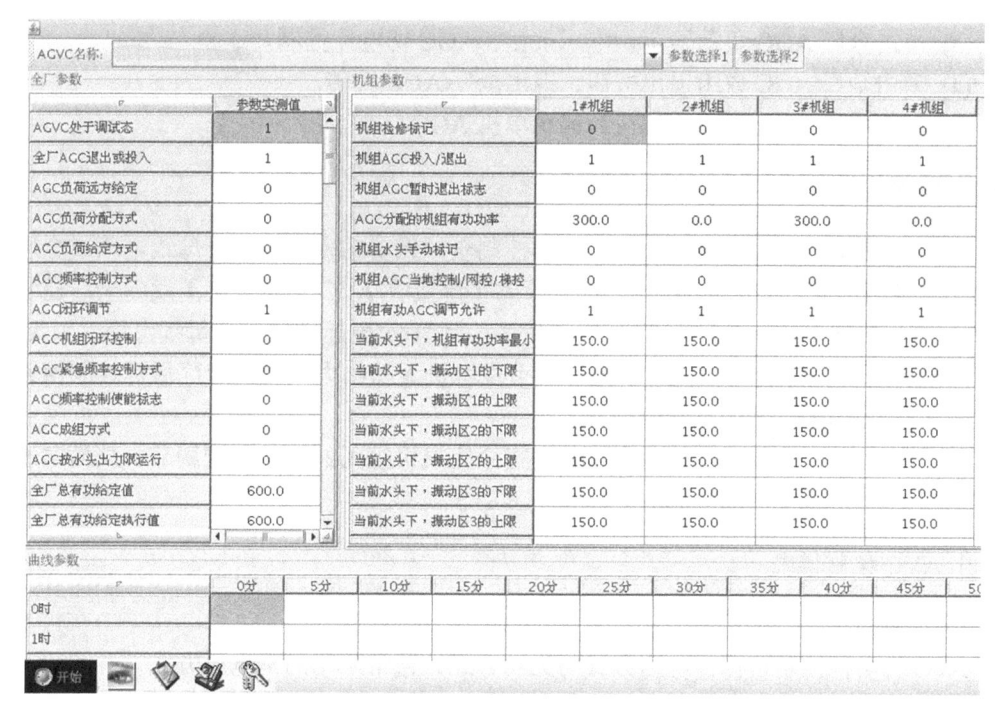

图 6-4 AGC 控制软件调试界面

表 6-1 AGC 测试项目

测试分类	测试项目	测试目的
软件测试	单机 AGC 投退测试	测试单机 AGC 投入闭锁功能和异常退出功能
	全厂 AGC 投退测试	测试全厂 AGC 投入闭锁功能和异常退出功能
	控制方式切换测试	测试 AGC 进行不同控制方式切换时的闭锁功能
	指令安全校验测试	测试电厂/调度下发 AGC 指令安全校验功能
	自动开停机功能测试	测试 AGC 自动开停机功能是否正常
	全厂有功负荷分配测试	测试 AGC 全厂有功负荷分配策略是否正常
硬件测试	AGC 服务器主从切换测试	测试 AGC 服务器主从切换时 AGC 运行是否正常
	LCU 双 CPU 主从切换测试	测试 LCU 双 CPU 主从切换时 AGC 运行是否正常

3) AGC 功能投入

(1) 进入计算机监控系统的 AGC 控制画面。

(2) 单击机组的 AGC 投入按钮，投入单机 AGC 功能。

(3) 单击全厂 AGC 成组投入按钮，投入全厂 AGC 功能。

(4) 单击全厂 AGC 负荷给定切调度按钮，AGC 切调度控制。

(5) 单击全厂 AGC 负荷调节切闭环按钮，AGC 开始闭环调节。

4) AGC 功能退出

(1) 进入计算机监控系统的 AGC 控制画面。

(2) 单击全厂 AGC 负荷调节切开环按钮，AGC 退出闭环调节。

(3) 单击全厂 AGC 负荷给定切电厂按钮，AGC 切电厂控制。

(4) 单击全厂 AGC 成组退出按钮，退出全厂 AGC 功能。

(5) 单击机组的 AGC 退出按钮，退出单机 AGC 功能。

6.1.2 抽水蓄能电站 AVC 控制

AVC 是按预定条件和指标要求，自动控制全厂无功功率达到全厂母线电压或全厂无功功率的控制目标。抽水蓄能电站 AVC 子站系统接收 AVC 主站系统下发的全厂控制目标(电厂高压母线电压、全厂总无功等)，按照控制策略(电压曲线、恒母线电压、恒无功)进行合理计算并分配给每台机组，通过调节发电机无功出力，达到全厂目标控制值，实现全厂多机组的电压/无功自动控制。

简言之，AVC 实现的功能是根据调度指令完成机组间的无功分配调节，从而实现全厂多机组的电压/无功自动控制。

1. AVC 控制模式

1) 控制目标

AVC 有两种控制目标：电压方式与无功方式，通常采用的是电压方式。

电压方式：控制目标为母线电压进入电压调整死区内。

无功方式：控制目标为全厂无功进入无功调整死区内。

2) 控制模式种类

AVC 控制模式有三种：电厂定值方式、调度定值方式、电厂曲线方式。通过负荷控制方式切换实现调度和电厂控制方式，通过负荷给定方式切换选择定值或曲线方式。

电厂定值方式：运行人员可直接在 AVC 画面上设置母线电压/全厂总无功目标值，而后 AVC 模块依据预定分配原则将这个目标值分配到各台参加 AVC 的机组进行无功调节。

调度定值方式：调度 EMS 通过电厂远动通信定时下发母线电压/全厂总无功目标值，而后 AVC 模块依据预定分配原则将这个目标值分配到各台参加 AVC 的机组进行无功调节。

电厂曲线方式：AVC 模块依据调度预先下发的电压曲线/无功曲线计算出各个时间点的母线电压/全厂总无功目标值，而后按预定分配原则将这个目标值分配到各台参加 AVC 的机组进行无功调节。

2. AVC 控制策略

1) 无功计算策略

当控制目标为母线电压时，全厂无功分配值的计算公式如下：

$$Q_{\text{AVC}} = Q_{\text{ACT}} + \Delta V \times K_{\text{VNOR}} - Q_{\overline{\text{AVC}}} \tag{6-2}$$

$$Q_{\text{AVC}} = Q_{\text{ACT}} + \Delta V \times K_{\text{VEMG}} - Q_{\overline{\text{AVC}}} \tag{6-3}$$

式中，Q_{AVC} 是全厂 AVC 无功功率分配值；Q_{ACT} 是全厂实发总无功功率；ΔV 是实际母线电压与给定电压值偏差或调度下发的给定电压增量；K_{VNOR} 是母线电压在正常电压值范围内的调压系数；$Q_{\overline{AVC}}$ 为不参加 AVC 的机组所发无功之和；K_{VEMG} 为母线电压在正常电压值范围外的紧急调压系数。

当控制目标为全厂无功时，全厂无功分配值的计算公式同上，只是 ΔV 为 0。

2) 分配策略

AVC 的无功分配原则主要有等功率因数原则分配、无功容量成比例原则分配、相似调整裕度原则分配和动态优化原则分配四种，其中等功率因数原则分配、无功容量成比例原则分配应用较多。

(1) 等功率因数原则：

$$Q_{iAVC} = Q_{AVC} \times \frac{P_i}{\sum_{i=1}^{n} P_i} \quad (i=1,2,\cdots,n) \tag{6-4}$$

式中，Q_{iAVC} 是分配到第 i 台参加 AVC 机组的无功；n 是参加 AVC 的机组台数；P_i 为第 i 台机组的有功实发值。

(2) 无功容量成比例原则：

$$Q_{iAVC} = Q_{AVC} \times \frac{Q_{i\max}}{\sum_{i=1}^{n} Q_{i\max}} \quad (i=1,2,\cdots,n) \tag{6-5}$$

式中，Q_{iAVC} 是分配到第 i 台参加 AVC 机组的无功；n 是参加 AVC 的机组台数；$Q_{i\max}$ 为第 i 台机组的无功最大值。

(3) 相似调整裕度原则：

$$Q_{iAVC} = Q_{AVC} \times \frac{Q_{i\max} - Q_i}{\sum_{i=1}^{n} (Q_{i\max} - Q_i)} \quad (i=1,2,\cdots,n) \tag{6-6}$$

式中，$Q_{i\max} - Q_i$ 是参加 AVC 的第 i 台机组的无功调整裕度；$\sum_{i=1}^{n}(Q_{i\max} - Q_i)$ 是参加 AVC 的机组的当前无功调整裕度之和。

(4) 动态优化原则：

$$Q_{iAVC} = Q_{AVC} \times \frac{F_i}{\sum_{i=1}^{n} F_i} \quad (i=1,2,\cdots,n) \tag{6-7}$$

式中，F_i 是参加 AVC 的第 i 台机组的当前优化系数。

3. AVC 安全闭锁策略

1) 防主站目标错误保护

当 AVC 检测到非法主站目标时，提供两种处理策略：闭锁 AVC 输出、维持原值。

2) AVC 自动退出条件

(1) AVC 全厂自动退出条件：电站事故；母线电压测量值异常；系统电压振荡；合母运行时，Ⅰ母与Ⅱ母电压差值过大。

(2) AVC 单机自动退出条件：机组无功不可调；机组 LCU(或智能监控装置)故障；机组励磁装置故障；机组无功测量品质变坏。

3) AVC 自动闭锁条件

当满足以下任一闭锁条件时，AVC 子站系统应自动闭锁相应机组 AVC 功能，并给出告警信号。在恢复正常后应自动解锁恢复调节。

(1) AVC 增磁/减磁闭锁条件：高压母线电压越控制限值上限，闭锁增磁控制；高压母线电压越控制限值下限，闭锁减磁控制；转子电流越最大限值，闭锁增磁控制；定子电压越最大限值，闭锁增磁控制；机组无功功率越闭锁限值，闭锁控制；机组无功功率越控制限值上限，闭锁增磁控制；机组无功功率越控制限值下限，闭锁减磁控制；厂用母线电压越闭锁限值，闭锁控制(可选)；厂用母线电压越控制限值上限，闭锁增磁控制；厂用母线电压越控制限值下限，闭锁减磁控制。

(2) AVC 暂停控制闭锁条件：当与 AVC 相关的电气量出现明显扰动时，例如，高压母线电压、机端电压、机组无功等电气量出现瞬时突变等，AVC 暂停控制，待电气量扰动结束后，再恢复控制，从而避免异常电气量引起的异常控制，同时可以防止 AVC 频繁退出，从而提高 AVC 的投入率。

(3) 其他安全闭锁条件：AVC 调度调节模式下，远动通信故障，AVC 自动切换为电站调节模式。AVC 调度调节模式下，电站电压(无功)设定值跟踪实发值；高压母线电压越故障电压上下限时，AVC 系统退出，同时发出报警信号。

4. AVC 控制软件

AVC 控制软件由数据采集模块、预处理模块、负荷分配模块、输出处理模块等组成，如图 6-5 所示。

数据采集模块从多个数据源读取参数或实时数据，例如，读取工程配置文件，完成静态参数初始化；通过实时数据库访问接口，刷新动态参数；或通过仿真组播接口，刷新动态参数；接收并处理消息，获取所有参数的设值指令。

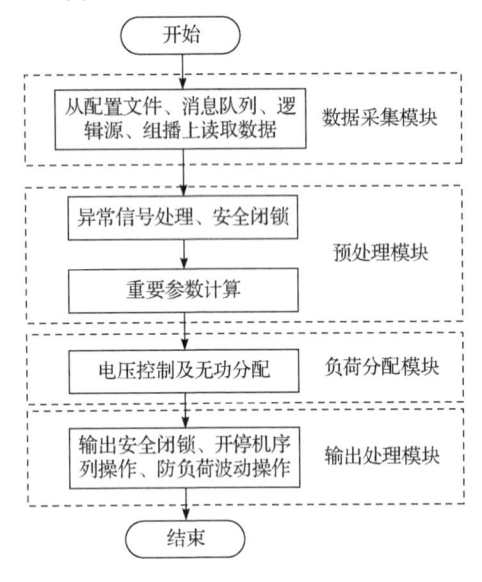

图 6-5 AVC 控制软件程序框图

预处理模块对输入数据进行有效性判断，对异常信号进行安全闭锁处理，对运行方式切换进行安全闭锁处理，之后对重要参数进行计算，例如，根据运行方式进行全厂控制令的选择和计算，根据机组有功功率及 P-Q 限制曲线进行机组无功功率上下限值的计算等，将计算结果作为后续模块的输入。

负荷分配模块根据全厂控制令、控制策略及相关约束条件，进行电压控制计算，同时在现有参加 AVC 的发电/调相机组间进行无功功率分配。

输出处理模块对输出控制令进行有效性判断，对异常进行安全闭锁处理；根据负荷分配模块的计算结果进行上下限闭锁操作等，以通信方式给机组 LCU 或智能监控装置下

第 6 章 抽水蓄能电站高级功能及趋势

发无功功率分配设值指令；以消息方式发送报警信息(运行方式切换、接收新的电压指令等操作报警和发生异常时的提示报警)。

5. AVC 控制示例

1) 软件界面

图 6-6、图 6-7 为某抽水蓄能电站 AVC 控制软件人机界面及调试界面。

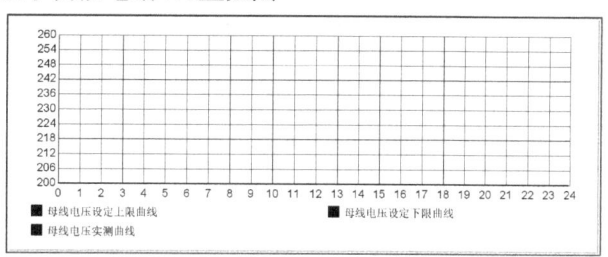

图 6-6 AVC 控制软件人机界面

图 6-7 AVC 控制软件调试界面

2) 调试说明

在 AVC 功能正式投入使用之前，需要制定详细的 AVC 试验方案，依据试验方案逐项进行 AVC 相关试验，先进行电厂侧试验，再进行调度侧试验。其中，主要测试项目如表 6-2 所示，具体可以根据不同地区的调度要求进行补充完善。

表 6-2 AVC 测试项目

测试分类	测试项目	测试目的
软件测试	单机 AVC 投退测试	测试单机 AVC 投入闭锁功能和异常退出功能
	全厂 AVC 投退测试	测试全厂 AVC 投入闭锁功能和异常退出功能
	控制方式切换测试	测试 AVC 进行不同控制方式切换时的闭锁功能
	指令安全校验测试	测试电厂/调度下发 AVC 指令安全校验功能
	电气量扰动越限测试	测试电气量异常扰动时 AVC 闭锁功能
	全厂无功负荷分配测试	测试 AVC 全厂无功负荷分配策略是否正常
硬件测试	AVC 服务器主从切换测试	测试 AVC 服务器主从切换时 AVC 运行是否正常
	LCU 双 CPU 主从切换测试	测试 LCU 双 CPU 主从切换时 AVC 运行是否正常

3) AVC 功能投入

(1) 进入计算机监控系统的 AVC 控制画面。
(2) 单击单机 AVC 投入按钮，投入单机 AVC 功能。
(3) 单击全厂 AVC 成组投入按钮，投入全厂 AVC 功能。
(4) 单击全厂 AVC 指令给定切调度按钮，AVC 切调度控制。
(5) 单击全厂 AVC 负荷调节闭环按钮，AVC 开始闭环调节。

4) AVC 功能退出

(1) 进入计算机监控系统的 AVC 控制画面。
(2) 单击全厂 AVC 负荷调节开环按钮，AVC 退出闭环调节。
(3) 单击全厂 AVC 指令给定切电厂按钮，AVC 切电厂控制。
(4) 单击全厂 AVC 成组退出按钮，退出全厂 AVC 功能。
(5) 单击单机 AVC 退出按钮，退出单机 AVC 功能。

6.2 变速抽水蓄能电站监控技术

目前，我国抽水蓄能机组多为定速抽水蓄能机组，定速抽水蓄能机组抽水工况只能采取"开机-满负荷-停机"的控制方式，无法满足电网连续、快速、准确进行频率调节和调整有功功率的要求。这里所指的可变速运行与变极电机的双转速切换运行完全不同，是指机组能在额定同步转速附近的一定范围内无级变速运行。变速抽水蓄能机组具有一定程度的异步运行能力，通过相位、幅值控制可获得快速有功功率和无功功率响应，有利于电力系统稳定运行。

6.2.1 变速抽水蓄能发展历程

1. 国外变速抽水蓄能发展历程

变速机组技术最早始于 1935 年，德国工程师 Tuxen 提出了双轴励磁思路。其后，在以交流励磁为基础的同步电机异步化变速运行的理论上不断完善和提升，并在常规水电机组及蓄能机组上进行开发实践。从 20 世纪 60 年代开始，国外水电行业开始了变速抽水蓄能机组的研究与试验工作，日本、瑞士和德国等国家开展了大量有益的尝试和应用。

1990 年，东京电力公司在矢木泽水电站成功投运了单机容量 85MV·A 的可变速机组，世界首台变速抽水蓄能机组由此诞生。整个 20 世纪 90 年代期间，日本相继在 6 座抽水蓄能电站中共建成 7 台可连续变速交流励磁抽水蓄能机组，总容量将近 1712MV·A。截止到 2010 年底，日本已投运变速抽水蓄能机组的装机容量达到 2746.5MV·A，占世界总容量的 76.26%。葛野川水电站交流励磁机组的额定容量达到 475MV·A，是目前单机容量最大的可连续变速机组。2004 年，德国在 Goldisthal 抽水蓄能电站投产了两台单机容量 330MV·A 的交流励磁抽水蓄能机组。经过三十余年的研究与应用，在连续变速抽水蓄能机组设计、制造及运行方面积累了许多经验，目前变速抽水蓄能机组技术正朝着高水头、大容量机组发展。

2. 我国变速抽水蓄能发展历程

常规定速抽水蓄能机组由于水泵工况抽水时有功功率不可调，不能很好解决抽水工况的调频需求。变速抽水蓄能机组具有自动跟踪电网频率变化和高速调节有功功率等方面的优越性，可以根据新能源的出力特性调节水泵输入功率，灵活跟踪电网频率，在保证电网安全稳定运行的前提下提高新能源的利用率，降低新能源对电网的冲击。同时，变速抽水蓄能机组使得水轮机在各出力下运行在高效区，提高了水轮机的效率；变速抽水蓄能机组可运行的水头范围增大，降低了上水库大坝高程，扩大了抽水蓄能的选址范围等。因此，发展变速抽水蓄能机组成为建设新型电力系统的必然需求。

2014 年 11 月国家发展改革委 2482 号文件中明确提出我国要实现大容量机组设计制造的自主化，着力提高主辅设备的独立成套设计和制造能力。2015 年河北丰宁抽水蓄能电站建设中确定 11 号和 12 号机组采用变速抽水蓄能机组。2022 年我国颁布了《"十四五"现代能源体系规划》，其中明确"十四五"期间，我国将建设包含大型变速抽水蓄能在内的先进可再生能源发电和综合利用创新示范工程。中国科学技术学会发布的 2022 年十大产业技术问题就包含"如何研制大型可变速抽水蓄能机组"。2022 年，开工了中洞、肇庆、泰山等变速抽水蓄能项目。在大力开发建设抽水蓄能的大背景下，变速抽水蓄能机组将迎来重要的历史机遇，变速机组性能改进和控制技术提升成为研究热点。

6.2.2 变速抽水蓄能机组工作原理

变速抽水蓄能机组分为两种：一种是交流励磁变速抽水蓄能机组；另一种是全功率变速抽水蓄能机组。受电力电子技术的发展限制和造价影响，目前全功率变速抽水蓄能机组仅适用于装机容量较小的抽水蓄能电站，交流励磁变速抽水蓄能机组适用于装机容量较大的抽水蓄能机组。

1. 交流励磁变速抽水蓄能机组

交流励磁变速抽水蓄能机组由水泵水轮机、发电电动机、交流励磁系统、调速系统、监控系统(含协调控制装置)组成，如图 6-8 所示。

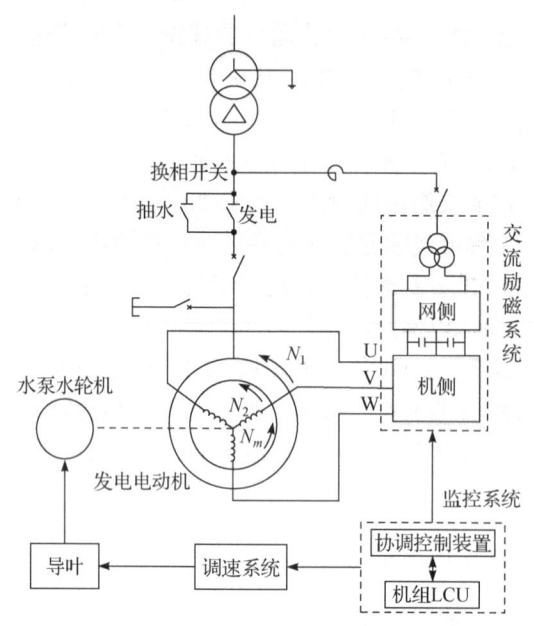

图 6-8 交流励磁变速抽水蓄能机组结构图

机组运行时，转子的机械转速为 N_2，通入转子绕组的三相交流电源会产生相对于转子本体的旋转磁场，旋转速度为 N_m；定子连接电网，在机组的气隙中形成一个旋转磁场，这个旋转速度称为同步转速 N_1。因此，定子旋转速度 N_1 是转子机械转速 N_2 与转子旋转磁场转速 N_m 的叠加，即 $N_1 = N_2 + N_m$。由于 N_1 为同步转速，与电网频率成正比且为恒定值，因此调整转子旋转磁场转速 N_m，就可以改变转子机械转速 N_2。

由上可知，交流励磁变速抽水蓄能机组有以下三种运行状态。

(1) 亚同步运行状态：在此种状态下 $N_2 < N_1$，通入转子绕组的电流产生的旋转磁场转速 N_m 与转子机械转速 N_2 方向相同，因此有 $N_2 + N_m = N_1$。

(2) 超同步运行状态：在此种状态下 $N_2 > N_1$，改变通入转子绕组的电流相序，则其产生的旋转磁场转速 N_m 与转子机械转速 N_2 方向相反，因此有 $N_2 - N_m = N_1$。

(3) 同步运行状态：在此种状态下 $N_2 = N_1$，转差频率等于 0，即通入转子绕组的电流为直流电流，与普通的同步电机一样。

交流励磁变速抽水蓄能机组采用在转子绕组中通入三相交流电源，通过控制交流励磁电压的幅值、频率、相位和相序实现对机组发电及抽水过程的运行控制。交流励磁控制的自由度增加，使得变速机组在抽水工况功率可调，在发电工况始终运行在最佳工况点，而且具有平抑电网扰动的快速响应能力，能够更好地满足电网灵活调节的要求。

2. 全功率变速抽水蓄能机组

全功率变速抽水蓄能机组主要由水泵水轮机、发电电动机、变频器、调速系统、励

第 6 章 抽水蓄能电站高级功能及趋势

磁系统、监控系统和协调控制装置等组成，如图 6-9 所示。

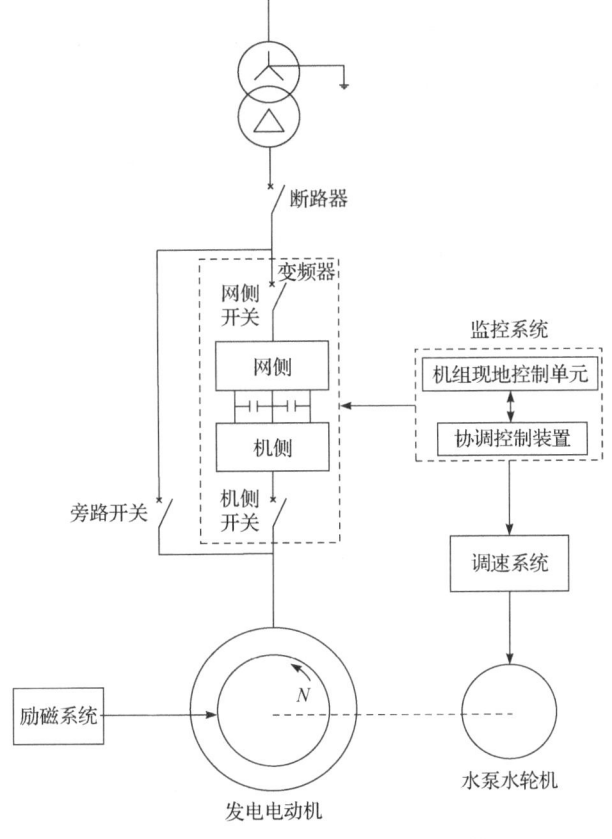

图 6-9 全功率变速抽水蓄能机组结构图

全功率变速抽水蓄能机组通过变频器与电网连接，发电时，将机组发出的电压、频率不同的电能，经过交/直/交变换后，变成与电网电压、频率相同的电能，输入电网；抽水时，将电网的电能，经过交/直/交变换后，变成电压、频率不同的电能，输入机组，实现变速变功率运行。

6.2.3 变速抽水蓄能机组优势

变速抽水蓄能机组具有变速运行能力，使其具有超越传统定速抽水蓄能机组的运行性能。

1) 抽水功率调节能力

定速抽水蓄能机组在水泵工况下不能调节输入功率，因此在抽水时不能参与电网频率自动控制。由于水泵输入功率与转速的 3 次方成正比，当变速抽水蓄能机组转速有少量变化时，输入功率就会大幅度改变，使机组具有自动跟踪电网频率变化以调整水泵水轮机输入功率的能力，为电力系统提供相应的频率自动控制容量。

2) 独立的有功、无功调节能力

交流励磁变速发电电动机励磁磁场的大小和相对转子的位置取决于励磁电压的大小、频率及其与定子电压在同步轴系下的相位关系，采用适当的控制策略后，可使变速机组的有功、无功功率独立调节，且无功功率的调节是一个纯粹的电磁过程。变速机组还可实现有功功率的高速调节，当电力系统发生扰动时，它会很快吸收有功功率的变化，有利于抑制电力系统有功功率的波动。大河内抽水蓄能电站400MW变速机组0.2s内可改变输出功率32MW或输入功率80MW。

3) 较强的进相运行能力

变速机组增加了励磁控制的自由度，使励磁磁场相对转子的位置成为可控的，超高压长线轻载时，变速机组要深度吸收无功而不失去稳定，因此它可以解决电站因无功过剩而出现的持续工频过电压，且不需要附加其他设备，就能使电站在优化的电压下运行，提高了设备运行的安全性，减少了能量损失。

4) 良好的稳定运行能力

变速机组通过改变转速能较好地适应不同的运行水头，明显改善水泵水轮机的水力性能，减少振动、空蚀和泥沙磨损，扩大运行范围，提高机组运行的稳定性。日本盐原抽水蓄能电站变速机组振动的振幅比定速机组减少了1/2；日本矢木泽抽水蓄能电站变速机组比定速机组的运行时间多20%～30%，水泵水轮机的空蚀和易损件的磨损量相同或更少。在合适的转速下运行时，变速机组的磨损量可减少50%。

5) 更宽的水头运行范围

变速机组通过改变转速能更好地适应发电和抽水两种运行工况，使水轮机运行效率有所提高，也可适应更宽的水头(扬程)变幅和功率范围。在发电工况时，与定速抽水蓄能机组相比，日本矢木泽抽水蓄能电站变速机组在0～80MW发电运行范围内，可使水轮机效率提高3%～10%，日本盐原抽水蓄能电站变速机组运行出力范围从50%～100%扩大至40%～100%，发电功率为额定功率的50%时，效率可提高约3%。

总之，变速抽水蓄能机组不但能提高电站本身运行的效率、稳定性和灵活性，更能提高电网的安全稳定运行水平和资源利用率。

6.2.4 变速抽水蓄能机组监控技术

1. 变速抽水蓄能机组协调控制技术

变速抽水蓄能机组的有功功率和转速协调是保证机组稳定高效运行的重要条件，但有功功率调节和转速调节时存在耦合问题，例如，发电工况下通过调速器控制导叶开度调节机组有功功率时，机组转速也会相应发生变化，通过交流励磁调节机组电磁转速时，机组有功功率也会随之变化，解决有功功率和转速两者之间的耦合是控制难点。

交流励磁通过控制转子三相交流电源调节机组有功功率和转速，是电气量控制，速度快；调速器通过控制导叶开度调节机组有功功率和转速，是机械量控制，速度较慢。根据上述特点，设置协调控制单元来统一协调分配机组有功功率和转速控制目标，如图6-10所示，协调控制策略是：根据机组有功设定值和工作水头，依据变速机组水轮机运行特性曲线和水泵运行特性曲线，解耦计算出机组转速和导叶开度，分别下发给交流励磁系统和调速器进行调节，从而实现有功功率和转速的解耦协调控制。

按照协调控制单元对机组有功功率、转速和导叶开度的不同分配，变速抽水蓄能机组存在交流励磁控制转速、调速器控制有功功率，交流励磁控制有功功率、调速器控制

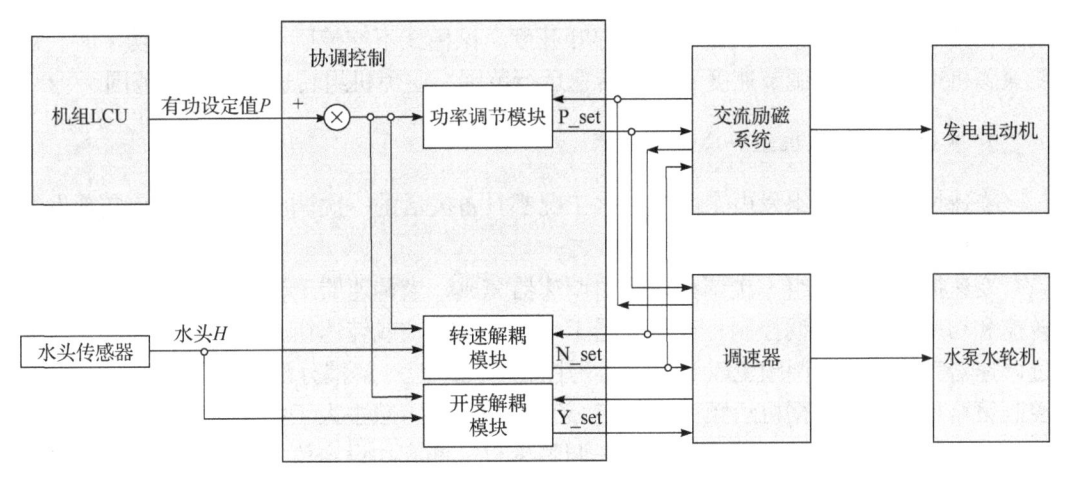

图 6-10 变速抽水蓄能机组协调控制示意图

转速，交流励磁控制转速、调速器控制开度，交流励磁控制有功功率、调速器控制开度四种控制模式。

1) 交流励磁控制转速、调速器控制有功功率模式

这种模式也称为转速优先模式，该模式下交流励磁控制机组转速和无功功率，调速器控制机组有功功率，一般应用在发电工况。协调控制单元根据有功设定值和水头解耦计算出机组最优转速和最优导叶开度，发送给调速器和交流励磁执行，调速器按照有功设定值调节机组导叶开度，交流励磁按照转速设定值调整机组转速。

2) 交流励磁控制有功功率、调速器控制转速模式

这种模式也称为功率优先模式，该模式下交流励磁控制机组有功功率和无功功率，调速器控制机组转速，一般应用在发电工况。协调控制单元根据有功设定值和水头解耦计算出机组最优转速和最优导叶开度，发送给调速器和交流励磁执行，调速器按照转速设定值调节机组导叶开度，交流励磁按照有功设定值调整机组电磁功率。由于交流励磁控制机组的电磁功率，可以实现机组有功功率的快速调节，具有良好的快速响应调节性能。

3) 交流励磁控制转速、调速器控制开度模式

这种模式下交流励磁控制机组转速和无功功率，调速器控制机组导叶开度，一般应用在抽水工况。协调控制单元根据有功设定值和水头解耦计算出机组最优转速和最优导叶开度，发送给调速器和交流励磁执行，交流励磁按照转速设定值调整机组转速，调速器按照导叶开度设定值调节机组导叶开度。该模式下有功功率可能会有少许偏差，协调控制单元需要叠加有功功率闭环调节，将有功设定值和有功反馈值偏差转换为相应的转速给定补偿量，和转速设定值进行叠加，发送给交流励磁调整机组转速，从而将机组有功功率调整到允许误差范围内。

4) 交流励磁控制有功功率、调速器控制开度模式

这种模式下交流励磁控制机组有功功率和无功功率，调速器控制机组导叶开度，一般应用在抽水工况。协调控制单元根据有功设定值和水头解耦计算出机组最优转速和最优导叶开度，发送给调速器和交流励磁执行，交流励磁按照有功设定值调整机组转速，

调速器按照导叶开度设定值调节机组导叶开度。该模式下交流励磁调节有功功率时，需要兼顾机组有功功率调节速度和机组转速运行范围，避免机组转速超出运行范围。

2. 变速抽水蓄能机组一次调频技术

变速抽水蓄能机组发电工况和抽水工况都具备灵活的一次调频性能，如何实现发电工况和抽水工况一次调频也是控制难点之一。

变速抽水蓄能机组一次调频若仍由调速器完成，当调速器工作在功率模式时会影响转速和功率的解耦协调控制；若调速器工作在开度模式或转速模式，则一次调频无法通过调速器完成。一次调频也需要通过协调控制单元来统一解耦分配，如图 6-11 所示，其控制策略是：首先根据机组频率和额定 50Hz 的偏差，减去人工频率死区得到有效频差 Δf，除以调差系数 E_p 得到一次调频功率调整量 ΔP，和有功设定值 P 进行叠加，得到最终调节有功设定值 P_set，再通过协调控制单元解耦计算出机组转速和导叶开度，发送给交流励磁系统和调速器调节，从而实现一次调频协调控制。

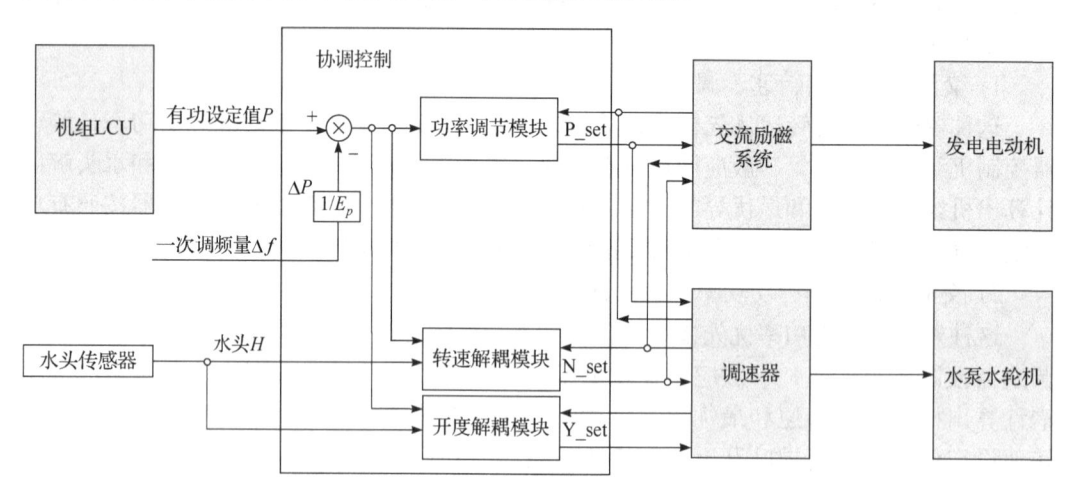

图 6-11 变速抽水蓄能机组一次调频控制示意图

3. 变速抽水蓄能机组工况转换控制技术

变速抽水蓄能机组具有变速运行能力，且具备抽水工况自启动功能，由此带来了机组工况转换控制流程、事故停机控制等方面的差异，如何实现变速抽水蓄能机组工况转换控制是监控难点之一。

变速抽水蓄能机组基本运行工况主要包括停机、发电、发电调相、抽水、抽水调相等，这些基本运行工况之间的转换构成了变速抽水蓄能机组运行工况的转换方式。

对变速抽水蓄能机组运行工况进一步细化分解为稳态运行工况和暂态运行工况，稳态运行工况包括停机、空转、空载、发电、发电调相、抽水调相和抽水 7 种工况，暂态运行工况包括停机热备和旋转停机 2 种工况，通过稳态运行工况和暂态运行工况之间的子控制模块组合构成机组工况转换控制流程，如图 6-12 所示。变速抽水蓄能机组工况转换控制流程模块化组合见表 6-3。

(a) 正常工况转换控制　　　　　　　　(b) 事故停机控制

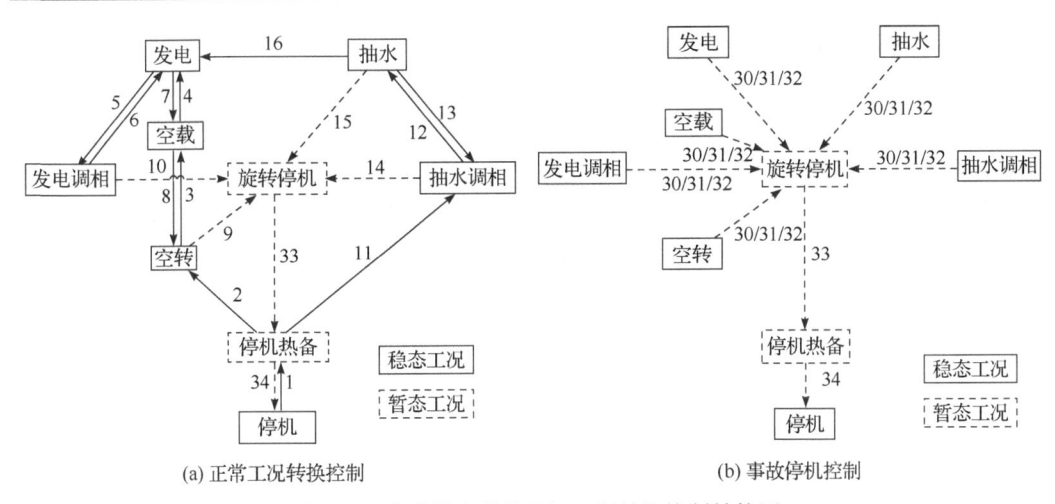

图 6-12　变速抽水蓄能机组工况转换控制结构图

表 6-3　变速抽水蓄能机组工况转换控制流程模块化组合表

目标态	初始态						
	停机	空转	空载	发电	发电调相	抽水	抽水调相
停机	—	9+33+34	8+9+33+34	7+8+9+33+34	10+33+34	15+33+34	14+33+34
空转	1+2	—	8	7+8	—	—	—
空载	1+2+3	3	—	7	—	—	—
发电	1+2+3+4	3+4	4	—	6	15+33+2+3+4 或 16	14+33+2+3+4
发电调相	1+2+3+4+5	3+4+5	4+5	5	—	15+33+2+3+4+5	14+33+2+3+4+5
抽水	1+11+12	—	—	7+8+9+33+11+12	—	—	12
抽水调相	1+11	—	—	7+8+9+33+11	—	13	—
机械事故停机	—	30+33+34	30+33+34	30+33+34	30+33+34	30+33+34	30+33+34
紧急事故停机	—	31+33+34	31+33+34	31+33+34	31+33+34	31+33+34	31+33+34
电气事故停机	—	32+33+34	32+33+34	32+33+34	32+33+34	32+33+34	32+33+34

6.3　抽水蓄能区域集控

抽水蓄能区域集控中心负责集中监控和管理区域范围内的各个抽水蓄能电站的生产运行。通过集中监控和管理，进一步提高设备管理水平，改善员工工作环境，降低劳动强度，提高生产效率，是当前和未来抽水蓄能电站的发展方向。

6.3.1　主要功能

1) 数据采集与处理

通过专用通道及专用协议，采用定期召唤结合变化上送的方式，采集各种电量、非电量、设备状态、通信通道等实时数据；对数据进行合理性、有效性检查后，发布实时数据库和历史数据库；同时，提供人机交互接口，以支持系统完成监视、控制和管理功能，以及历史数据保存和检索功能等。

2) 实时监控与调度

负责区域内电站集中监控，负责所控电站与区域(省)电网调度中心之间的业务联系，接收调度下达的指令，根据指令向所控电站下达操作与管理指令；负责所控电站正常运行的日常操作，包括远程开停机、抽水、负荷调整、重要辅助设备启停、调度管辖设备倒闸操作、AGC/AVC功能投退、应急事故第一时间处置等。

3) 运行策略优化

基于大量的实时数据和历史数据，集控中心可以对抽水蓄能电站的运行策略进行优化，为电站提供决策支持，以最大化利用水能资源，并提高经济效益，降低运维成本。

4) 故障诊断与预警

集控中心利用先进的故障诊断技术，可以及时发现抽水蓄能电站设备存在的故障或隐患，并提前发出预警，从而帮助运维人员及时采取措施进行处理，避免设备损坏或事故扩大。

5) 促进电网稳定

集控中心通过对抽水蓄能电站的实时监控和调度，可以确保电站与电网之间的协调运行，提高电网的稳定性和可靠性。

6.3.2 安全分区

按照《电力监控系统安全防护规定》，将区域集控的业务系统划分为生产控制大区和管理信息大区。按照业务系统的重要性和对生产运行的影响程度，将生产控制大区分为控制区(安全Ⅰ区)和非控制区(安全Ⅱ区)，将管理信息大区分为生产管理区(安全Ⅲ区)和管理信息区(安全Ⅳ区)。不同安全区主要部署的业务系统如表6-4所示。

表6-4 安全分区

序号	生产控制大区		管理信息大区
	控制区(安全Ⅰ区)	非控制区(安全Ⅱ区)	
1	计算机监控系统	电能量管理系统	生产信息管理系统
2		继电保护信息管理系统	工业电视系统
3			Web发布系统

1) 安全Ⅰ区

计算机监控系统：根据电网调度部门的调度和优化运行计划，实现对各电站的实时监视、运行操作、负荷分配和控制命令调整等。

2) 安全Ⅱ区

电能量管理系统：通过专用通信通道，与电站的电能量管理终端进行通信，实现区域电站的电能量数据自动采集、存储和处理。

继电保护信息管理系统：通过专用通信通道，与电站的继电保护管理装置进行通信，获取继电保护装置的故障、保护动作和录波报告等信息，以便及时准确地掌握电站的事故情况，提高事故分析的速度和准确性。

3) 安全Ⅲ区

生产信息管理系统：主要实现对电站生产单位运行、设备维护、物资、技术文档、工程项目(检修、技改)、生产统计、电力营销辅助决策、安全可靠性等的远程信息化管理。

工业电视系统：采用图像压缩编码和网络传输等技术，将电站现场的视频图像传输到区域集控中心，为运行值班人员和远程网络的授权用户提供实时和历史图像的调阅和检索等功能，使其直观地掌握现场情况和设备运行状况，并为视频会议、远程维护诊断和消防监控系统动作的确认提供支持。

Web 发布系统：通过横向隔离装置从生产控制大区获取各电站生产运行数据，并通过防火墙等设备与外部办公系统等连接，从而实现在办公系统上监视各电站的生产运行状况。

6.3.3 网络结构

集控中心系统采用分布式体系结构，以双局域网为核心，实现各服务器、工作站功能分担，数据分散处理，处理速度快，工作效率高。

各服务器/工作站在系统中处于平等地位，系统以后扩充时不引起原系统大的变化，并为整个系统不断完善创造条件。另外，各工作站的故障只涉及局部功能，提高了整个系统的可靠性。

集控中心与电站之间采用冗余通信网络，实现数据交互，主要的通信网络包括自建光缆、电力专线、运营商专线、卫星通信等。为确保安全，对于采用运营商专线或者卫星通信的通道，应设置安全接入区，实现数据的安全交互。

区域集控典型的系统结构如图 6-13 所示。

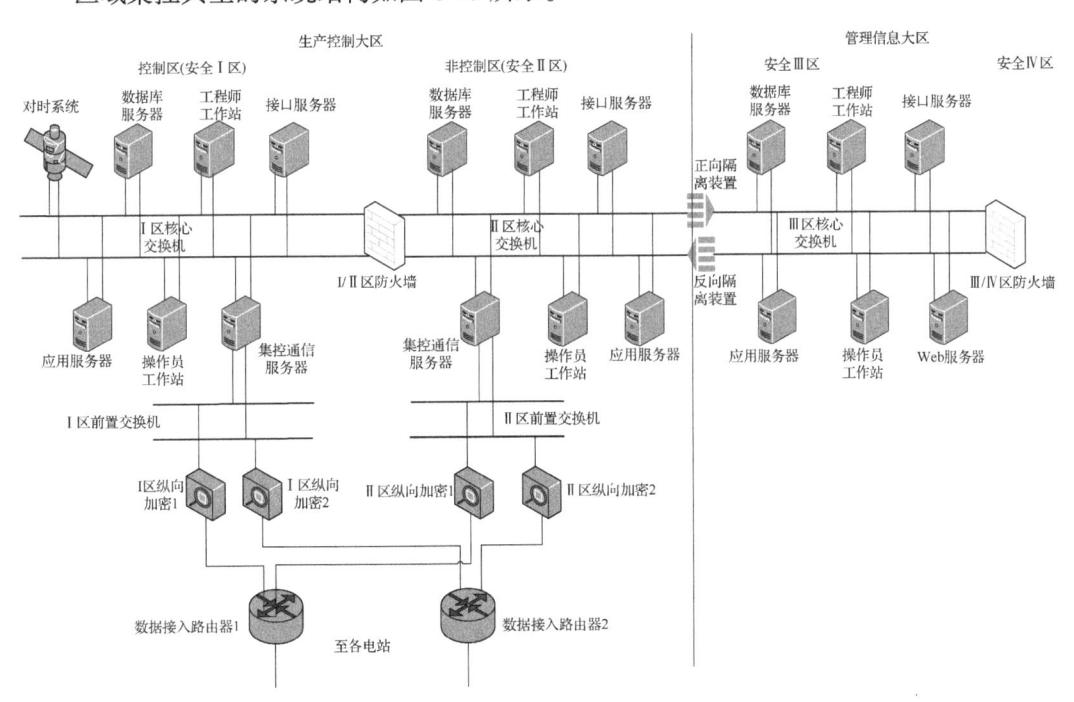

图 6-13 区域集控系统结构图

6.3.4 硬件配置

区域集控中心系统主要硬件设备如下。

1) 计算机设备

计算机设备主要包括应用服务器、数据库服务器、通信服务器、接口服务器、操作员工作站、工程师工作站、报表服务器、语音服务器、Web 服务器及其他服务器等。为确保系统稳定运行，采用多机冗余配置方式。

2) 网络设备

网络设备主要包括核心交换机、管理交换机、前置交换机、前置路由器等。为确保系统稳定运行，采用双网冗余配置方式。随着国产化的不断推进，目前所有设备已经实现芯片级国产化。

3) 安防设备

安防设备主要包括防火墙、纵向加密装置、横向隔离装置(正向、反向)、入侵检测装置、日志审计装置、网络安全监测装置、堡垒机、防病毒装置、漏洞扫描装置、第三方商用密码等。具体配置根据调度机构要求确定。

4) 辅助设备

辅助设备主要包括对时装置、显示器、KVM 矩阵、视频延长装置、打印机等。

5) 其他设备

其他设备主要包括机柜、控制台、电源系统、大屏系统、通信系统、调度电话等。

6.3.5 软件配置

区域集控中心系统主要软件如下。

1) 操作系统软件

服务器操作系统是各种应用部署的基础，在电力系统中，主要的操作系统包括 Windows、Unix、Linux，随着自控可控要求的不断提升，近几年，国产安全加固操作系统逐渐成为主流，如麒麟、凝思、瑞盾等。

2) 应用软件

应用软件是实现集控功能的核心，大部分为自主开发的，具有自主知识产权。随着大数据、云平台、物联网等技术的不断发展，集控系统应用软件逐渐由传统的分散式部署向以一体化平台为基础的安全、高效、智能集控的方向发展。

3) 数据库软件

数据库软件用于对历史数据进行存取，根据类型的不同，主要分为关系型数据库及非关系型数据库。

关系型数据库应用最多，常见的有 Oracle、MySQL、SQL Server 等。非关系型数据库种类较多，电力系统中使用时序数据库，如 InfluxDB。

近年来，随着国产化数据库技术不断发展，国产数据库正越来越多地应用在集控系统中，如达梦、金仓、南大通用、海迅等。

6.3.6 通信协议

区域集控中心与电站不同系统之间需要交互数据，为此制定了不同场景下的电力专用数据通信协议。

根据硬件接口的不同分为两种方式：串口和网络，串口方式使用调制解调器将串口上的数字信号转换为模拟信号，实现调度远距离数据通信；网络方式使用路由器、传输设备等直接实现远距离数据通信。

根据协议类型的不同分为 IEC60870 系列协议(包括 IEC101、IEC102、IEC103、IEC104)、DNP、CDT、TASE.2、Modbus、UDP 等。其中使用最多的是 IEC104 通信协议。

1) IEC60870-5-102 电能量通信协议

IEC60870-5-102 是电力系统电能累计量传输通信协议，规定了电能量计量终端与电网各级电能量计量系统主站之间的电能量、遥测量等有关数据的传输规约。该标准支持多种速率，包括 2400bit/s、4800bit/s、9600bit/s、19200bit/s、38400bit/s 和 57600bit/s，并支持以太网口和基于 TCP/IP 的传输方式。

2) IEC60870-5-103 保护通信协议

IEC60870-5-103 是一种工业信息接口标准配套协议，用于继电保护设备和控制设备系统信息交换中。该协议的主要特点是使用主从一对多的通信方式，并采用异步通信模式。

3) IEC60870-5-104 远动通信协议

IEC60870-5-104 是用于厂站与主站进行通信的规约，它以以太网为载体，以服务模式为平衡模式。该协议主要用于远动控制通信，以及调度自动化系统、集控中心系统和厂站之间的通信。在电力系统中，调度自动化系统和电站之间就是通过 IEC104 规约进行数据通信的。

6.3.7 运行方式

区域集控各电站的运行方式主要包括调度层控制、集控中心层控制、电站厂站层控制、电站现地层控制四个控制层级，各控制层级的控制权限按现地优先原则设计，具体控制权限顺序为：调度层<集控中心层<电站厂站层<电站现地层，电站现地层拥有最高控制权限，原则上只能在控制权限高的层级上设置控制权限切换开关，控制权限切换应为无扰动切换方式，并且应具备相互闭锁功能。

1) 调度层

调度层主要指对电站具备管辖权限的国调、网调、省调、地调、县级调度机构等，为保障电网的安全、优质、经济运行，在电网调度管理条例的要求下，对电站运行进行指挥、指导和协调。

2) 集控中心层

区域集控中心接收上级调度机构的调度管理指令，完成对所辖电站进行集中运行、控制、监视和调度管理的各项任务，主要业务类型包括所辖电站的集中运行/控制、生产管理、发电调度、抽水调度、检修维护管理等集中管控业务。

3) 电站厂站层

电站厂站层主要以各电站计算机监控系统厂站层监控平台完成对本电站的运行、控制、调节、监视等各项任务。当电站控制权限切换至集控中心层时，电站由集控中心进行远程控制；当电站控制权限设置为电站厂站层时，电站厂站层直接对本站进行运行控制管理；控制权限切换开关及操作权限设置在电站厂站层。

通过与上级调度机构之间的调度专用通道，电站厂站层上送本电站调度所需的各种数据信息，接收并执行调度指令；集控模式下，电站厂站层整合电站运行数据、设备状态信息并上送至集控中心，接收并执行集控中心下发的运行控制指令。

4) 电站现地层

电站现地层主要系统设备包括计算机监控系统各现地控制单元(LCU)、机组辅助及公用设备控制系统、励磁系统、调速系统、继电保护系统、状态监测系统、电能量计量系统和工业电视系统等现地控制设备。

正常情况下，电站由计算机监控系统统一实现监视、运行、控制、调节等功能，在调试、事故等非正常情况下，设备控制权限由运行人员手动切换至电站现地层，实现电站单元(单体)设备的现地监视控制功能。控制权限切换开关及操作权限设置在电站现地层。

6.4 以抽水蓄能为核心的多能互补系统

6.4.1 多能互补

我国风电和太阳能资源丰富，技术可开发量大，截至 2023 年底，全国可再生能源装机达到 15.16 亿 kW，其中，水电装机 4.22 亿 kW，风电装机 4.41 亿 kW，太阳能发电装机 6.09 亿 kW，生物质发电装机 0.44 亿 kW。风电和光伏累计装机容量均居世界第一位。大力开发可再生能源是我国能源发展的重要战略举措，国家《电力发展"十三五"规划(2016-2020 年)》中明确提出"全面推进分布式光伏发电建设，推动多能互补、协同优化的新能源电力综合开发"。

新能源大规模并网影响电力系统发、输、配、用整个电力环节，对电力系统带来了新的挑战。受风电和光伏出力的随机性、间歇性和不稳定的资源特性影响，对新能源的预测难、控制难、调度难。新能源发电随机波动，发电功率预测误差较大，高比例新能源接入电力系统后，支撑电源不仅要跟随负荷变化，还要跟踪平衡新能源的出力波动，增加了电力系统的调节负担，致使新能源协调发电计划安排和优化调度运行难度大。据预测，2050 年可再生能源占我国一次能源消费的比重将超过 50%，可再生能源电力占我国电力消费的比重将超过 70%，高比例的可再生能源已是我国能源发展的必然趋势。高比例新能源并网需要有效的应对措施，多能互补技术是高比例新能源并网由随机到可控的有效途径。

以风电和光伏两大新能源发电特性为例进行分析。风电功率特性如图 6-14 所示，风电在多日内的规律性较差，但在几小时甚至几十小时内的持续性较好，因此可以基于风电功率预测进行水电机组启停调整。光伏功率特性如图 6-15 所示，光伏在多日内的规律性较强，但每天都要经历从零到接近满出力再到零的过程，在当前缺少低成本快速启停电源的条件下，解决大量光伏并网带来的中午低谷和午后负荷高峰交替的问题，是比较困难的。

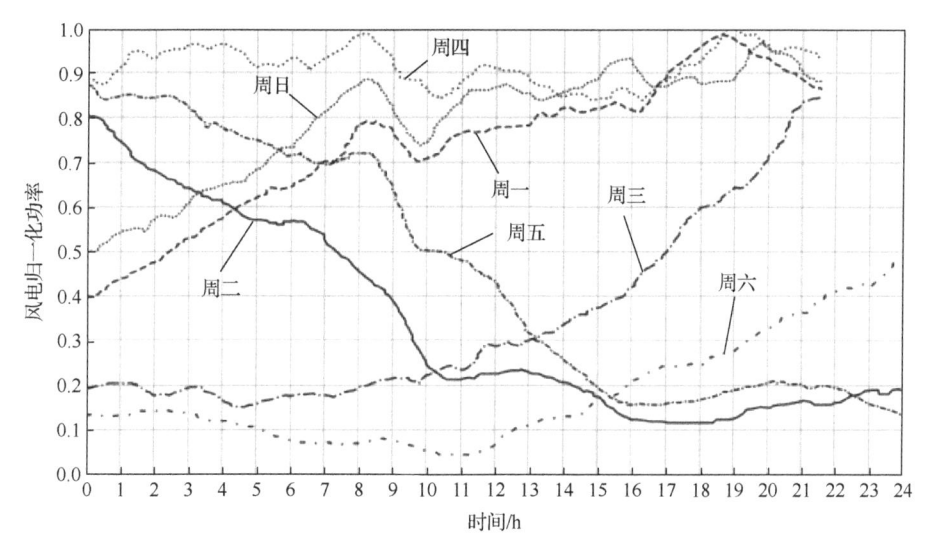

图 6-14 风电典型周功率曲线

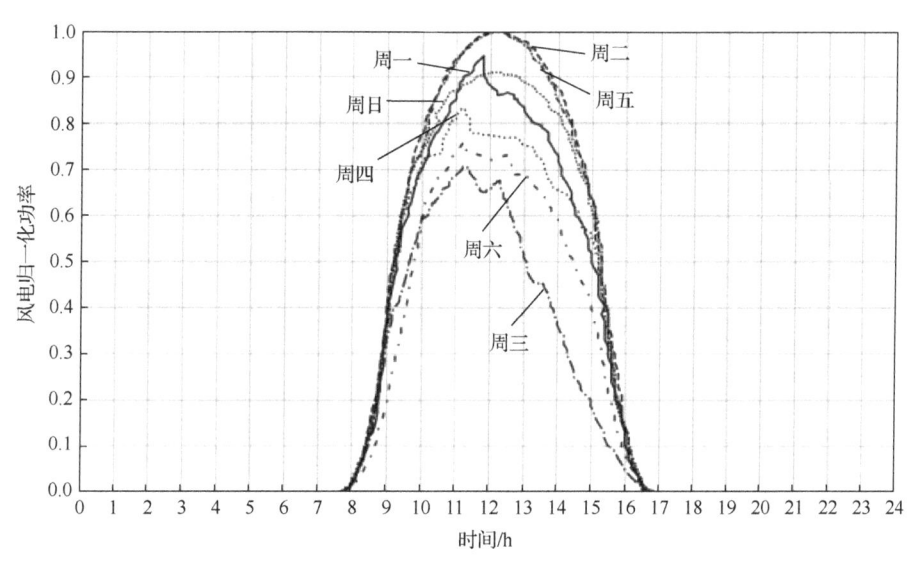

图 6-15 光伏典型周功率曲线

相较于火电等传统能源，风电和光伏输出功率的不可控性为新能源的消纳带来很大问题。同时，由于风电和光伏基本没有主动支撑的能力，大规模并网直接影响到电网的安全稳定运行。水电(含抽蓄)和储能具备调节快速、控制灵活的特性，是实现多能互补发电的主要调节电源。研究风光水储多能互补联合发电技术，建设清洁低碳、安全高效的现代能源体系，符合国家能源的整体发展战略，也是国家实现"双碳"目标的重要手段。

6.4.2 多能互补系统的构建

抽水蓄能电站可以与风电、光伏、储能等电源形成联合运行系统。常见的联合运行系统有抽蓄-风电、抽蓄-光伏、抽蓄-风电-光伏、抽蓄-风电-光伏-储能等。

图 6-16 给出了一个典型的抽蓄-风电-光伏-储能多能联合运行系统。

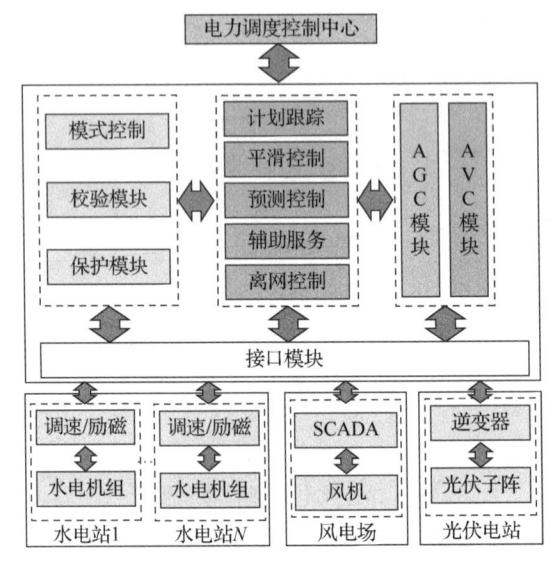

图 6-16 风光水储联合运行控制功能结构图

风光水储联合运行控制具有平滑控制、预测控制、辅助服务和离网控制等功能，可接收电力调度控制中心的调控指令，根据调度设定值进行优化，将优化后的结果采用一定的策略实施控制，通过 AGC/AVC 模块，对水电站、抽水蓄能电站出力或风光出力进行调节和控制，并使联合发电功率满足电网调节精度和波动率的要求。

风光水储联合运行控制包括并网控制和离网控制两种模式，如图 6-17 所示。并网控制时，系统可根据调度发电计划曲线或总功率设定值对联合出力进行调节。离网控制时，系统维持频率和电压稳定在允许范围内。

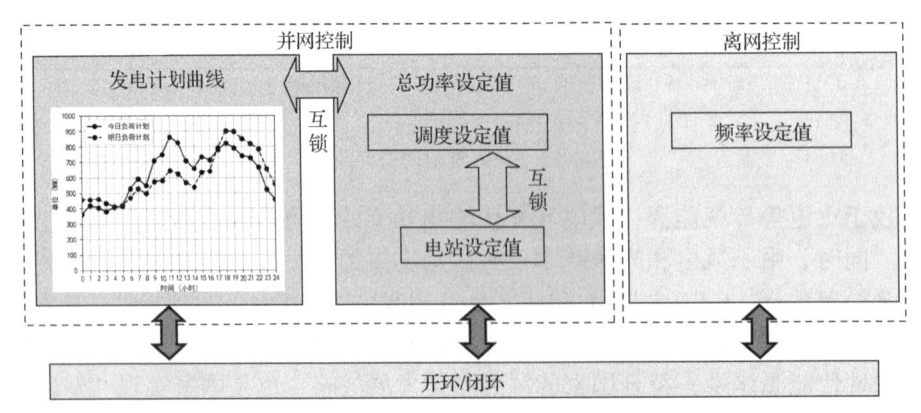

图 6-17 风光水储联合运行并网/离网控制

风光水储联合运行控制模型基于水电(抽蓄)实时负荷优化控制方法,并使用滤波算法分离风光波动功率的高、低频分量;通过水电平抑光伏分钟级低频波动分量,通过储能平抑光伏秒级高频波动分量,从而实现对风光出力波动的平滑控制。

利用抽水蓄能的抽蓄特性,对风电和光伏出力进行平滑控制,不仅平抑风电和光伏出力的波动性,减小弃风弃光率,还将风-光-蓄联合出力转变为稳定可调度电源,参与系统调峰,从而提高了风能和太阳能的利用率,降低了系统总的运行成本,同时也为新能源接入电力系统并协调运行提供了理论指导。

探索与思考

1. 电站层的 AGC、AVC 功能模块算法越来越复杂。然而,机组间或站间负荷频繁转移可能诱发电网功率波动的不稳定,你如何理解优化和稳定之间的关系?

2. 查询文献,阐述变速抽水蓄能机组新技术的发展趋势。

3. 查询文献,阐述以抽水蓄能为核心的多能互补系统新理论、新技术的应用。

第7章 抽水蓄能电站监控系统实例

7.1 监控系统结构和功能

以某抽水蓄能电站为例,介绍监控系统的结构和功能。该抽水蓄能电站计算机监控系统采用分层分布式结构,由厂站层设备、网络接口设备和现地控制单元组成。监控系统结构如图7-1所示。

7.1.1 厂站层设备

1) 主计算机服务器

系统配置2套主计算机服务器,型号:HP DL388G9型服务器,安装Linux操作系统,部署加固软件及Agent代理软件(探针软件),完成电站设备运行的管理、数据处理和存储。2套主计算机服务器采用热备冗余方式工作。

2) 历史数据服务器

系统配置2套历史数据服务器,型号:HP DL388G9型服务器,安装Linux操作系统,主要完成历史数据库的生成、转储,参数越复限记录,测点定义及限值存储,各类运行报表生成和储存等数据处理和管理工作。2套历史数据服务器采用热备冗余方式工作。

3) 中控室操作员工作站

系统配置2套操作员工作站,放置在中控室,型号:HP Z440工作站,安装Linux操作系统,每套操作员工作站配置2台24in彩色液晶显示器。主要作为操作员人机接口,完成监视、控制及调节命令发出、报表打印等人机界面功能。2套操作员工作站采用独立方式工作。

4) 地下厂房操作员工作站

系统配置1套操作员工作站,放置在地下厂房,型号:HP Z440工作站,安装Linux操作系统,该操作员工作站配置2台24in彩色液晶显示器。主要作为操作员人机接口,完成监视、控制及调节命令发出、报表打印等人机界面功能。

5) 工程师工作站

系统配置1套工程师工作站,型号:HP Z440工作站,安装Windows操作系统,配置2台24in彩色液晶显示器。用于操作监视系统及LCU图形化组态软件在线和离线测试,过程数据设置、整定,软件和组态软件更改、下载和管理。

6) 厂内通信工作站

系统配置1套厂内通信工作站,型号:HP Z440工作站,安装Linux操作系统,部署加固软件及Agent代理软件(探针软件)。厂内通信工作站经防火墙以IEC60870-5-104协议与水情自动测报系统进行网络通信。

第 7 章 抽水蓄能电站监控系统实例

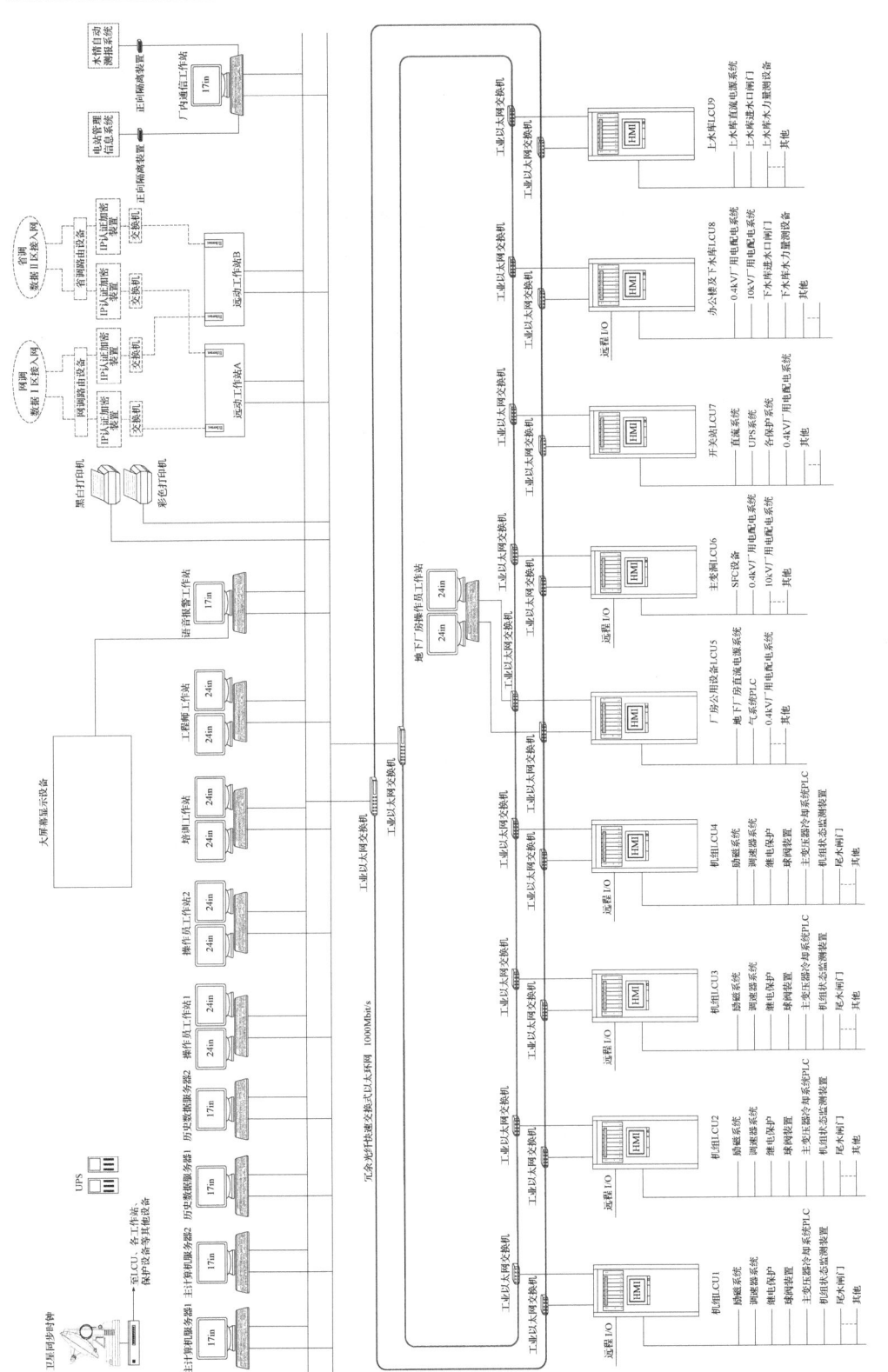

图7-1 某抽水蓄能电站监控系统结构

7) 远动工作站

系统配置 2 套远动工作站，型号：南瑞 SJ30-664，安装国产凝思操作系统，部署加固软件及 Agent 代理软件(探针软件)。2 台远动工作站分别通过 2 路通信通道与省调和网调进行通信，通信规约为 IEC60870-5-104。

8) 语音报警工作站

系统配置 1 套语音报警工作站，型号：HP Z440 工作站，配置 1 台 17in 彩色液晶显示器，安装 Windows 操作系统。完成语音报警、大屏投影管理等功能。

9) 大屏幕显示设备

系统配置 1 套大屏幕显示设备，用于显示电气接线、设备参数、运行参数、视频图像和全电站的概貌、上下水库及输水系统情况等。

10) 卫星时钟同步系统

系统配置 1 套卫星时钟同步系统，用于对电站控制系统进行时钟对时。卫星时钟同步系统具备双北斗对时功能。配置 2 台主时钟装置及 9 台扩展时钟装置，2 台主时钟装置分别与 9 台扩展时钟装置通过光缆连接，通过光纤 B 码进行时钟扩展。2 台主时钟装置能分别接收 2 个北斗时钟源，冗余程度高。2 台主时钟装置之间通过多模光纤连接，进行热备冗余。2 台主时钟装置通过 2 台主干交换机对站控层上位机设备进行冗余 NTP 对时，通过 9 台扩展时钟装置对电站主控级各 LCU 对时，各 LCU 附近的继电保护装置、测控装置、PMU 系统、调速系统、励磁系统等设备就近进入扩展时钟装置进行对时。

11) UPS 系统

配置 1 套 20kV·A 容量的 UPS 系统，用于对站控级上位机设备进行不间断供电。配套 2 面 UPS 主机柜、4 面蓄电池柜、1 面馈线柜。配置 32 节电池，2 台 UPS 主机分别接 16 节电池。

2 台 UPS 主机独立输出形成Ⅰ、Ⅱ段供电母排。同时配套了 STS(static transfer switch，静态切换开关)双电源切换装置，形成合并供电的Ⅲ段母排。对于需要双供电的站控层上位机设备，分别接至Ⅰ、Ⅱ段母排。单电源供电的设备接至Ⅲ段母排。

12) 网络打印机

配置 1 台黑白打印机、1 台彩色打印机。每台打印机都具有内置的网络接口，与监控系统主干交换机相连，用于打印计算机监控系统运行时的画面、报表、历史曲线、历史一览表。

13) 控制(操作)台及座椅

在电站中控室及工程师室内分别配置 1 套控制(操作)台，并配套相应座椅。

中控室控制台上主要布置调度电话、操作员工作站、语音报警工作站、机组状态监测工作站、继电保护集中管理站、故障录波系统上位机、火灾报警工作站、通风空调监控上位机、打印机等设备。

工程师控制台上布置工程师工作站、培训工作站、打印机等设备。

14) 电力二次系统安全防护设备

系统配置的电力二次系统安全防护设备主要包括安全加固软件、横向隔离装置、入侵检测装置、安全审计装置、漏洞扫描装置、恶意代码监测装置、网络安全检测装置及配套探针软件等。

安全加固软件使用凝思操作系统自带的加固脚本，实现系统基本安全防护要求。

横向隔离装置采用南瑞 Syskeeper-2000 产品，用于生产控制大区 I 区监控系统与生产控制大区 II 区水情系统之间的安全隔离，也用于生产控制大区 I 区监控系统与管理信息大区 III 区生产实时系统之间的安全隔离，隔离强度接近物理隔离。

入侵检测装置采用启明星辰天阗 NT3000-HD-SGCC，1U 机架式设备，具有冗余电源，含 5 个 1000 兆监听口，配套软件和特征库升级服务。将 2 台监控系统主干交换机分别接入入侵检测装置，主干交换机相应接口配置完整镜像功能，通过该接口，入侵检测装置能够完整检测交换机所有接口是否有威胁，并对威胁进行闭环处理。

安全审计装置采用东软 NABH7000-S3510，标准 1U 机架式设备，配置 6 个千兆审计接口，预装运维审计全功能软件，50 个管理设备授权。

漏洞扫描装置采用东软 NSAM8000-D6410，标准 1U 机架式设备，配置 6 个千兆检测口；支持系统漏洞扫描、Web 漏洞扫描、数据库漏洞扫描和基线扫描；系统扫描数量为 8 个 C 类 IP 地址段，最大并发扫描 IP 数量为 75；Web 网站扫描域名数量为 5 个，最大并发扫描域名数量为 5 个；配套系统软件和特征库升级服务。监控系统 2 台主干交换机分别通过 1 个网口接入漏洞扫描装置。

在电站的生产控制大区 I 区及 II 区分别布置 1 套恶意代码监测装置。装置型号为江苏政采 MCS-M-2000，2U 机架式设备，配置 6 个千兆以太网监测端口。支持与主站恶意代码管理平台特征库的联动，含 5 个防恶意代码客户端。I、II 区的主干交换机分别接入恶意代码监测装置。

在电站的生产控制大区 I 区及 II 区分别布置 1 套 II 型网络安全检测装置，型号为南瑞 ISG-3000。I、II 区的主干交换机接入网络安全检测装置。装置用于采集主机、网络、安全防护设备的重要运行信息及安全告警信息，进行安全分析并告警、完成告警信息的上传。本地可以进行设备资产管理(配套主机 Agent 监测代理软件)、安全运行状态展示、告警管理。

15) 厂站层监控系统软件

电站厂站层配置 1 整套计算机监控系统软件，部署在各个上位机节点。上位机软件型号为计算机监控系统一体化平台软件。软件具备数据采集、数据处理、监视与展示、设备控制与调节、智能装置或外部系统通信、自动发电控制(AGC)、自动电压控制(AVC)、Web 发布、ONCALL、生产数据分析、培训仿真、事故反演等功能。

7.1.2 网络接口设备

2 套站控层主干交换机及 18 套现地交换机形成 1000 兆冗余双环网络结构。合计 9 套 LCU，每套 LCU 上布置 2 套现地交换机。所有交换机均使用国产品牌。站控层上位机设备通过双环网络与现地 LCU 进行冗余网络通信。

交换机进行 DT-Ring 配置，环网中的链路发生故障时，能在 50ms 内快速更换另外的网络通信路径，使得网络快速恢复，保证稳定可靠地通信。环网中配置 1 个 DT-Ring 主站(master)，其余为从站(slave)，主站周期性发送环协议报文以检测环状态，若收到报文正常则表示当前环闭合，否则处于环打开状态(有断点)。

7.1.3 现地控制单元

计算机监控系统 LCU 按被控对象设置，分别为每台机组设一套 LCU(LCU1~LCU4)，厂房公用设备设一套 LCU(LCU5)，主变洞设一套 LCU(LCU6)，开关站设置 1 套 LCU(LCU7)，办公楼及下水库设一套 LCU(LCU8)，上水库设一套 LCU(LCU9)。

1) 机组 LCU

本单元监控范围包括水泵水轮机、发电电动机、主变压器、机组进水阀、尾水事故闸门、机组附属及辅助设备、离相封闭母线及附属设备等。

机组 LCU 设备布置于主厂房发电机层机旁；设置发电电动机远程 I/O，布置在主厂房中间层机旁，监控范围包括发电电动机及其附属设备等；设置水泵水轮机远程 I/O，布置在主厂房水轮机层机旁，监控范围包括水泵水轮机及其附属设备等机组 LCU 实物如图 7-2 所示。

图 7-2 机组 LCU 实物图

2) 厂房公用设备 LCU

厂房公用设备现地控制单元布置在副厂房 LCU 及直流配电室。设置公用设备远程 I/O，布置在各主要设备控制屏处。本单元监控范围包括主、副厂房内的公共辅助设备，厂房 220V 直流电源系统、副厂房 0.4kV 厂用电配电装置及 10kV/0.4kV 配电变压器等。

3) 主变洞 LCU

主变洞 LCU 布置在主变洞 LCU 室。设置 10kV 厂用电设备远程 I/O，布置在 10kV 高压开关柜室。本单元监控范围包括 SFC 及其辅助设备、主变洞 18kV、10kV、0.4kV 厂用电配电装置及 18kV/10kV 厂用变压器、10kV/0.4kV 厂用变压器等。

4) 开关站 LCU

开关站现地控制单元布置在开关站继电保护室，监控范围包括 500kV 开关设备、500kV 母线、500kV 电缆、500kV 继电保护装置、220V 直流电源系统、UPS、开关站厂用电配电装置、消防水泵系统、尾调水位信号等。设置地下厂房主变洞远程 I/O，布置在地下厂房主变洞 LCU 室,用于对地下 500kV 设备的监视和控制。设置开关站辅助设备远程 I/O,布置在开关站二次盘室,用于监视和控制开关站区域配电装置及公共辅助设备、UPS 及事故照明切换装置。

5) 办公楼及下水库 LCU

办公楼 LCU 布置在办公楼控制设备室,监控范围包括办公楼区域公共辅助设备等。设置电站紧急按钮控制柜,布置在中控室内。设置下水库进出水口远程 I/O,布置在下水库启闭机楼,主要监视下水库进出水口拦污栅、水位测量设备及厂用电配电装置等;设置下水库泄放洞远程 I/O,布置在下水库泄放洞事故闸门启闭机房内,主要监控下水库泄放洞事故闸门、弧形工作闸门及启闭设备、厂用电配电装置等;设置柴油发电机远程 I/O,布置在柴油发电机房设备室,监控范围包括柴油发电机及辅助设备、厂用电配电装置、35kV 施工变电站等;设置 10kV 开闭所远程 I/O,布置在开关站继电保护室,监控范围包括地面 10kV 开闭所等。

6) 上水库 LCU

上水库 LCU 布置在上水库启闭机楼二次盘柜室,监控范围包括上水库进出水口事故闸门及其附属设备、上水库水位测量设备、上水库 220V 直流电源系统、上水库厂用电配电装置等。

7.2 监控系统界面

7.2.1 运行监视

运行监视功能是厂站层计算机监控系统最基础也最重要的功能之一。该功能可以实时监视各设备的运行工况、位置、参数等关键信息。例如,机组工况的实时监视,可以让运行人员随时了解机组当前是处于发电、抽水、调相还是停机状态;机组功率的监视,则有助于运行人员判断机组的出力情况,以及是否存在异常,如图 7-3 所示。

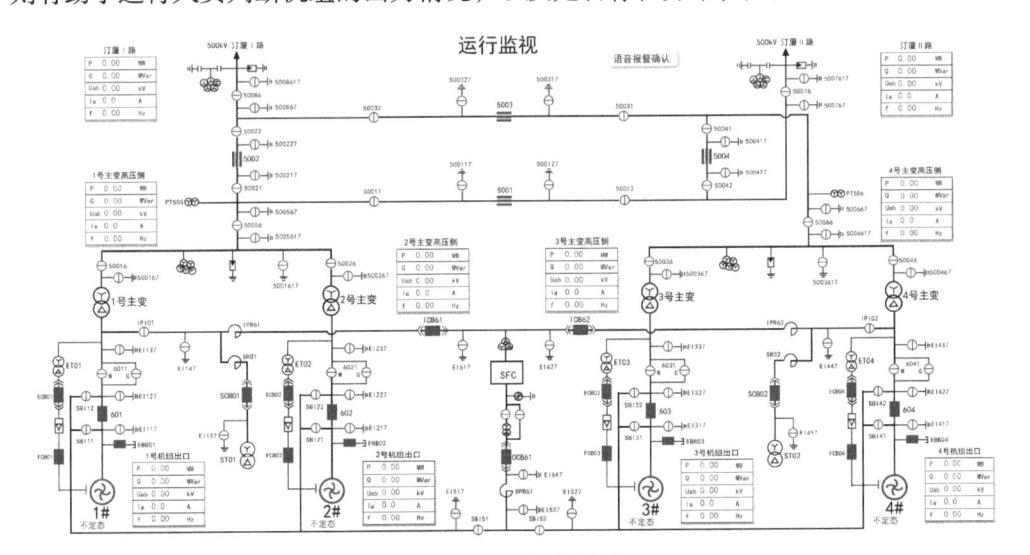

图 7-3 运行监视画面

此外，断路器位置、隔离开关位置的监视，也是确保电站安全运行的关键。当这些设备的位置发生变化时，监控系统会立即更新显示，并记录下变化的时间、原因等信息。这对于后续的故障分析、事故追忆等都具有极高的价值。

当电站设备工作异常时，监控系统能够迅速给出提示信息。这不仅包括在人机界面上显示文字或图形提示，还会自动启动语音报警系统，以及通过手机短信自动报警系统将异常信息及时发送给相关人员。这种多渠道的报警方式，确保了异常信息能够被及时、准确地传递，从而极大地提高了电站的安全运行水平。

7.2.2 控制监视

操作过程监视功能主要针对机组各种运行工况的转换操作过程，以及各电压等级开关的操作过程进行监视。在机组进行工况转换时，如从停机状态转为抽水状态，监控系统会全程跟踪并显示转换的每一步进程，如图7-4所示。

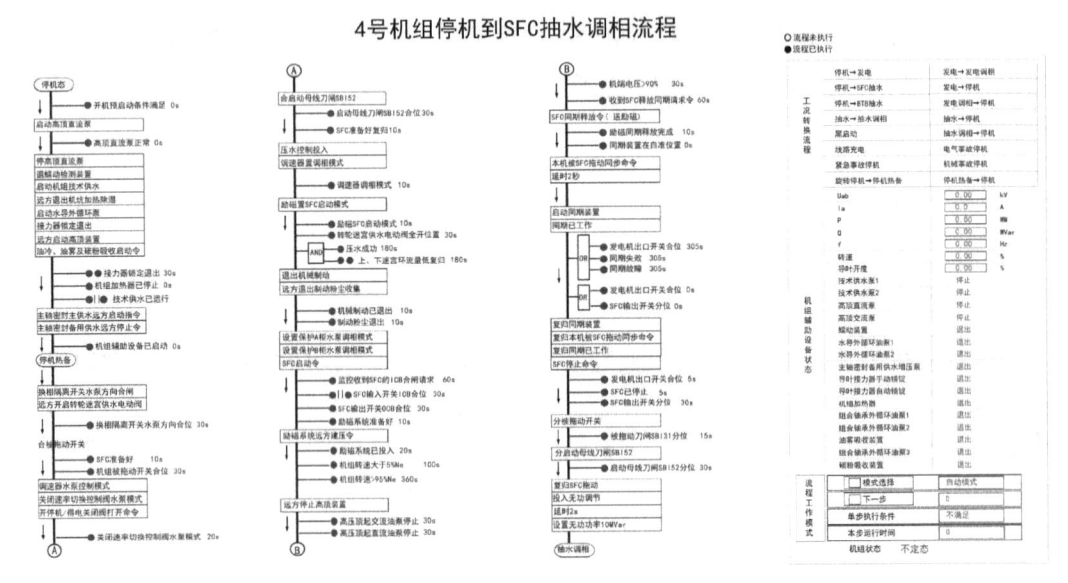

图7-4 机组抽水启动操作过程监视画面

若在某个环节发生阻滞或超时，监控系统会立即显示阻滞或超时的原因，如设备故障、信号丢失等。同时，为了保障电站的安全，系统会自动将设备转入安全状态或保留在当前工况，防止由操作不当或设备故障导致的进一步损害。

在值守人员确定原因并消除阻滞或超时后，才允许由人工干预继续启动相关操作。这样的设计既保证了电站运行的安全性，也提高了操作的灵活性。

7.2.3 设备状态监视与分析

设备状态监视与分析功能主要针对电站内的各类现地自动控制设备，如油泵、技术供水泵、空压机等。这些设备的启动及运行间隔通常有一定的规律，计算机监控系统能够自动分析这些规律，从而监视这类设备及对应的控制设备是否异常。

例如，如果某个油泵的启动频率突然增加，或者运行时间明显延长，系统就会判断该油泵可能存在故障或异常。此时，监控系统会在人机界面上给出相应的提示或警告，以便运行人员及时进行检查和维修。

7.2.4 生产信息展示

生产信息展示功能是将计算机监控系统采集的数据以直观、易懂的方式展示出来。这些数据通常会被投射到大屏幕上，方便运行人员随时查看和分析。

展示的信息包括但不限于全厂主接线状态、机组发电量、水情水位信息和安全生产天数等。这些信息对于评估电站的运行状态、发电效率和安全生产情况都具有重要意义。在集控中心，还会展示更多宏观的信息，如上/下水库水位、总发电量等，以便管理人员对电站的整体运行情况进行全面的了解和把控。

总体来说，抽水蓄能电站的厂站层计算机监控系统的人机界面是一个高度集成、功能强大的平台。它不仅能够实时监视电站设备的运行状态和参数，还能对操作过程进行全程跟踪和监视，及时发现并处理异常情况。同时，通过设备状态监视与分析功能，以及生产信息展示功能，可为运行人员和管理人员提供全面、准确的数据支持，为电站的安全、稳定、经济运行提供了坚实的保障，如图 7-5 所示。

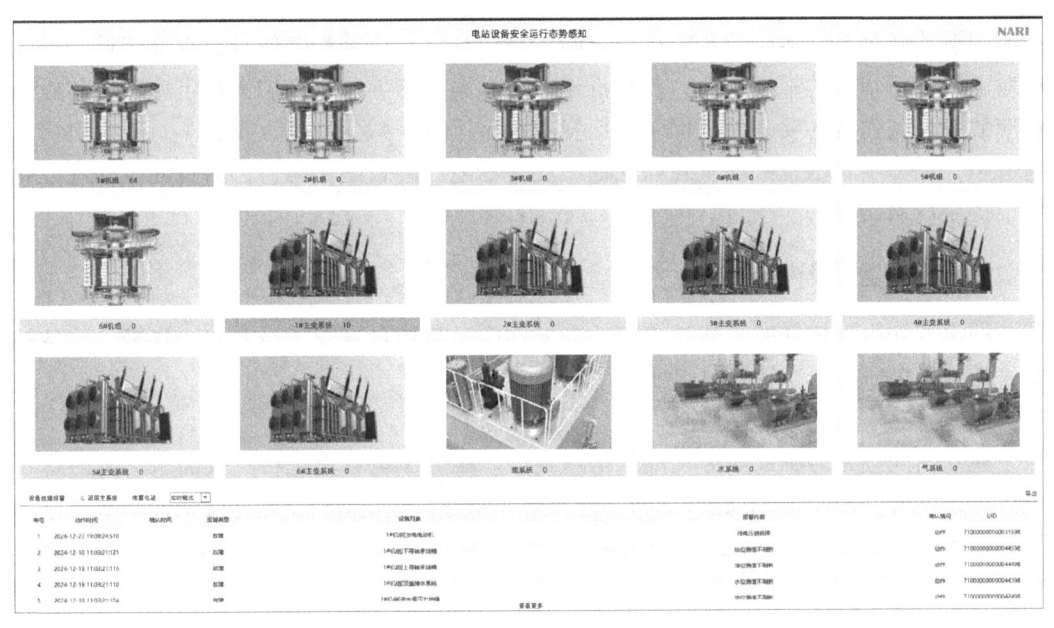

图 7-5 电站设备安全运行态势感知画面

为了进一步提升抽水蓄能电站的运行效率和安全性，未来的人机界面还可以考虑引入更多的智能化技术，如大数据分析、人工智能等。通过这些技术的应用，可以实现对电站设备的更精准监测和预警，提高设备的运行效率和使用寿命，从而为电站带来更高的经济效益和社会效益。

此外，随着移动互联网和物联网技术的快速发展，未来的人机界面还可以考虑实现远程监控和移动监控功能。这样，运行人员和管理人员就可以随时随地查看电站的运行状态和数据信息，进一步提高电站的管理效率和响应速度。

7.3 监控系统新技术应用

7.3.1 智能监盘

抽水蓄能电站传统计算机监控系统为设备的安全生产运行提供了有力的保障和支撑。然而，监控系统的报警信息相对分散，报警策略和手段相对简单，且对部分测点数据的趋势预警、多测点数据的关联分析预警支持不够，需要运检值守监盘人员实时关注屏幕运行信息，工作效率不高，容易忽略重要的报警和预警信息。当发生报警事件时，缺乏相关的应急处置机制来辅助指导运行检修人员进行科学的报警处置和设备故障恢复处理。

智能监盘系统通过对抽水蓄能电站建立面向设备对象和业务功能的信息模型，运用数理统计算法和数据分析方法，形成低代码设备运行特征数据挖掘工具，挖掘电站轴瓦温度、机组振动摆度、油压、水位、泵启停等历史运行数据中的关键运行特征；同时建立设备故障、系统异常模型，形成电站设备故障预警专家知识库，通过在线辨识与告警机制，实时感知电站设备运行态势，快速告警系统安全风险；基于传统的告警展现方式，运用模型关联关系和多系统状态综合判断，推送告警及告警相关信息，提高运行管理人员对电站运行状态的掌控能力；及时推送应急预案，指导运行维护人员迅速定位和处理相应故障。其效益主要来源于保障电厂安全稳定运行，减少现场人工成本，减少协调沟通成本，保障实时信息共享及互联互通，支持水电厂的智能化运行，为智能电网一体化建设提供坚强支撑。

7.3.2 智能监盘建设内容

抽水蓄能电站智能监盘建设工程业务架构由设备信息建模、设备综合告警、设备趋势告警、告警应急指导等模块组成。

1) 抽水蓄能电站信息模型建立

建立面向设备对象和业务功能的信息模型。结合水电自动化特点及需求，构建基于电厂标识系统(KKS)的信息建模体系，为数据智能分析提供基础。建立反映抽水蓄能电站机电设备、水工设施等对象之间相关关系的设备对象模型体系，对设备的监测量、阈值、模型、相关性等属性进行对象化封装，实现对象化的数据采集、报警和运行控制，如图 7-6 所示。

2) 抽水蓄能电站特征抽取

通过整编计算进行设备对象各维度数据分工况运行特征值抓取，针对不同的采样数据，选择相应的整编算法进行数据整编计算，形成设备运行健康特征模型库。

特征算法同时以历史数据接口和实时数据接口为基础，根据设备长期运行的特征数据和相关运行经验，建立报警模型，建立符合电站设备运行状况的特征抽取方法，剔除干扰数据，判断特征趋势，实现设备运行工况的趋势报警。需要抽取的特征包括如下几种。

(1) 变化趋势特征：剔除条件后，设备在不同工况转换中的数据变化趋势。

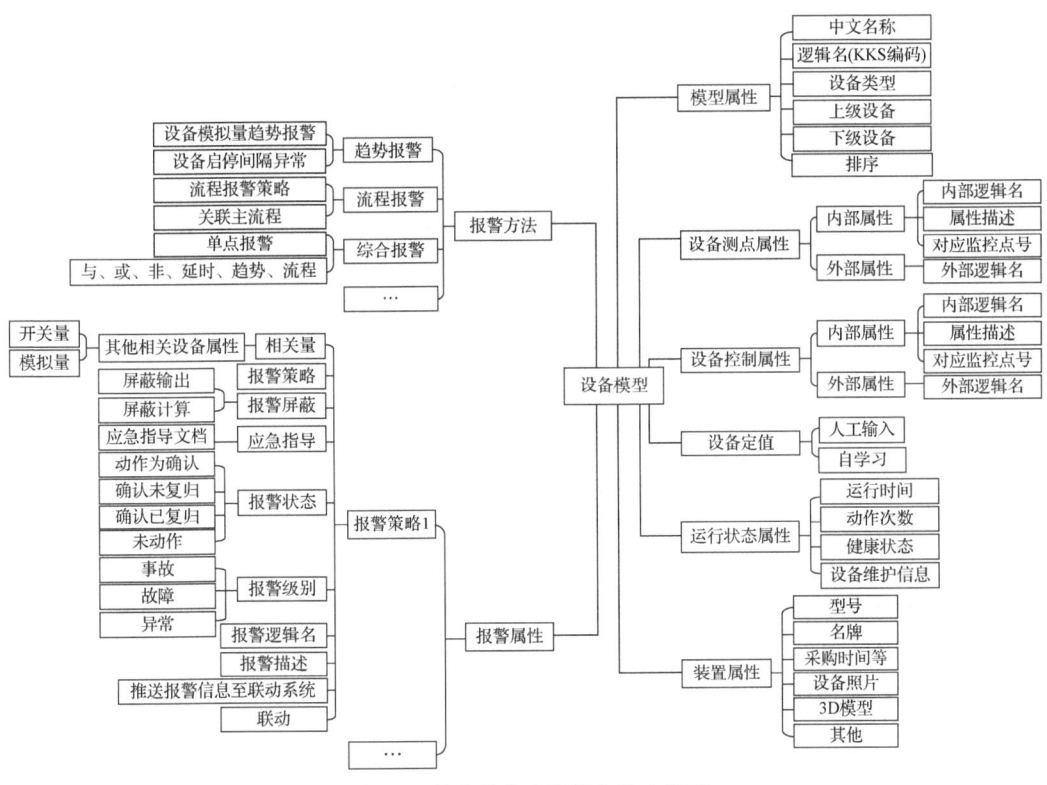

图 7-6 抽水蓄能电站设备信息模型

(2) 稳态分布特征：计算数据分布区间和算术平均值，如机组振摆数据，判断当前数据是否偏离经验值。

(3) 启停频率特征：记录油泵、水泵、空压机等周期启动设备的启停周期和运行时间，并与历史稳定运行值比较。

3) 抽水蓄能电站智能报警

智能监盘系统建立电站设备运行综合判断预警知识库和设备运行趋势预警知识库。

综合判断预警知识库主要根据对象类型、关键属性和预定义的综合报警判断逻辑，判断逻辑能够根据不同工况情况下设备对象多业务系统采集的综合数据进行整合，形成判断设备运行工况综合分析知识库。

通过采用人工智能算法对设备历史数据进行学习，通过抽取设备运行特征曲线，从多维度和不同工况分析设备性能和效率，实现设备突变趋势、设备缓变趋势、设备特征曲线(动态阈值)、设备运行状态趋势、设备启停间隔变化趋势等预警功能，结合专家典型经验进行校核，形成程序化的专家经验库，实现电站设备智能趋势预警知识库。

通过对设备历史运行数据的统计分析，如辅机启停时间间隔等，识别其在不同工况下的分布规律和数字特征，并根据实时采集数据，分析判别设备运行是否出现异常；采用人工神经网络等自学习方法，自动识别设备在不同工况下的运行特征，生成设备健康运行特征曲线。根据实际运行数据分布情况及变化趋势，自动修正报警策略的阈值，如图 7-7 所示。

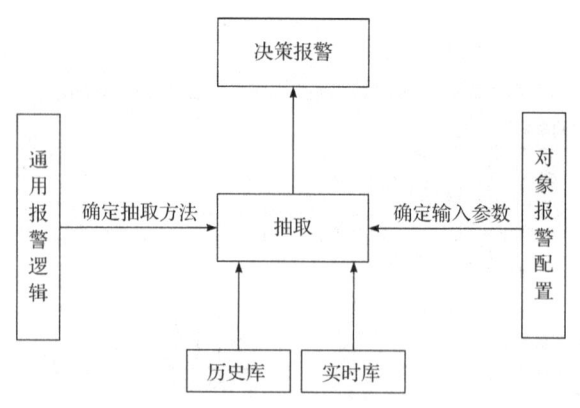

图 7-7 抽水蓄能电站智能报警

(1) 设备状态报警系统充分利用历史数据，根据设备长期运行的特征数据和相关运行经验，建立报警模型，实现趋势报警。

(2) 建立单点报警信息筛选逻辑，实现报警信息过滤。

(3) 建立关联工况的条件报警，通过编写报警条件逻辑屏蔽报警或生成报警，设备工况包括设备操作过程、特定报警条件、设备状态等。

(4) 报警信息分层分级，按设备逻辑分层归并报警信息，生成设备综合报警；按报警信息重要程度分级，实现设备分级监视。

(5) 建立设备状态报警逻辑编辑平台，实现报警逻辑自由编辑和新增自定义报警。

4) 典型设备故障预警方法

(1) 轴瓦导瓦稳态运行告警策略。

需能通过水导瓦温进行水导瓦故障判断，稳态运行告警主要是在结合机组功率、冷却水流量、温度、机组振动摆度等多维数据的综合工况下将实时温度与历史数据中拟合出的相同工况下的健康温度特征值进行对比判断，超过特征值或通过趋势算法判断后期将要越限时进行告警。

(2) 轴瓦工况转换告警策略。

系统需能记录每次工况转换过程中的瓦温上升曲线，与特征曲线对比，看温升变化是否正常，如每次开机温升最高到多少、温度上升斜率变化等。机组振动、摆动在工况转换中的变化情况智能判断也与此类似。

(3) 压油泵稳态运行告警策略。

结合压油泵运行工况，对压油泵电流值进行判断，避免油泵过流过载。

(4) 压油泵工况转换告警策略。

结合导叶运行工况，计算油泵单次运行时间、运行间隔时间、单位时间内油泵运行次数等特征值，判断特征值是否越限或其劣化趋势是否最终会造成越限，尤其需判别出可能由外部渗漏等原因造成的泵运行效率下降，通过将记录每次泵启动的油压或油位变换曲线与特征曲线对比，发现泵自身运行效率变化并告警。通过启动、停止的流程反馈判断泵控制回路是否故障。

(5) 压油系统稳态告警策略。

主要通过系统内各泵的组合运行状态判断整体泵组是否在安全、健康状态，如判断整体泵组是否保持有 2 台以上泵处于自动控制状态，从而保证整体泵组的安全冗余度，判断是否有内部、外部故障造成泵组内有超过一台泵运行。

(6) 压油罐稳态告警策略。

压油罐自身无控制属性，但其油压、油位等内部测点数据是机组的重要安全判据，因此主要是对其内部测点数据或其变化趋势结合限值属性，判断特征值是否越限或其劣化趋势是否最终会造成越限，提前给出告警，防止被动事故停机。

5) 抽水蓄能电站故障处置

当发生电站设备故障报警事件时，抽水蓄能电站故障处置知识库自动推出事故故障处置应急预案，提供相关的应急指导知识，指导现场人员应该如何操作、如何检查设备等，并能通过相关系统的集成，实现应急处置的流程化、标准化。

应急指导知识包含事故描述、事故现象、注意事项、事故处置步骤，同时应急指导可关联故障、事故处置过程中重点关注的设备运行状态，用于运行人员实时掌握设备运行状态，如图 7-8 所示。

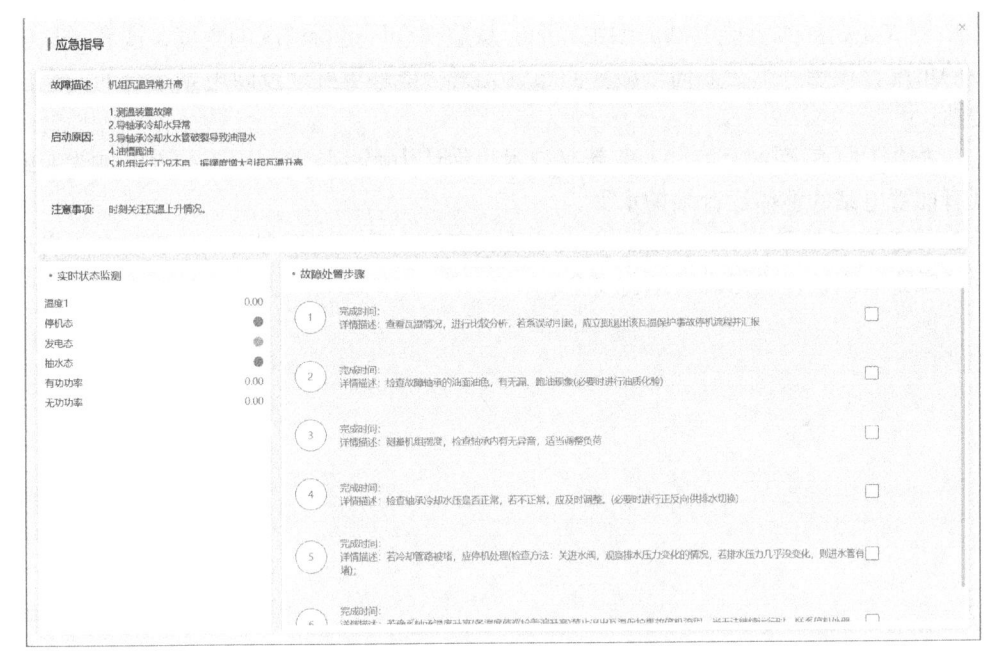

图 7-8 抽水蓄能电站应急指导

7.3.3 典型拓扑

根据电力监控系统安全防护规定，抽水蓄能电站智能监盘系统应部署在管理信息大区(Ⅲ区)，与生产管理大区(Ⅰ、Ⅱ区)采用物理正向单向隔离装置进行隔离。总体硬件构架是以数据汇聚整合及设备智能监盘为核心、以可靠网络传输为主干。系统纵向根据应用不同划分为多个应用层，横向根据应用分为不同的安全区，各安全区之间按照《电力二次系统安全防护规定》进行信息交互。系统采用标准的数据建模规范对电站各设备进行建模，进行统一的数据存储，利用同步机制实现生产控制大区与Ⅲ区之间的数据信息同步，系统拓扑结构如图 7-9 所示。

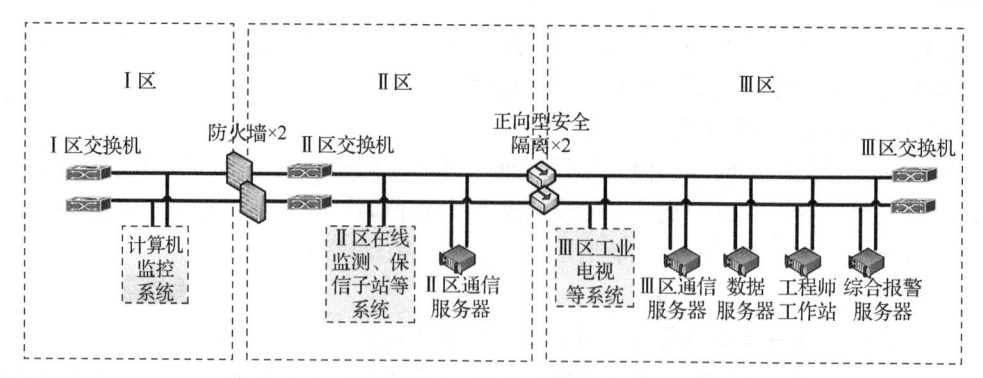

图 7-9 抽水蓄能电站智能监盘系统拓扑结构

探索与思考

1. 分析图 7-1 的网络拓扑，在提高监控系统运行可靠性、安全性方面有何改进建议？

2. 图 7-3 是抽水蓄能电站典型主界面，从监视全厂运行情况的角度，或者说从运行人员的角度，设想一下，如何增减界面布置元素，能够更好地反映电站运行的安全性和稳定性？

3. 根据你了解到的，如 AI 等新兴技术，你认为哪些技术可用于抽蓄电站改变或提升现有抽蓄电站的整体运行维护水平？

4. 设想在极端条件下，例如，重大地质灾害发生后，机组方面如果需要应急启动，需要考虑哪些因素，确保机组运行安全？

参 考 文 献

操俊磊, 陈龙, 姜海军, 2017. 仙居抽水蓄能电站计算机监控系统结构与功能[J]. 水电与抽水蓄能, 3(3)：42-46, 77.
操俊磊, 裴军, 陈比望, 等, 2022. 梅州抽水蓄能电站AGC单机直控实现方法[J]. 水电站机电技术, 45(11)：42-44, 49.
陈骁, 訾鹏, 郝婧, 等, 2023. 面向系统功角稳定性提升的变速抽水蓄能机组故障穿越性能优化[J]. 电力系统自动化, 47(24)：156-164.
费万堂, 赵利军, 矫镕达, 等, 2020. 河北丰宁大型抽水蓄能电站运维模式探讨[J]. 水电与抽水蓄能, 6(6)：1-4.
龚世龙, 方辉钦, 2003. 试析抽水蓄能电站计算机监控系统国产化的可行性[J]. 水电自动化与大坝监测, 27(3)：1-6.
巩宇, 2020. 南方电网抽水蓄能电站自动发电控制功能研究与应用[J]. 水电与抽水蓄能, 6(2)：77-81,111.
郭阳, 杜丹晨, 王少华, 2012. 蒲石河抽水蓄能电站计算机监控系统的设计与应用[J]. 水力发电, 38(5)：88-91.
国家能源局, 2016. 700MW及以上机组水电厂计算机监控系统基本技术条件（DL/T 1626—2016）[S]. 北京：中国电力出版社.
国家能源局, 2021. 抽水蓄能中长期发展规划（2021-2035年）[R]. 北京：国家能源局.
国家能源局, 2022. 水力发电厂计算机监控系统设计规范（NB/T 10879—2021）[S]. 北京：中国水利水电出版社.
国家能源局, 2023. 水电厂计算机监控系统基本技术条件（DL/T 578—2023）[S]. 北京：中国电力出版社.
国家市场监督管理总局, 国家标准化管理委员会, 2021. 智能水电厂技术导则（GB/T 40222—2021）[S]. 北京：中国标准出版社.
韩民晓, ABDALLA O H. 2013, 可变速抽水蓄能发电技术的应用与进展[J]. 科技导报, 31(16)：69-75.
胡万丰, 樊红刚, 王正伟, 2021. 双馈式抽水蓄能机组功率调节仿真与控制[J]. 清华大学学报（自然科学版）, 61(6)：591-600.
华丕龙, 2019. 抽水蓄能电站建设发展历程及前景展望[J]. 内蒙古电力技术, 37(6)：5-9.
黄锐, 刘云鹏, 2022. 抽水蓄能计算机监控系统新技术展望[J]. 水电站机电技术, 45(3)：66-68.
黄炜栋, 李杨, 李璟延, 等, 2023. 考虑可再生能源不确定性的风-光-储-蓄多时间尺度联合优化调度[J]. 电力自动化设备, 43(4)：91-98.
黄玉叶, 毛丽萍, 2015. 世界抽水蓄能电站的发展趋势[J]. 水利水电快报, 36(2)：6-7, 13.
贾鑫, 蔡卫江, 翟进男, 等, 2023. 可变速抽水蓄能机组协调控制设计与功能研究[J]. 水电与抽水蓄能, 9(5)：91-97.
姜海军, 戎刚, 史华勃, 等, 2022. 全功率变速抽水蓄能机组变速变功率协同控制策略研究[J]. 水电与抽水蓄能, 8(4)：31-36.
姜海军, 汪军, 2005. 十三陵抽水蓄能电站计算机监控系统国产化研究[C]//抽水蓄能电站工程论文集——纪念抽水蓄能专业委员会成立十周年. 广州：295-301.
姜海军, 王惠民, 单鹏珠, 等, 2016. 抽水蓄能电站计算机监控系统自主化历程与成就[J]. 水电与抽水蓄能, 2(1)：63-66, 102.
姜海军, 吴正义, 汪军, 等, 2013. 抽水蓄能电站计算机监控技术发展与展望[J].水电厂自动化, 34(3)：6-10.
李鲁, 张彪, 岳良, 2023. 大型抽水蓄能电站AGC控制策略及试验分析[J]. 水电与新能源, 37(5)：31-34, 38.
李玉齐, 支晓晨, 高熹, 等, 2023. 电网厂站端自动电压控制（AVC）系统逻辑设计与应用[J]. 水电与抽水蓄能, 9(2)：54-60, 68.
林铭山, 2018. 抽水蓄能发展与技术应用综述[J]. 水电与抽水蓄能, 4(1)：1-4, 22.
刘德民, 许唯林, 赵永智, 2020. 变速抽水蓄能机组空化特性及运转特性研究[J]. 水电与抽水蓄能, 6(4)：36-45.
刘徽, 2001. 沙河抽水蓄能电站的计算机监控系统[J]. 华东电力, 29(2)：55-56.
刘鹏龙, 吴小锋, 方书博, 等, 2021. 宝泉抽水蓄能电站计算机监控系统国产化改造方法研究[J]. 中国水利水电科学研究院学报, 19(6)：590-597.
刘养涛, 姜海军, 李军, 等, 2013. 蒲石河抽水蓄能电站计算机监控系统简介[J]. 水电厂自动化, 34(1)：1-4.
罗莎莎, 刘云, 刘国中, 等, 2013. 国外抽水蓄能电站发展概况及相关启示[J]. 中外能源, 18(11)：26-29.
梅祖彦, 1988. 抽水蓄能技术[M]. 北京：清华大学出版社.
彭潜, 顾志坚, 陈弘昊, 等, 2021. 大型抽水蓄能电站机组国产化关键技术研究与工程应用[J]. 水力发电, 47(2)：9-13.
乔志园, 2020. 抽水蓄能电站发展问题及应对措施探讨[J].水电与新能源, 34(10)：34-38.
任海波, 余波, 王奎, 等, 2022. "双碳"背景下抽水蓄能电站的发展与展望[J]. 内蒙古电力技术, 40(3)：25-30.

芮钧, 徐洁, 王梅枝, 等, 2017. 智能水电厂技术标准体系研究及标准现状[J]. 水电自动化与大坝监测, 3(3):21-23, 41.

单鹏珠, 张柏, 李勇, 等, 2017. 张河湾抽水蓄能电站 AVC 子站系统设计及应用实现[J]. 电网与清洁能源, 33(4): 137-142.

沈延青, 祁善胜, 郭爱军, 等, 2023. 国家电投集团青海区域集控中心建设的思路[J]. 红水河, 42(1)：64-68.

汪军, 方辉钦, 钟敦美, 等, 2000. 抽水蓄能电站计算机监控系统特殊性与设计要求[J]. 电力系统自动化, 24(22)：49-51.

汪军, 张红芳, 周庆忠, 等, 2002. 我国抽水蓄能电站计算机监控技术评析[J]. 水电自动化与大坝监测, 26(1)：22-24.

汪军, 张俊涛, 2000. 响洪甸抽水蓄能电站计算机监控系统[J]. 水利水电技术, 31(2)：29-30.

王继敏, 严登权, 赵丹, 2024. 雅砻江流域水风光一体化示范基地抽水蓄能电站建设中关键技术与研究[J]. 水电与抽水蓄能, 10(3)：16-20, 27.

王珏, 廖溢文, 韩文福, 等, 2021. 碳达峰背景下抽水蓄能-风电联合系统建模及有功功率控制特性研究[J]. 水利水电技术(中英文), 52(9)：172-181.

王楠, 2008. 我国抽水蓄能电站发展现状与前景分析[J].电力技术经济, 20(2)：18-20, 72.

王少华, 郭阳, 任伟, 等, 2013. 首台具有自主知识产权的计算机监控系统在大型抽水蓄能电站的应用[C]//全国大中型水电厂技术协作网第十届（2013 年）年会论文集. 厦门: 346-352.

王毅男, 张彬, 张鳃, 2022. 阳江抽水蓄能电站（近期）计算机监控系统[J]. 水电站机电技术, 45(11)：77-81.

吴小锋, 李刚, 马圣恒, 等, 2022. 抽水蓄能电站监控系统国产化改造方案研究[J]. 中国农村水利水电, (6)：202-206.

喻洋洋, 2014. 响水涧抽水蓄能电站监控系统背靠背抽水流程分析[J]. 信息系统工程, (11)：141-142.

喻洋洋, 单鹏珠, 胡峰超, 等, 2018. 西龙池抽水蓄能电站监控系统国产化改造技术研究[J]. 水电站机电技术, 41(8)：55-58.

赵勇飞, 刘晓波, 卢小芳, 等, 2012. 清远抽水蓄能电站监控系统设计与实现[J]. 水电站机电技术, 35(2)：26-28, 64.

赵志高, 杨建东, 董旭柱, 等, 2022. 基于动态实验的双馈抽水蓄能机组空载特性与变速演化[J]. 中国电机工程学报, 42(20)：7439-7451.

周庆忠, 汪军, 王善永, 等, 2007. 国产化大型抽水蓄能电站计算机监控系统[J]. 电力系统自动化, 31(17)：87-89.

附录 抽水蓄能电站监控系统控制组态设计作业

附录1 任 务 一

1. 完成抽水蓄能电站调相压水控制系统组态。

调相压水控制系统是通过电站中压气系统向机组转轮室内注入空气，使水位降至尾水管低水位，机组转轮在空气中旋转，以降低机组的旋转阻力，是抽水蓄能机组调相稳定运行和水泵工况启动过程中的重要控制系统，见附图1。

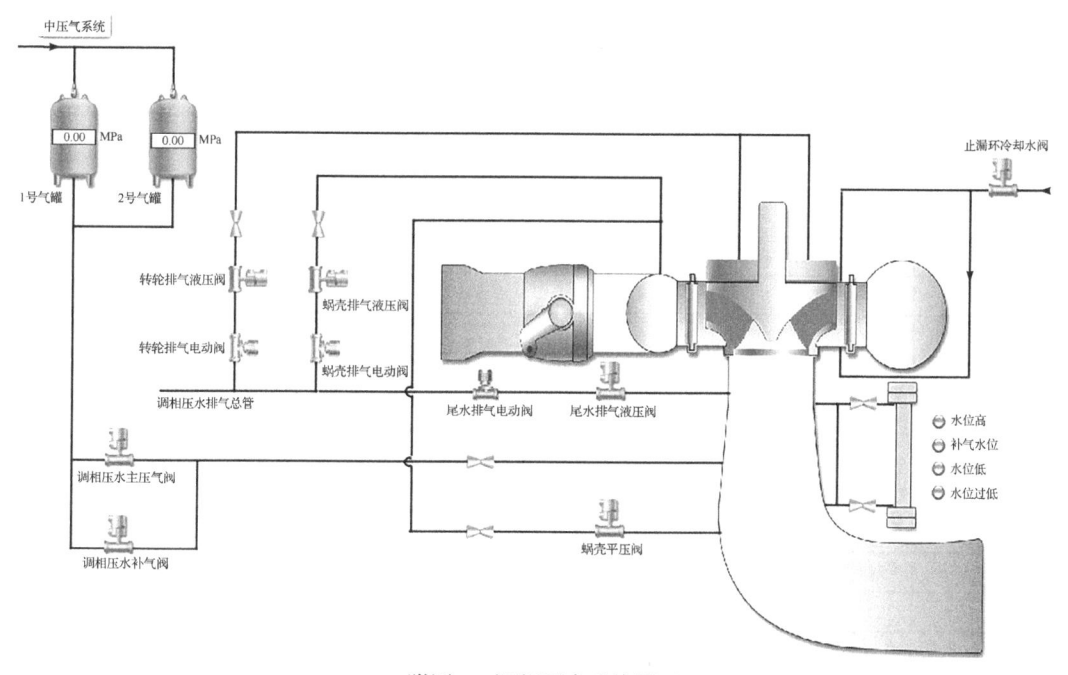

附图1 调相压水系统图

2. 要求。

(1) 动态显示充气阀、排气阀、液位开关等设备状态(红——开、绿——关)。

(2) 实现充气压水控制流程。

(3) 设计参考。

① 输入信号：蜗壳排气液压阀全开、蜗壳排气液压阀全关、尾水排气阀全开、尾水排气阀全关、顶盖排气阀全开、顶盖排气阀全关、蜗壳平压阀全开、蜗壳平压阀全关、止漏环冷却水阀全开、止漏环冷却水阀全关、调相压水主压气阀全开、调相压水主压气阀全关、调相补气阀全开、调压压气阀全关、尾水管水位高、尾水管水位中(补气)、尾水管水位低、尾水管水位过低。

② 输出信号：蜗壳排气阀打开/关闭、尾水排气阀打开/关闭、顶盖排气阀打开/关闭、蜗壳平压阀打开/关闭、止漏环冷却水阀打开/关闭、调相压水主压气阀打开/关闭、调相压水补气阀打开/关闭。

③ 充气压水控制流程。

步骤 1：关闭蜗壳排气阀、尾水排气阀、顶盖排气阀、蜗壳平压阀。

步骤 2：打开止漏环冷却水阀。

步骤 3：打开调相压水主压气阀。

步骤 4：尾水管水位低到达，关闭调相主压气阀，打开蜗壳平压阀。

步骤 5：判断水位是否回升到补气液位，是则自动开启调相补水补气阀。

步骤 6：尾水管水位低或延时到达，关闭调相补水补气阀，返回步骤 5。

(4) 扩展要求：提出一项提高系统可靠性的措施，并在组态设计中实现。

3. 提交上机报告。

抽水蓄能电站监控系统上机任务报告单

姓名：　　　　　　　　学号：

运行画面截图。

附表 1　抽水蓄能电站调相压水控制系统变量列表

序号	点名(NAME)	类型(KIND)	说明(DESC)	

附表 2　抽水蓄能电站调相压水控制系统程序——初始条件(进入程序)

附表 3　抽水蓄能电站调相压水控制系统程序——运行程序(程序运行周期执行)

附录2　任　务　二

1. 附图 2 为抽水蓄能机组工况转换结构图，参照 3.1 节机组工况转换控制流程和 3.3 节机组 LCU 软件设计的介绍，完成停机→发电工况控制流程组态设计。

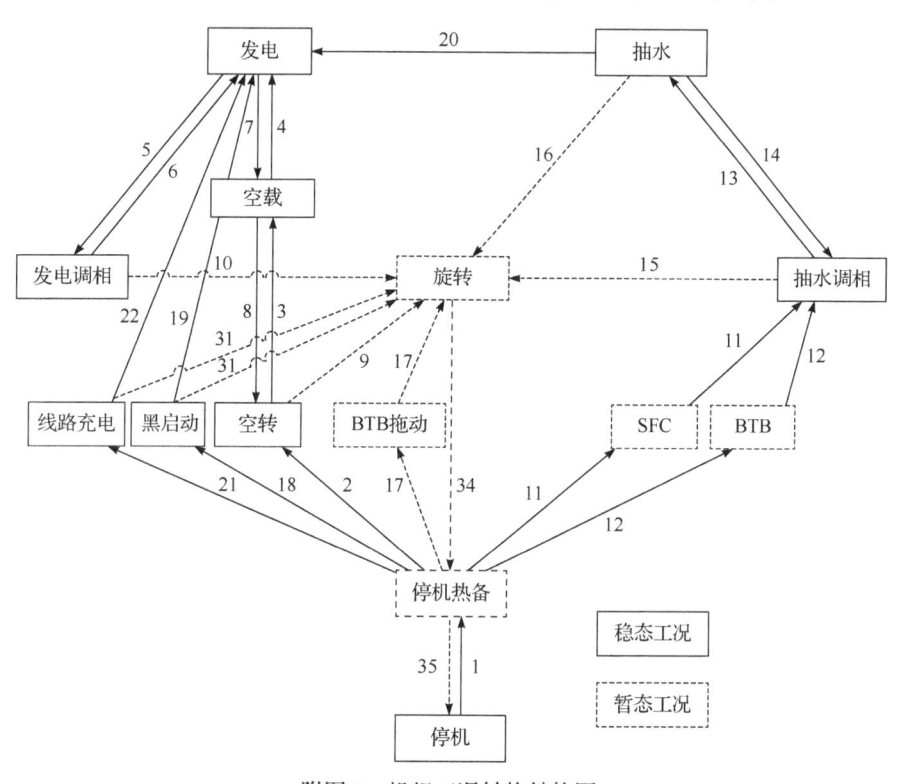

附图 2　机组工况转换结构图

2. 设计要求。
(1) 实现停机工况、发电工况状态定义组态设计。
(2) 实现停机→发电工况转换条件定义组态设计。

(3) 实现停机→发电工况控制组态设计。
(4) 用模拟方式动态显示停机→发电工况转换过程被控设备的运行状态。
(5) 设计参考。
步骤 1：停机→停机热备控制流程。
步骤 2：停机热备→空转→空载控制流程。
步骤 3：空载→发电控制流程。
(6) 扩展要求：设置 1~2 个被控设备运行异常，进行异常模拟处理和分析。
3. 上机报告按任务一给出的形式组织。

附录 3　任　务　三

1. 参照附图 2、3.1 节机组工况转换控制流程和 3.3 节机组 LCU 软件设计的介绍，完成停机→抽水工况(SFC)控制流程组态设计。
2. 设计要求。
(1) 实现停机工况、抽水工况状态定义组态设计。
(2) 实现停机→抽水工况(SFC)转换条件定义组态设计。
(3) 实现停机→抽水工况(SFC)控制组态设计。
(4) 用模拟方式动态显示停机→抽水工况(SFC)转换过程被控设备的运行状态。
(5) 设计参考。
步骤 1：停机→停机热备控制流程。
步骤 2：停机热备→抽水调相(SFC)控制流程。
步骤 3：抽水调相→抽水控制流程。
(6) 扩展要求：考虑抽水蓄能电站多台机组共用 1 套 SFC 拖动，当一台机组选择 SFC 拖动后，其他机组需闭锁，不允许再选择 SFC 拖动，提出该闭锁措施，并在组态设计中实现。
3. 上机报告按任务一给出的形式组织。